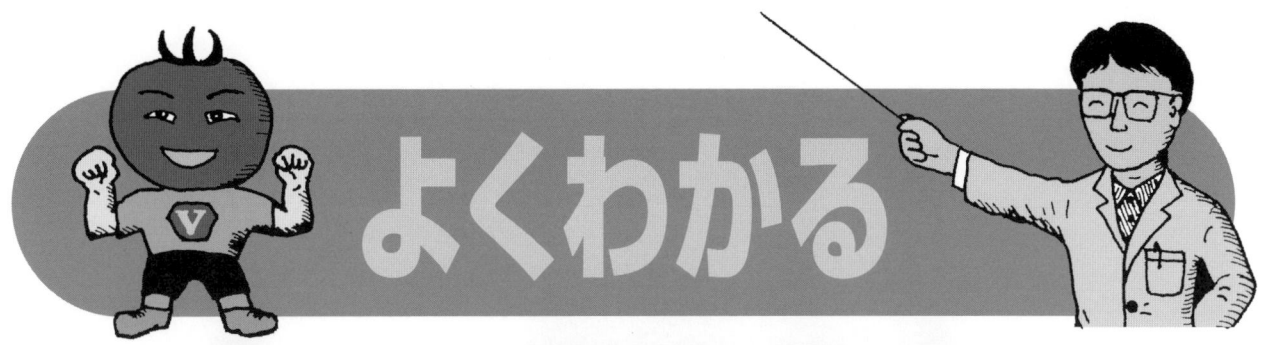

よくわかる
土と肥料の ハンドブック

土壌改良 編

JA全農　肥料農薬部
【編】

はじめに

　現在，日本農業はいくつかの大きな課題に直面しています。

　担い手の高齢化と農業就業人口の減少のなかで，安心で安全な国産農畜産物の安定的な供給を求める国民の期待に対してどのように応えていくのか，農畜産物の品質・収量をいかにしてさらに高め，より多くの人に届けていくのか，耕作放棄地が増大するなかでいかに国土を守っていくのか……。このほかにも多くの課題を抱えながら結論を先延ばしできない局面を迎えています。

　一方，農業現場においては全耕作面積が縮小するなかで，担い手農家1戸当たりの耕作面積は拡大しています。担い手農家では耕作面積の拡大にともない，施肥や防除作業などの省力化が進んでいる反面，土壌改良資材や堆肥などのいわゆる土づくり資材の投入量の減少傾向が認められます。近年，水稲作においては夏季の異常高温による品質低下が大きな問題となっていますが，このことと土づくり資材の施用量減少との因果関係を指摘する意見があります。今，まさに土づくりの重要性を見直す時期にきているのではないでしょうか。

　JAグループは1970年から一貫して土づくり運動に取り組んできました。その名称は「土づくり運動」から，今日の「健康な土づくりと適正施肥に基づく施肥コスト抑制運動」へと変わりましたが，運動は綿々として受け継がれています。この運動の一環としてJA全農の技術資料「現場の土づくり・施肥Q&A」が1991年に発刊されました。同資料は関東土壌肥料専技会の専門技術員の皆さんが中心となり，各地の研究成果と土づくりのエッセンスをわかりやすくまとめたものです。土づくり運動の推進担当者から大変好評で，1996年には改訂版も発刊されました。

　今回，その後の技術の進歩や情勢の変化などを踏まえ，改めて項目の整理・見直しを行ない，新たな技術資料として作成しましたが，全農内部にとどまらず，より多くの方に利用していただけるよう書籍化することにいたしました。項目数や取り上げる内容が大幅に増えたことから，「土壌改良編」と「肥料・施肥編」の2分冊の形式をとりました。土壌改良編は「土壌改良，土壌管理」「土壌改良資材の特性と使い方」「法令関係」「水質，環境」の4章，肥料・施肥編は「肥料の特性と使い方」「施肥法」「作物栄養，生理障害」の3章から成り，農業現場において日常的に出てくる疑問に対してわかりやすく答えることを主眼に取りまとめています。本書が農業現場において課題解決の一助となることを願って止みません。

　最後に，本書の執筆にご協力いただいた皆様に厚くお礼申し上げます。

　2014年6月

全国農業協同組合連合会(JA全農)

肥料農薬部長　天野　徹夫

目　　次

はじめに

第1章　土壌改良，土壌管理

(1) 水　田
1. 水田の土づくりのポイント……………………………………………………5
2. 基盤整備後の土壌管理……………………………………………………7
3. 転換畑を水田に戻すときの留意点…………………………………………9
4. 暗渠排水の方法…………………………………………………………12
5. 水田転換畑の排水対策…………………………………………………14
6. 水田の漏水防止対策……………………………………………………16
7. 地下水位制御システム「FOEAS」の特徴……………………………18
8. 稲わらの腐熟促進対策…………………………………………………23

(2) 畑　地
9. 野菜畑の土づくりのポイント……………………………………………26
10. 野菜畑土壌の圧密対策…………………………………………………29
11. 輪・混作の意義…………………………………………………………31
12. 転換畑の土づくりと施肥法……………………………………………34

(3) 樹園地
13. 果樹園の土づくりのポイント……………………………………………37
14. 果樹園の造成と新植のための土づくり…………………………………40
15. 草生栽培と草種の選択…………………………………………………43
16. 果樹園の改植障害対策…………………………………………………47

(4) 施　設
17. 野菜に対する石灰質資材の選定………………………………………50
18. 石灰が多くpHが低い土壌の管理法……………………………………53
19. 塩類の集積と除塩法……………………………………………………54
20. ガス障害の発生原因と対策……………………………………………57
21. ドレンベッド栽培…………………………………………………………60
22. 野菜育苗培土の作成方法………………………………………………65
23. 施設栽培花きの土づくりのポイント……………………………………68
24. 鉢物用土の作成方法……………………………………………………71
25. 土壌の熱湯および蒸気消毒法…………………………………………74

26．土壌の太陽熱による消毒法……………………………………………………… 76
　27．土壌還元による消毒法…………………………………………………………… 80
　28．アルコールによる土壌消毒法…………………………………………………… 83

(5) 共　通

　29．土壌の分類………………………………………………………………………… 86
　30．土壌断面調査の方法……………………………………………………………… 90
　31．土壌の種類に応じた施肥法……………………………………………………… 96
　32．黒ボク土の改善法………………………………………………………………… 99
　33．マルチ栽培土壌の特徴……………………………………………………………102
　34．地力窒素の測定に基づく施肥法…………………………………………………105
　35．客土の適否判定法…………………………………………………………………107
　36．生育に好適な土壌の塩基バランス………………………………………………109
　37．高pH土壌の改良方法……………………………………………………………111
　38．土壌分析のためのサンプリング方法……………………………………………113
　39．土壌診断の進め方とデータの読み方……………………………………………117
　40．土壌水分の測定と効果的灌水……………………………………………………120
　41．土壌硬度計の使い方とデータの見方……………………………………………122
　42．土壌の硬さと根の伸長の関係……………………………………………………124
　43．地力増進作物の導入方法…………………………………………………………126
　44．緑肥の効果と利用法………………………………………………………………130
　45．薬剤による土壌消毒と土壌管理…………………………………………………132
　46．耕作放棄地を田畑に戻す場合の留意点…………………………………………136
　47．pHの測定と活用…………………………………………………………………140
　48．ECの測定と活用…………………………………………………………………145
　49．土壌改良資材と土づくり肥料……………………………………………………148

第2章　土壌改良資材の特性と使い方

(1) 無機質資材

　50．石灰質肥料…………………………………………………………………………151
　51．リン酸質肥料………………………………………………………………………155
　52．ケイ酸質肥料………………………………………………………………………159
　53．新しいケイ酸質資材………………………………………………………………161
　54．ゼオライト・ベントナイト………………………………………………………164
　55．パーライト…………………………………………………………………………166

(2) 有機質資材

- 57．堆肥の作成と施用法 ……………………………………………………… 171
- 58．堆廏肥の腐熟度判定法 …………………………………………………… 174
- 59．有機物の種類と分解の特徴 ……………………………………………… 177
- 60．バーク堆肥 ………………………………………………………………… 179
- 61．家畜糞尿 …………………………………………………………………… 182
- 62．モミ殻の有効利用法 ……………………………………………………… 186
- 63．くん炭の作成と使用法 …………………………………………………… 188
- 64．木炭，木酢液 ……………………………………………………………… 192
- 65．微生物資材 ………………………………………………………………… 195
- 66．VA 菌根菌 ………………………………………………………………… 199
- 67．ピートモス ………………………………………………………………… 202

第3章　法令関係

- 68．農用地土壌汚染防止法 …………………………………………………… 205
- 69．地力増進法 ………………………………………………………………… 207

第4章　水質，環境

- 70．水質汚濁による水稲倒伏の軽減対策 …………………………………… 210
- 71．水田に塩水が流入したときの対策 ……………………………………… 212
- 72．水田に油類が流入したときの対策 ……………………………………… 214
- 73．養液栽培に適した水質 …………………………………………………… 217
- 74．鉢物栽培に適した水質 …………………………………………………… 219
- 75．土壌動物の役割 …………………………………………………………… 222
- 76．水稲のカドミウム対策 …………………………………………………… 224
- 77．野菜のカドミウム対策 …………………………………………………… 227

索　引 ……………………………………………………………………………… 230

1 水田の土づくりのポイント

土づくりにより，土の養分供給力と，急激な環境変化に対する抵抗力，作物の根の活力が高くなります。

高品質・良食味米の安定生産，冷害や夏季の異常高温など変動気象に強いイネつくり，環境にやさしいイネつくりなどを推進するために，土づくりは不可欠です。

水田で土づくりの効果をあげるには，用排水路の整備・暗渠排水などにより「水管理が可能」なことが大切です。また，漏水田で床締めや客土などの必要なところはそれを優先的に実施します。

■ 有機物の施用

堆 肥

水田に施用する有機物は，多様な公益的機能の発揮に不可欠であり，稲わら堆肥（完熟堆肥）の施用量は毎年10a当たり1tが適当です。しかし近年，家畜糞尿が含まれている厩肥が主体になってきており，その場合は成分を考慮して基肥を適当量減らす必要があります。

稲わら

水田では，コンバイン収穫により，必然的に稲わらがすき込まれます。この場合は，収量など作物生産への悪影響の回避，メタンなど温室効果ガスの排出抑制，圃場外への窒素の流失抑制を図る観点から，秋すき込み（稲わらの分解を助ける石灰窒素の施用を行なえばより効果的）を推進します。ここで，とくに重要な作業として，作溝管理（有効茎確保後）があります。これにより，適切な水管理が可能となるとともに，その後の作業もスムーズに行なえるようになります。

■ 土づくり肥料の施用

水田における基本的な土壌の改善目標値を表1に示します。

土づくり肥料は，土壌診断により改良目標値に基づいた「土づくり肥料施用マップ」を作成し，地域ごとに一斉に施用するようにします。

土づくり肥料の施用基準の一例を表2に示します。なお，混合リン肥（ケイカルと熔リンの混合肥料）の施用を推奨します。

遊離酸化鉄含量が少ない土壌では，イネの根腐れが起こりやすいので，含鉄資材を施用します。施用量は10a当たり200〜300kgとし，遊離酸化鉄含量が0.8％以下の場合は隔年施用，1.5％以下の場合は4〜5年に1回施用とします。

■ 深 耕

ロータリー耕により，近年，作土が浅くなり，耕盤が硬くなる傾向がみられます。これは根の分布範囲を狭め，収量低下にもつながりますので，作土深は最低15cmを目標とします。

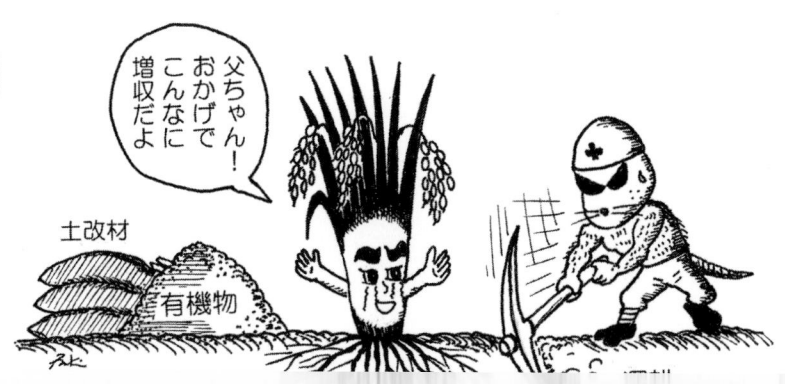

第1章 土壌改良，土壌管理　水田　1　水田の土づくりのポイント

表1　水田における基本的な改善目標　　　　　　　　　　　　　　　　　　　　　（地力増進基本指針，2008）

土壌の性質	土壌の種類	
	灰色低地土，グライ土，黄色土，褐色低地土，灰色台地土，グライ台地土，褐色森林土	多湿黒ボク土，泥炭土，黒泥土，黒ボクグライ土，黒ボク土
作土の厚さ	15 cm 以上	
すき床層のち密度	山中式硬度で 14 mm 以上 24 mm 以下	
主要根群域の最大ち密度	山中式硬度で 24 mm 以下	
湛水透水性	日減水深で 20 mm 以上 30 mm 以下程度	
pH	6.0 以上 6.5 以下（石灰質土壌では 6.0 以上 8.0 以下）	
陽イオン交換容量（CEC）	乾土 100 g 当たり 12 meq（mg 当量）以上（ただし，中粗粒質の土壌では 8 meq 以上）	乾土 100 g 当たり 15 meq 以上
塩基状態　塩基飽和度	カルシウム（石灰），マグネシウム（苦土）およびカリウム（カリ）イオンが陽イオン交換容量の 70～90％を飽和すること	同左イオンが陽イオン交換容量の 60～90％を飽和すること
塩基状態　塩基組成	カルシウム，マグネシウムおよびカリウム含有量の当量比が (65～75)：(20～25)：(2～10) であること	
有効態リン酸含有量	乾土 100 g 当たり P_2O_5 として 10 mg 以上	
有効態ケイ酸含有量	乾土 100 g 当たり SiO_2 として 15 mg 以上	
可給態窒素含有量	乾土 100 g 当たり N として 8 mg 以上 20 mg 以下	
土壌有機物含有量	乾土 100 g 当たり 2 g 以上	―
遊離酸化鉄含有量	乾土 100 g 当たり 0.8 g 以上	

注 1：主要根群域は，地表下 30 cm までの土層とする。
　 2：日減水深は，水稲の生育段階などによって 10 mm 以上 20 mm 以下で管理することが必要な時期がある。
　 3：陽イオン交換容量は，塩基置換容量と同義であり，本表の数字は pH 7 における測定値である。
　 4：有効態リン酸は，トルオーグ法による分析値である。
　 5：有効態ケイ酸は，pH 4.0 の酢酸—酢酸ナトリウム緩衝液により浸出されるケイ酸量である。
　 6：可給態窒素は，土壌を風乾後 30℃の温度下，湛水密閉状態で 4 週間培養した場合の無機態窒素の生成量である。
　 7：土壌有機物含有量は，土壌中の炭素含有量に係数 1.724 を乗じて算出した推定値である。

表2　土づくり肥料の施用基準

資材	施用時期	施用量（10 a 当たり kg）
リン酸資材	秋の稲わら散布後または春の耕起前に全面散布	①有効態リン酸（トルオーグ法）が 10～30 mg 程度の場合，熔リン 30 kg，苦土重焼リン 20 kg 程度 ②有効態リン酸が 10 mg 以下の場合，火山灰土壌はリン酸吸収係数の 4％，その他の土壌は 2％のリン酸量から，土壌中の有効態リン酸を差し引いた量 （算出式）（リン酸吸収係数×a／100 − 有効態リン酸含量）×100／b 　a：リン酸吸収係数に対するリン酸量（2 または 4％） 　b：リン酸資材中のリン酸％（熔リン 20％，重焼リン 35％）
ケイ酸資材	稲わら施用時に施用すると稲わらの分解を促進し，肥効は春施用と変わりない。秋に適用していない場合は，春の耕起前に必ず施用する	①有効態ケイ酸が 30 mg 以上，ケイカル基準施用量 120 kg ②有効態ケイ酸が 30 mg 以下の場合 　（算出式）｛(30 − 有効態ケイ酸含量)×100／30×2｝＋120 　（10 a，10 cm 耕起深） 　　30：ケイカルの基準目標数 mg，30：ケイカルのケイ酸含有率％ 　　2：有効に回収されるケイ酸が 1/2 なので，その逆数 　　120：ケイカルの基準施用量 ③有効態ケイ酸が 80 mg 以上の場合，ケイ酸資材は不用
塩基資材	秋または春の耕起前のいずれでもよい。窒素吸収量を増大するには，土壌の塩基状態の改良が前提である	①塩基の改良は，塩基置換容量（CEC）を基準に石灰飽和度の目標値を設定する 　（目標値） 　CEC　10 me 以下 …… 石灰飽和度 60％ 　CEC　10～30 me …… 石灰飽和度 50％ 　CEC　30 me 以上 …… 石灰飽和度 40％ ②塩基資材は，熔リン，重焼リン，ケイカル，炭カルなどを利用し，塩基バランス（CaO/MgO 6 以下，MgO/K_2O 2 以上）に留意する

2 基盤整備後の土壌管理

　生産性向上とコスト低減のために，各地で小区画の水田や，農道が狭く機械が入れない圃場などを，高性能の大型農業機械が使用できるように改善する基盤整備事業が進められています。一方で圃場を大型につくり変えると，大量の土壌が切り盛りされ，同一圃場内で地力の極端な差が生じる場合が多くみられます。このような問題を少なくするため，最近は可能な限り，作土を事前に取っておき最後に埋め戻す表土処理などの必要な対策を併せて行なう必要があります。

水田での問題点と対策

作土の肥沃度が不均一になった場合

　大区画にするために圃場の傾斜に応じて切り盛りがされ，切り土部では作物の生育が劣り，盛り土部では過繁茂の傾向になります。したがって，切り土部では肥料，とくに窒素の増施を行ないます（図1）。また，土壌診断により，リン酸やケイ酸などの土壌改良資材を施用し地力の増強を図ります。盛り土部では倒伏しやすくなるため，基肥を減じ追肥重点の対策をとります。

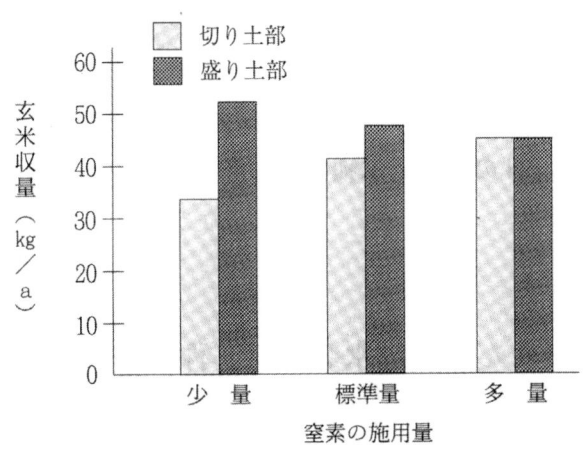

図1　切り土部における窒素の施用量と水稲の収量

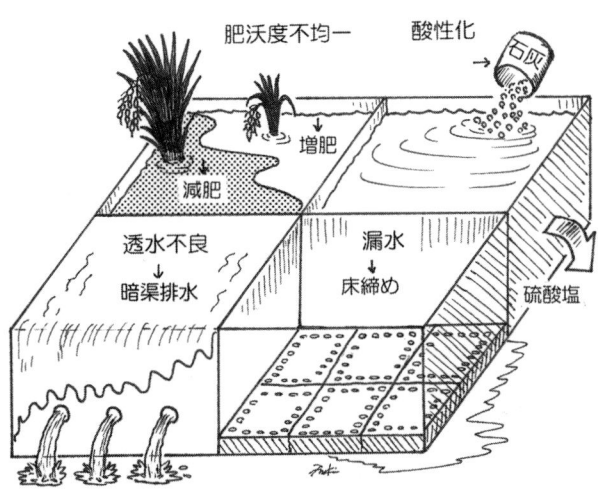

透水性が不良になった場合

大型の土木機械の踏圧により，作土直下に硬いち密な層（すき床層）ができて透水性が不良になったり，根の伸びが阻害されたりすることがあります。この対策には，排水溝による地表水の排除や，暗渠排水による積極的な排水が必要です。また，深耕による作土層の拡大や，必要に応じて心土耕を行なうとともに，有機物を施用して土壌を膨軟にすることが必要です。

漏水が大きくなった場合

すき床層が十分できていない場合は，漏水が大きくなるため，養分の流亡も多く水温も上昇しにくくなります。このような場合は床締めを行なうことや，ベントナイトの施用が効果的です。

酸性障害が発生した場合

長期間下層にあってこれまで空気に触れたことのない泥炭や黒泥が地表面に出て酸化されると，pHが極端に低下するために水稲の生育収量が極端に低下することがあります。これは硫化物の酸化により硫酸塩ができるためです。対策は，十分に耕うんすることにより硫酸塩を下層へ流し，pHが下がりきったら石灰質資材の投入を行なうとともに，水稲栽培期間中は水をきらないようにするなどです。

畑地での問題点と対策

畑地でも基本的な考え方は水田の場合と変わりませんが，排水が悪いと作物は湿害を受けたり，根の発達が悪くなったりします。そのため，暗渠排水の施工，および心土耕，深耕による下層土の改良が必要です。

また，深根性の作物を輪作体系に組み入れることも大切です。このように，排水性の改良および作土層を厚くするような対策が一層重要となります。

3 転換畑を水田に戻すときの留意点

水田に戻した場合の土壌の変化

　水田を畑として2〜3年，畑作物や野菜などの栽培を行ない，再び水田に戻して水稲を栽培すると，1年目，2年目の生育はおう盛になり，倒伏しやすく，減収や品質低下を招きやすくなります。

　この理由は，①水田に畑作物を2〜3年栽培すると，土壌は酸化状態になり，これまで分解されなかった土壌中の有機物が微生物の働きで分解され，無機化して可給態窒素の量が増える，②土壌が酸化状態で経過したため，水稲根の活力が増し，根が下層まで伸長して養分の吸収域が拡大する，などです。また，野菜跡地では残存養分が多いことや野菜残さが分解して窒素などが供給されるため，水稲の基肥窒素量を加減するなど，十分な注意が必要です。

水田に戻した場合の施肥管理

　ムギ，ダイズさらに野菜などを栽培し，再び水田に戻し，良質で多収をねらうためには，基肥窒素量を加減する必要があります。輪換田初年目と2年目の基肥窒素減肥割合のめやすを表1〜3に示します。なお，減肥割合は土壌条件により差が大きいので，生育診断を徹底し，少なめな基肥でスタートし，追肥対応で対処することが無難です。関東地域では次のような基準で対応しています。

畑作物から水田へ戻すとき

　ムギ，ダイズで畑期間3年連作した転換畑を水田に戻すときの水稲に対する基肥窒素量は，短稈で倒れにくい品種と稈が弱く倒れやすい品種とでは違います。短稈品種の初星などを作付けする場合，基肥窒素量は，転換初年目および2年目では標準施肥量の15%減肥，3年目では標準施肥とします。コシヒカリのように倒れやすい品種の場合，初年目は標準施肥量の30%減肥，2年目は15%減肥，3年目は標準施肥とします（表1）。

表1　輪換田の基肥窒素量と玄米収量・倒伏程度　　　　　　　　　　　　　　　　　　（茨城農試）

品種	基肥窒素量	畑 3 年					
		輪換田初年		輪換田2年		輪換田3年	
		玄米収量 (kg/a)	倒伏程度 (0〜5)	玄米収量 (kg/a)	倒伏程度 (0〜5)	玄米収量 (kg/a)	倒伏程度 (0〜5)
初星	無窒素	38.1	0.5	42.7	0	35.9	0
	30％減肥	61.9	2.75	63.2	2.0	58.4	1.3
	15％ 〃	64.5	3.0	67.4	3.0	62.7	1.8
	標　準	63.5	4.25	67.7	3.0	64.8	1.8
	15％増肥	63.1	4.0	66.5	4.0	66.5	0.5
コシヒカリ	無窒素	45.5	2.0	41.9	0	39.5	0
	30％減肥	57.4	3.5	54.9	3.0	54.5	2.75
	15％ 〃	61.9	4.0	56.6	3.0	55.5	3.0
	標　準	61.9	4.5	56.9	3.5	57.4	3.5

同様の前歴で土壌が泥炭土である場合は，土壌からの窒素供給量が多くなるので，短稈品種は初年目および2年目では標肥の30%減肥，3年目では標準施肥とし，コシヒカリは倒伏しやすいので3年目まで無窒素で栽培したほうが無難です（表2）。

表2 転換田水稲に対する基肥の減肥率　　　　　　　　　　　　　　　　　　　　　　　　　（茨城農試，1986〜90）

土質	品種	年次	前歴：ムギ・ダイズ 基肥減肥率(%)					前歴：野菜組入れ 基肥減肥率(%)				
			標準	15	30	60	100	標準	15	30	60	100
中粗粒グライ土	初星（早生）	初年目		○					○			
		2〃		○					○			
		3〃	○					○				
細粒グライ土	コシヒカリ（中生）	初年目			○							○
		2〃		○						○	○	
		3〃	○					○				
泥炭土	初星	初年目			○							
		2〃			○							
		3〃	○									
	コシヒカリ	初年目					○					
		2〃					○					
		3〃					○					

注：前歴が野菜組入れの圃場は，細粒グライ土で，野菜はレタス。

野菜から水田へ戻すとき

野菜などを3年間栽培した場合は、その間の施肥量の多少によって異なりますが、短稈品種の初星では転換初年目および2年目では標準施肥量の30％減肥，3年目では標準施肥量にします。コシヒカリは、初年目無窒素，2年目は標準施肥量の30〜60％減肥，3年目は標準施肥量にします（表3）。

穂肥は、両品種とも転換初年目から、一般の水田と同じように行ないます。

表3　輪換田(野菜組入れ)の基肥窒素量と玄米収量・倒伏程度　　　　　　　　　　　　（茨城農試）

品種	基肥窒素量	畑 3 年					
		輪換田初年		輪換田2年		輪換田3年	
		玄米収量(kg/a)	倒伏程度(0〜5)	玄米収量(kg/a)	倒伏程度(0〜5)	玄米収量(kg/a)	倒伏程度(0〜5)
初星	無窒素	65.4	1.0	60.7	0	61.2	1.8
	30％減肥	68.9	1.5	60.8	0	62.6	1.5
	15％ 〃	65.9	1.9	61.3	0.5	67.3	2.3
	標準	63.1	3.5	61.5	1.8	68.9	2.0
コシヒカリ	無窒素	61.8	5.0	54.5	3.2	55.3	2.8
	30％減肥	—	—	55.3	3.5	54.2	3.0
	15％ 〃	—	—	54.3	3.8	57.8	3.0
	標準	—	—	54.2	4.3	60.1	3.0

注：細粒グライ土，野菜はレタス。

4 暗渠排水の方法

暗渠の仕組みと使用資材

暗渠排水は，一般に図1に示したように吸水渠，集水渠，排水口，排水路，水閘から成り立っています。

暗渠排水資材は，一般に素焼土管，塩化ビニール管などが使われます。また，簡易暗渠の資材は，丸太，竹，石れき，モミ殻，貝殻などが使用されます。

吸水渠は，水田の土壌中にある過剰水を直接吸水して排除する役割をもっていて，通常暗渠が用いられます。

集水渠は，吸水渠で集められた過剰水を，耕地外に排除するために，排水口まで導くための暗渠です。明渠や直接河川につなぐ役割があり，これには土管やコルゲート管（直径75〜80mm）が使われ，円滑に吸水渠から集水できるようにします。

排水口は，集水渠で集められた水田全域の排水を水田外に排除するためのもので，河川や明渠に接する部分に設けられます。

水田に設置される水閘は，集水渠や吸水渠の途中に設けられ，それを開閉することにより地下水位の調節を行なうもので，弁と同じ働きをします。一般には土管や塩化ビニール管ではネジ式のものが使用され，落差のあるところや平坦部に設けられます。構造は垂直型の管で，調節部・越流孔および頂部からなっています。

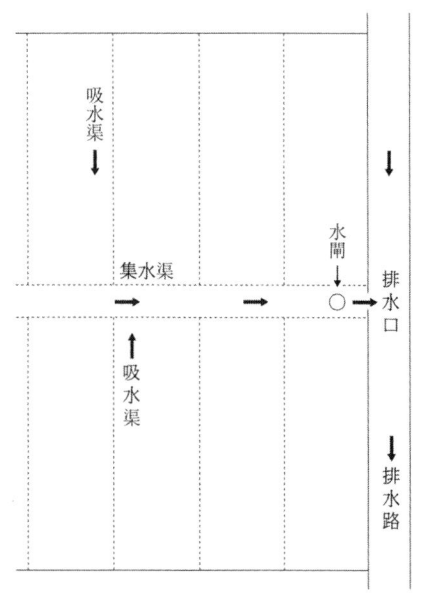

図1　暗渠排水の仕組み　　（平山，1996）

施工法

暗渠は地形，土壌条件，排水路の水位などによって，設置する深さや間隔が決められます。表1は，吸水渠の深さと間隔を土壌との関連で示したものです。

まず排水口の位置を決め，これを基準点として集水渠，吸水渠の順に配列を決めます。とくに排水口は，河川や明渠の水位より上にあることが原則です。

吸水渠の勾配は300分の1（300mにつき1m下がる）から500分の1がよく，基本的に集水渠と直

表1　土性と暗渠の施工基準　　（「水田農業確立のための技術資料」1987）

土性	深さ別間隔(m)			
深さ(m)	0.8	1.0	1.2	1.4
重粘土	6〜8	6.5〜8.5	7〜9	7.5〜9.5
粘土	8〜9	8.5〜10	9〜11	9.5〜11.3
粘質壌土	9〜10	10〜11.5	11〜12.5	11.5〜13.5
壌土	10〜11.5	11.5〜13	12.5〜14.5	13.5〜15
泥炭土	10.5〜13.5	12〜16	13.5〜18.5	15〜21
粘質砂土	11.5〜14.5	13〜17	14.5〜19.5	16〜22
壌質砂土	14.5〜18	17〜22	19.5〜26	22〜30
砂土	18<	22<	26<	30<

角に交わるようにします。

　集水渠の勾配は吸水渠と同様，300分の1〜500分の1が基準となります。

　水閘は，高低差があって地形的に傾斜している水田では，田面差が10〜15cm以上のところに設けます。この場合，頂部は田面の上，少なくとも30cm以上の高さが必要です。

　図2は排水口，図3は水閘の位置を示したものです。

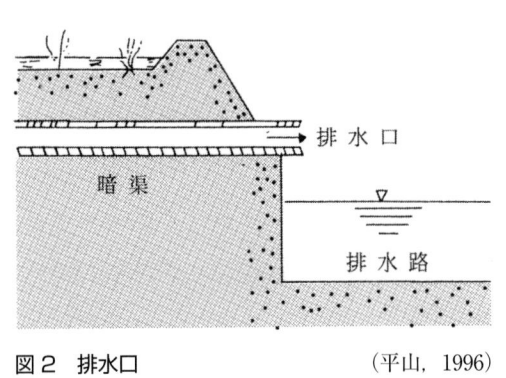

図2　排水口　　　　　　（平山，1996）

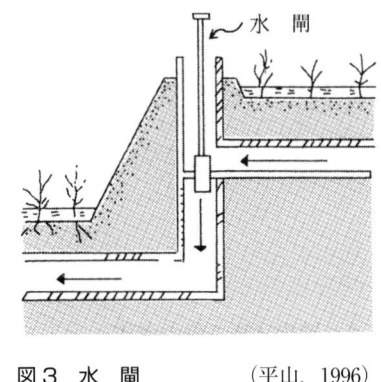

図3　水閘　　　　　　（平山，1996）

掘削と埋設

　埋設位置は現地の実態をよくみてから決めます。とくに水閘・吸水渠・集水渠の接合点や管路の勾配が変化する地点は，現地で杭を打ってはっきりさせておきます。

　掘削は，刈取り終了後から春までに実施します。作業を始める前に，耕土の表面に雨水がたまらないように，水切り溝をつくり水はけをよくしておくことが大切です。

　掘削は，排水口から始め，集水渠下流から上流に向かって進め，集水渠が終わったら吸水渠へと作業を進めます。堀削の仕上げが終わったら暗渠を埋設します。

　埋設は，吸水渠の上流の端から始め，吸水渠全線が終わったら集水渠の埋設に移り，これも上流端から作業を始めて排水口で作業が終わります。図4は暗渠施工後の土壌断面を示したものです。

　埋め戻し部には，掘り上げた土を戻すのが一般的ですが，粘土質の土壌では，埋め戻し部分の透水性が悪くならないよう石れき，モミ殻などを混ぜて，透水性を保つようにします。

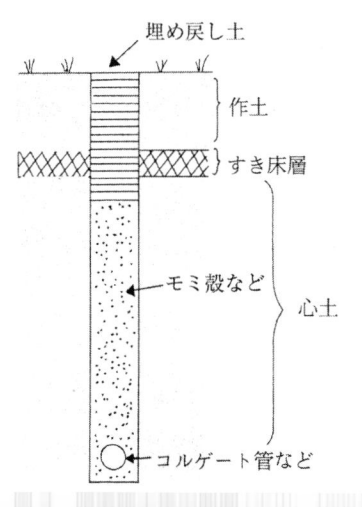

第1章 土壌改良，土壌管理　水　田　5　水田転換畑の排水対策

5 水田転換畑の排水対策

　水田を畑地化して畑作物を導入する場合，まず，自然排水の可能性を検討し，自然排水が不可能な場合，機械排水を計画するのが原則です。畑作物は水稲に比べ冠水や湿害に弱いため，降雨などによる一時的湛水も許されず雨水は直ちに排水する必要があります。したがって，許容湛水深は認めず，4時間雨量・4時間排水[1]ないしはこれ以上の排水能力を必要とします。圃場の排水性を高め湿害を回避するには，本暗渠，弾丸暗渠，心土破砕などを圃場条件に応じて行なう必要があります。

(1) 4時間の降雨があった場合，それによって表面に浮いている雨水を4時間以内に縦浸透によって排除できること。

排水対策のための土壌診断基準

　排水対策は土壌条件によって異なるので，地下水位やグライ層の位置，降雨後の停滞水の状態や，ち密度および土性などを調査し，表1を参考にどのような排水対策を実施すべきか判断する必要があります。なお，排水効率を高めるには本暗渠や弾丸暗渠などの圃場内の排水対策のみでは不十分であり，同時に周囲の排水路（明渠）を整備しておく必要があります。

表1　排水対策のための土壌診断基準　　　　　　　　　　　　　　　　　　　　（鶴野，1996）

診断項目		階級	排水対策		
			本暗渠	補助暗渠	
				弾丸暗渠	心土破砕
基本項目	地下水位（cm）（降雨7日後）	30＞		○／細粒質	○／○
		30～60	細粒質　△	中粗粒・礫質　△／細粒質	△／○
		60＜	中粗粒・礫質　×	中粗粒・礫質	△
	グライ層位（cm）	30＞		○／細粒質	○／○
		30～60	細粒質　△	中粗粒・礫質　△／細粒質	△／○
		60＜	中粗粒・礫質　×	中粗粒・礫質	△
	降雨後の停滞水（h）（排水までの時間）	24＜	○	○	
		24＞	△	△	
		滞水なし	×	×	
準項目	作土の土壌水分（降雨2～3日後のpF値）	1＞	○	○	
		1～1.5	△	△	
		1.5＜	×	×	
	土壌ち密土最高値	25＜	○	○	
		25～19	△	△	
		19＞	×	×	
	ち密層の厚さ（cm）	10＜	—	—	○
		10～5	—	—	○

○：必要　　△：必要な場合がある　　×：必要でない　　—：この項目では判定しない

施工法

本暗渠は，トレンチャーを用いて15〜20cmの幅で上流端で深さ70cm，下流端で100cmに掘削し，土管や塩化ビニールの吸水管を伏せ，その上に砕石やモミ殻などの疎水材を25〜30cmの深さまで充填し，土を埋め戻して施工します。施工間隔は土壌条件に応じて8〜12mにします。また，弾丸暗渠やサブソイラーによる心土破砕などの補助暗渠を同時に行なうときは，本暗渠と直交させ，土壌条件に応じた間隔で施工します（表2）。この場合，図1に示したように，弾丸暗渠が本暗渠の疎水材の中を通るように施工することが大切です。

表2 本暗渠と補助暗渠の施工間隔　　　　　　　　　　　　　（鶴野，1996）

対象土壌群および土壌統群名	施工間隔（m）		
	本暗渠	補助暗渠	
	モミ殻暗渠	弾丸暗渠または心土破砕の場合	モミ殻心破の場合
多湿黒ボク土（湿り質の圃場）	10〜12	2〜4	4〜6
黒ボクグライ土	10	2〜4	4〜6
細粒灰色低地土灰色系	10〜12	1.5〜2	2〜4
中粗粒灰色低地土灰色系	10〜12	2	4
細粒グライ土	8〜10	1.5〜2	2〜4
中粗粒グライ土	10〜12	2	4

注：補助暗渠は，弾丸暗渠，心土破砕，モミ殻心破のいずれか1つを選んで用いる。

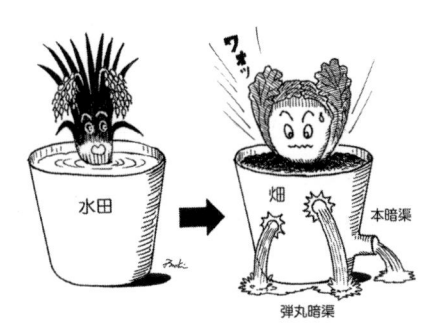

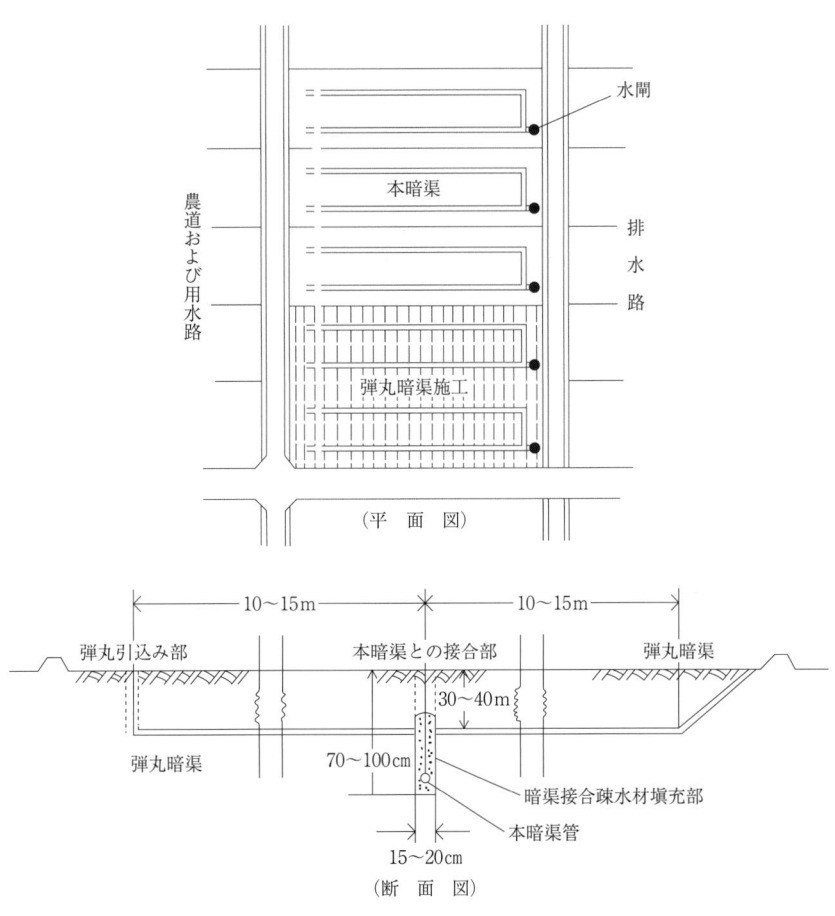

6 水田の漏水防止対策

透水が大きすぎる漏水田は，用水量が過多になるだけでなく，養分の溶脱による秋落ちや冷水害を招くなど，水稲の生育に悪影響を及ぼします。

漏水田は，下層が砂れき層の水田や黒ボク土の水田および復元田で多くみられます。湛水したときの透水性は，作土下50cmの土性とち密度に左右される度合が大きいのですが，作土下の孔隙，砂れき層や地下水の位置などによっても影響を受けます（表1）。

表1 土壌の湛水透水性のめやす　　(鶴野, 1996)

作土下50 cmの土性	作土下50 cmまでの最高ち密度	湛水透水性の等級
微	密	I
微	中	I
細	中	I～II
中，粗	中	II
中，粗	疎	III

注1：土性の微はSC, LiC, SiC, HC，細はSCL, CL, SiCL，中はSL, FSL, L, SiL，粗はS, LS。
　2：ち密度の密は硬度計の読み25mm以上，中は11～24mm，疎は10mm以下。
　3：等級のIは透水性が小ないし中，IIは透水性が大きい，IIIは透水性がきわめて大きい。

漏水田の改善目標値

改善目標値は，適正減水深が20～30mm／日，作土下50cmの最高ち密度が山中式硬度計で22mm程度です。

床締めによる漏水防止

床締めは，田面または心土上層部をブルドーザーやローラーで転圧し，水の浸透を抑制して漏水を防ぐ方法です。

表土を20cm程度剥いでから行なう心土締め法は，作土表面から転圧を行なう表土締めに比べて効果が高いとされています（表2）。しかし，過度の転圧は，かえって排水不良を招くことがあるので，注意が必要です。

表2 心土床締めによる減水深の変化　　(農土試, 1965)

地区名	土壌						減水深 (mm／日)				
	性状	比重	れき(%)	砂(%)	沈泥(%)	粘度(%)	施工前	ローラー4回通過	ローラー8回通過	ブルドーザー4回通過	ブルドーザー8回通過
直路	砂質ローム	2.63	8.0	84.0	7.0	－	1,200	158(－)	60(－)	150(－)	23(－)
山口	〃	2.82	40.5	53.0	6.5	－	720	91(－)	62(－)	31(－)	14(－)
早川台	黒ボク	2.25	3.5	88.0	6.5	2.0	360	48(22)	20(12)	15(10)	21(15)
兎島	〃	2.42	5.5	85.0	7.5	2.0	800	86(73)	－(26)	60(34)	50(26)

注1：減水深の( )はベントナイト0.6kg／m²施用。
　2：ローラーは4～6t平滑胴ローラー，幅1.8m，径1.2m2連。
　3：ブルドーザーは18t級。

ベントナイトによる漏水防止

ベントナイトは，モンモリロナイトを主成分とする粘土の一種で，火山灰や凝灰岩などが熱によって特殊風化したものです。関東近辺では群馬県，福島県などで産出されます（p.164参照）。

ベントナイトは吸収すると膨れあがり容積を増します。良質なベントナイトは，自重の5～15倍に膨張

するとされ、このため土壌の孔隙を埋めて漏水を防止する効果があります。

また、陽イオン交換容量（CEC 60〜100me）が大きく、保肥力を増すため養分の溶脱防止にも役立ちます。沖積砂質水田と黒色火山灰土水田に対するベントナイトの効果を表3，4に示します。

施用する場合は作土全層に施用し、施用量は10a当たり1〜2tですが、持続効果はそれほど長くないので、3〜5年を目標に再度施用する必要があります（図1）。

表3　沖積砂質水田に対するベントナイトの効果
（群馬農試，1954）

区　名	水稲収量(10a当たり)		
	わら重(kg)	玄米重(kg)	同指数
対　照　区	573.4	422.3	100
ベントナイト1.9t区	729.4	507.8	120

注：試験地は群馬県伊勢崎市、灰褐色土壌砂土型。

表4　黒色火山灰土水田に対するベントナイトの効果
（群馬農試，1958）

区　名	水稲収量(10a当たり)		
	わら重(kg)	玄米重(kg)	同指数
対　照　区	283.6	255.8	100
ベントナイト1.9t区	349.7	327.3	128

注：試験地は群馬県吾妻郡中之条町、冷水田、黒色土壌壌土腐植型。

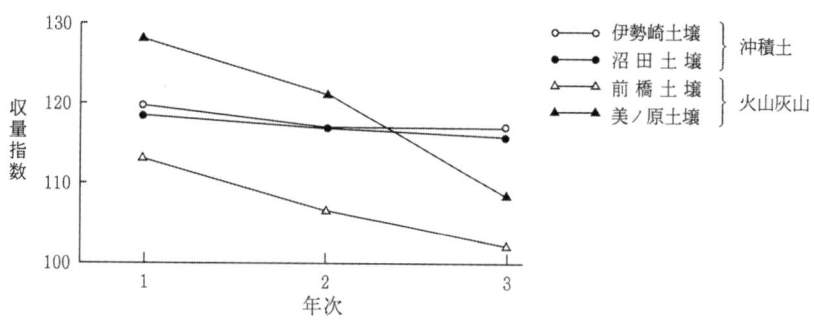

図1　水田に施されたベントナイトの残効の年次変化　　（沼尾，1961）

畦畔の整備

最近は、畦畔の整備不良やモグラの穴などによる漏水も多くみられます。とくに、異常低温に頻繁にみまわれる昨今では、冷水害を受ける危険性も増しています。

畦畔からの横浸透を抑制し漏水を防止するため、モグラ穴をつぶし、畦畔シートや、廃棄ビニールなどで被覆・保護して、畦畔の整備に努める必要があります。

7 地下水位制御システム「FOEAS」の特徴

　水田農業で経営の安定化を図るには，イネ・ムギ・ダイズおよび野菜を組み合わせた水田輪作の導入が有効ですが，転換畑では湿害や干ばつが大きな障害になっています。そこで新たに開発されたのが，地下水位制御システム「FOEAS」（フォアス）です。FOEASは，地下に埋設した暗渠管と補助孔，水位制御器を通じて水田の地下水位をコントロールすることができます。FOEASによって，乾燥時には地下灌漑，土壌水分が高い場合には暗渠排水を行なって干ばつや湿害のリスクを回避し，収量や品質，作業性などにおいて改善例が報告されています。

■ FOEASとは？

　国内では田畑輪換の実現を目的とした圃場整備事業が1960年代から始まり，粘質土壌などで透水性の悪い地区では暗渠排水も行なわれてきました。しかし，暗渠排水は水閘を閉めるか開けるかの選択しかできず，各作物に適した地下水位を制御する機能はありませんでした。

　そこで，2002年に（独）農研機構と（株）パディ研究所との共同研究により，地下水位制御システムFOEASが開発されました。FOEASでは，田面下50cmに有孔管（幹線パイプ，支線パイプ，接続パイプ）を水平に敷設し，さらに1m間隔で施工した補助孔を通じて給排水を繰り返しながら圃場内の水位をコントロールすることができます。

　FOEASは，早急に現場に普及すべき重要な技術として農林水産省が公表する「農業新技術2008」にも選定されています。また各種補助事業により，これまでに9000ha以上で採択され，そのうちすでに3500ha以上で施工（または施工中）されています。

■ FOEASの構造

　FOEASは大きく3つから構成されます（図1）。
（1）有孔管：田面から50cm（管上）の深さで敷設されます。圃場内の埋設場所により幹線パイプ・支線

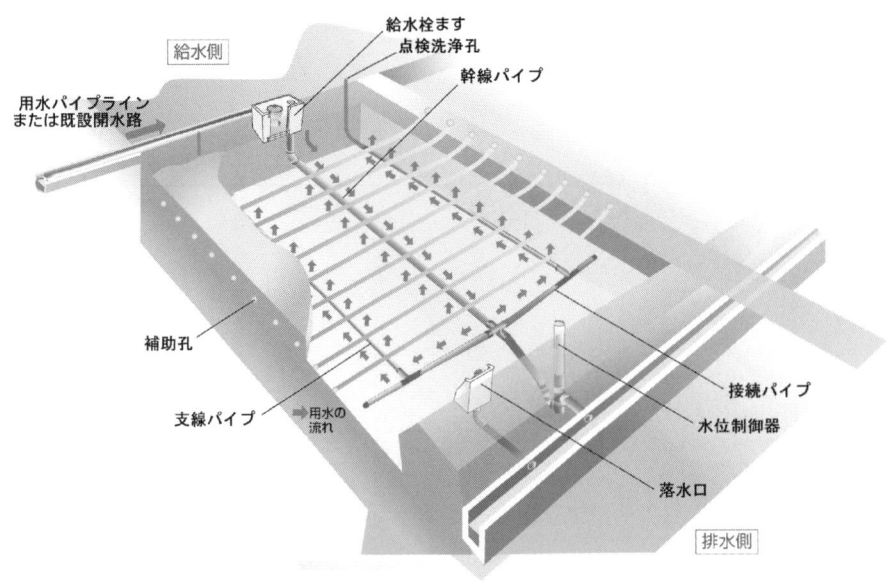

図1　幹支線パイプと補助孔の配置（タイプⅣ）　　　（原図：（株）パディ研究所）

パイプ・接続パイプの3種類があります。
 (2) 補助孔：有孔管に直交して田面から40cmの深さで施工される弾丸暗渠。
 (3) 水位制御器：内管をスライドすることで田面＋20cmから－30cmの範囲で水位を調節できます。

水位制御器の仕組み

水位制御器は水閘と同じく，圃場全体の水が集まる水尻側に取り付けられます。その構造は二重管で，かつ内側の管（内管）がスライド可能になっており（図2），内管を上下させることで，田面を基準として＋20cmから－30cmの範囲で水位を設定できます（図3）。降雨により地下水位が設定水位を越えると水が内管から越流し，排水路に放流されます。

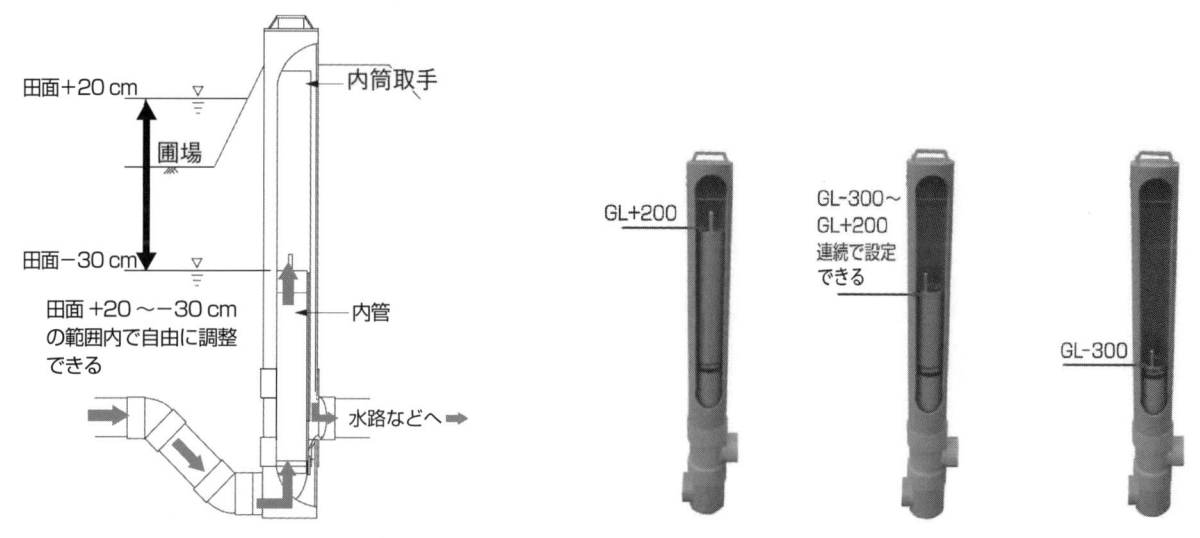

図2　水位制御器の断面　　（原図：（株）パディ研究所）　　図3　水位制御器の水位設定例　　（原図：（株）パディ研究所）

FOEASの工法

FOEASの施工には，新たに開発された特許工法であるベストドレーン工法，あるいはアーム式ベストドレーン工法（図4）が用いられています。従来の暗渠管埋設にともなう掘削にはトレンチャーが一般的に使用されていますが，耕盤層以深に石が多く存在する場合には掘削が困難です。また，油圧ショベルのバケットなどを使った掘削では作業効率が低く，地表面に出てきた下層土や石が表土と混合するため次の作付けに

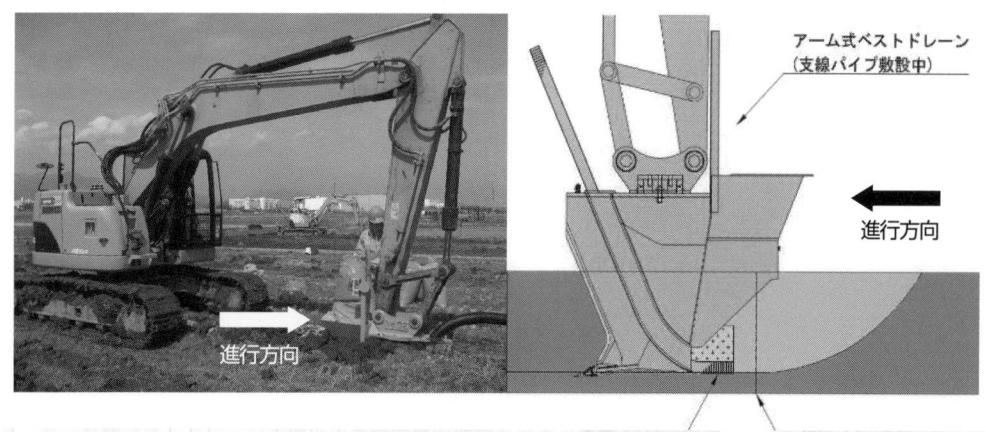

第1章 土壌改良，土壌管理　水田　7 地下水位制御システム「FOEAS」の特徴

も支障をきたす場合があります。

これに対しベストドレーン工法やアーム式ベストドレーン工法では，①石が混入する土質，硬い土質，軟弱土でも施工できる，②掘削幅が狭いため疎水材の使用量が少なく，表土が陥没する危険性も低い，③前処理として石などの障害物を逃がしながら敷設床を形成し，続いてパイプと疎水材を同時に埋設できる，④作業速度が速いため工事コストが安価，といった特徴があります。

地下灌漑の特徴

地下灌漑のメリットとしては以下があげられます。
(1) 土壌の団粒構造や亀裂などを壊さずに，均一ですみやかに灌水することができます。
(2) 播種時や定植時の種子や苗の流亡，飛散水滴による幼苗の物理的障害，飛散土粒子や菌の植物体への付着などを回避できます。

FOEAS 導入による地下水位の動き

FOEAS 圃場と FOEAS 未施工圃場で，それぞれ秋冬どりキャベツ作付期間中の地下水位の動きを調査しました（図5）。FOEAS 圃場と FOEAS 未施工圃場の水位はいずれも降雨または給水によって一時的に上昇し，その後徐々に低下しているのがわかります。

しかし，FOEAS 未施工圃場では，台風到来後3日間圃場が冠水し，やがて検出限界（－70cm）まで地下水位が下がっています。一方，FOEAS 圃場では，台風時に地下水位が上昇しますが，冠水することはなく，その後は設定した地表－30cm 前後で地下水位は保たれるようになりました。

このような水位制御によって，FOEAS 圃場では干ばつや湿害を受けるリスクを大幅に低減させることができます。

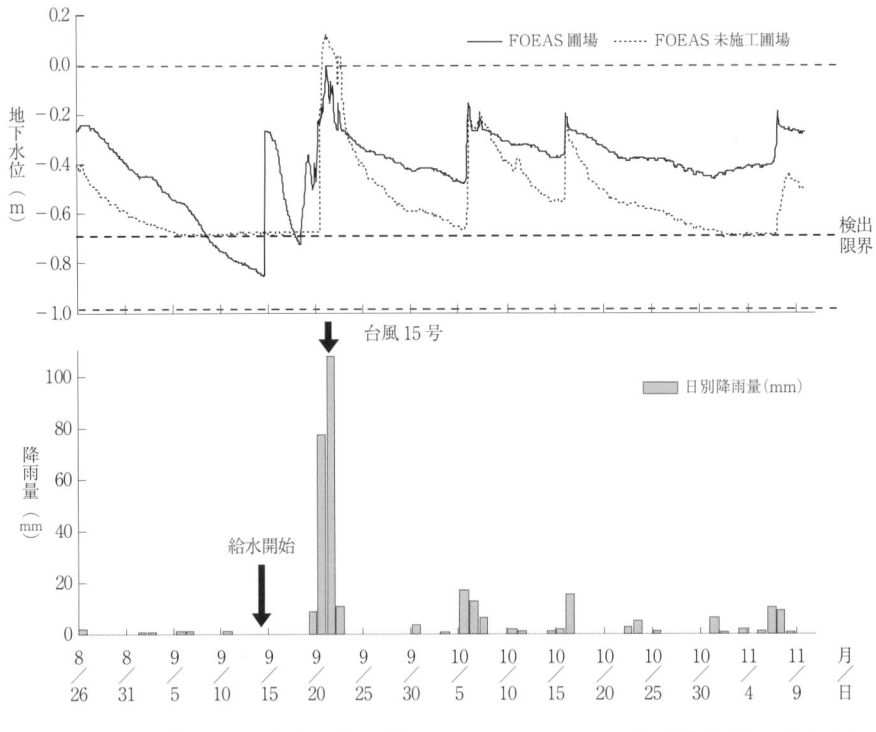

図5　FOEAS 圃場における地下水位の変化　　　　（山形県川西町，2011年）

FOEAS 圃場での作付事例

キャベツ

千葉県香取市内で15年以上にわたり耕作放棄地となっていた1ha圃場にFOEASを導入し、加工・業務用キャベツがつくられました（図6）。

図6　FOEAS施工前の圃場（左：2009年2月）と施工後のキャベツ圃場（右：2009年12月）

ダイズ

滋賀県長浜市内のダイズ圃場90a。FOEAS施工前は収量が皆無でほとんどつくり捨てられていました（図7）。施工後は地域の慣行収量（150kg/10a）を大きく上回る280kg/10aの収量が得られています。

図7　FOEAS施工中の圃場（左：2010年6月）と施工後のダイズ圃場（右：2010年8月）

長ネギ

富山市内と山形県鶴岡市内のFOEAS圃場で長ネギが栽培され，計画的な土寄せ作業が可能になりました（図8，図9）。

図8　富山市内のFOEAS圃場（2012年7月）

図9　鶴岡市内のFOEAS圃場（2013年10月）

FOEASの施工費

FOEAS施工には従来の暗渠排水にはない特許料などが加算されますが，施工費は一般的な暗渠排水工事の約18万円/10aと同程度です（施工にあたり諸条件が良好で，5ha規模以上のまとまりのある圃場の場合）。ただし，5ha未満の場合や，区画数の多い圃場，石が多い圃場などではこの限りではありません。なお，FOEAS施工が可能な国や県の事業もありますので，詳しくは市町村や土地改良区などに問い合わせください。

FOEASの施工条件と施工後の管理

FOEASはあらゆる水田に施工できる技術ではなく，施工に適さない圃場があります。たとえば，心土層以下が砂地で降下浸透の大きい水田では，地下水位の制御が困難です。また，畔畔からの漏水や周辺からの侵入水がある水田では，遮水対策が必要になります。

FOEASの導入は新しい営農のスタートラインに立つことであり，施工後の圃場管理次第でFOEAS導入による効果も変わってきます。FOEASの機能を持続させるためには，FOEAS導入後すみやかに圃場の特性を把握し，1筆ごとにきめ細かな対応を行なうことが重要です。（図10）

図10　FOEAS圃場の適正な管理で地下灌漑機能を持続できる

8 稲わらの腐熟促進対策

水稲の安定的な生産を長期的に持続させるためには、水田への有機物施用が欠かせません。稲わらのすき込みは地力増進を図る大切な有機質資源です。稲わらは焼却や持ち出しをせずに土壌に還元することが重要です。ただし、稲わらの腐熟が不十分だと、作業精度の低下や水稲生育に悪影響を及ぼすことがあります。圃場の状態にあった資材を施用し、有機資源を有効利用することで圃場の地力を維持することが大切です。

稲わらの施用効果

地力の向上には長い年月が必要ですが、1回くらい土づくりを怠ってもそれほど目立って収量が減らないのが普通です。しかし、長期にわたり土づくりを怠っていると、しだいに影響が現れてきます。稲わら施用と玄米収量の年次変動を表1に示しましたが、それによると次のことが明らかになりました。

（1）稲わらを焼却しても初めのうちは収量の低下は少ないですが、年が経つにつれてしだいに大きくなりました。

（2）稲わらをそのまますき込んでも効果はほとんど認められませんでした。

（3）稲わらと石灰窒素を併用し、稲わらを腐熟促進させると、堆肥と同等の効果を示しました。

稲わらは堆肥化するのが望ましいですが、近年ではコンバイン収穫で裁断されてしまうため回収が困難であり、堆肥化しにくいのが現状です。そこで、土づくりとして稲わらを施用し、しっかりと腐熟させて地力の維持・向上を図ることが重要です。また、秋すき込みは腐熟を促進するので、地温の高いうちに行なうとより効果的です。

表1 稲わら施用と玄米収量の年次変動　　　　　　　　　　　　　　　（宮城県古川農試）

区名	年次	堆肥 わら重(kg/a)	堆肥 玄米重(kg/a)	堆肥 玄米重比(%)	わら わら重(kg/a)	わら 玄米重(kg/a)	わら 玄米重比(%)	わら+石灰窒素 わら重(kg/a)	わら+石灰窒素 玄米重(kg/a)	わら+石灰窒素 玄米重比(%)	わら焼却 わら重(kg/a)	わら焼却 玄米重(kg/a)	わら焼却 玄米重比(%)
ササニシキ	1973	58.2	55.4	100	59.1	51.9	94	71.3	55.8	101	60.8	54.1	98
ササニシキ	1974	47.7	50.1	100	48.9	48.5	96	53.4	47.1	93	43.8	44.6	88
ササニシキ	1975	61.3	57.3	100	58.3	55.4	96	69.1	57.7	101	56.7	56.5	99
ササニシキ	平均	55.7	54.3	100	55.4	51.9	96	64.7	53.5	98	53.8	51.7	95
トヨニシキ	1976	60.9	58.4	100	57.3	54.7	94	69.9	64.0	110	59.7	58.5	100
トヨニシキ	1977	61.6	56.0	100	42.7	45.0	80	56.8	53.4	95	50.2	51.4	92
トヨニシキ	1978	59.2	58.1	100	56.6	53.1	91	71.7	63.8	110	60.7	53.9	93
トヨニシキ	1979	64.3	65.0	100	65.8	62.8	97	73.0	65.8	101	60.3	60.7	93
トヨニシキ	1980	63.9	45.3	100	80.5	41.9	92	83.1	40.8	90	60.5	44.3	98
トヨニシキ	平均	62.0	56.0	100	60.6	51.5	91	70.9	57.6	102	58.3	53.8	95
総平均		58.9	55.5	100	58.0	51.7	94	67.8	55.6	100	56.1	52.8	95
モミ/わら比(%)			94			89			82			94	
わら比(%)			100			98			115			95	

腐熟不十分な稲わらが引き起こす弊害

稲わらの腐熟が不十分だと，次のような障害が起こることがあります。

作物が窒素飢餓になる

土壌中の微生物が窒素（主にアンモニア）を吸収利用しようとするため，水稲の吸収するアンモニアが不足し，生育が阻害されます。

土壌中の酸素が不足する

未分解の稲わらは多量の易分解性有機物を含むため，湛水後の地温上昇にともない急激に分解されます。その際，微生物の増殖により土壌中の酸素が少なくなり還元状態が進むと，ワキ（硫化水素，メタンガス）の発生や，二価鉄および有機酸が生成し，作物の養分吸収が阻害されます。根腐れが起こるほか，除草剤の薬害が発生しやすくなります。

作業機械，とくに田植機の能率と精度が悪くなる

稲わらが耕うん機，田植機などにからまり，作業能率や精度が悪くなります。

また，近年の高温障害による米の品質低下が問題となっていますが，土壌が酸化的な状態で根の活性が高い圃場では，乳白米の発生率が低下することが報告されています（金田ら，2010）。稲わらを十分に腐熟させ，異常な還元状態の土壌環境をつくらないことが良食味米の生産にも大切です。

稲わらを早く腐熟させるには

ただ稲わらをすき込むだけでは分解に時間がかかるため，腐熟が不十分な場合があり，上記のような弊害が起こりやすくなります。

稲わらはナタネ油かすや魚かすなどの有機物などに比べて分解が遅いですが，これは有機物中の炭素と窒素の割合（炭素率，C／N比）が高いからです。稲わらは炭素率が70くらいであるため，一般的には石灰窒素を添加し，炭素率を20～30にすることによって腐熟を早めます（図1，2）。

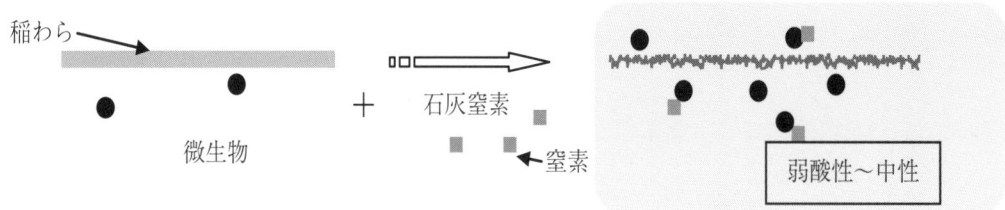

図1　石灰窒素の稲わら腐熟促進効果

図2　石灰窒素の腐熟促進効果（左：対照，右：石灰窒素施用）（全農，2010）

石灰窒素が稲わらの腐熟促進に寄与する効果は以下のとおりです。

(1) 稲わらの腐熟に関与する微生物の養分となる窒素供給が、長期にわたり有効（硝酸化成抑制）です。

(2) 稲わらを腐熟する微生物が増殖するには、土壌 pH が微酸性〜中性がよいとされています。副成分の石灰が腐熟に好適な土壌 pH を維持します。

また、微生物の増殖にはリン酸が必要であることから、石灰窒素に加えて熔リン、苦土重焼リンやリンスターなどの土づくり資材を一緒に施用することが有効と考えられます。また、アヅミン（腐植酸苦土肥料）の使用は根の活力を高めるので、腐熟不十分な稲わらによる障害を少なくします。

以前、特別栽培米の生産者は化学肥料の使用量が制限されているため石灰窒素を使用しにくい、ということがありました。しかし今は、有機物の腐熟促進のみを目的として石灰窒素を施用する場合は、化学肥料の使用量にカウントされなくなりました（官報、2013）。ただし、腐熟促進を目的として施用する場合であっても、化学肥料としての効果を期待する場合は化学肥料にカウントされるのでご注意ください。

稲わら腐熟促進資材

土壌に稲わらを腐熟させる微生物を増やしたい、有機物も供給したい、また、散布量をなるべく少なくしてより省力的に稲わらを腐熟させたいなど、生産者のニーズの多様化に合わせて、さまざまな資材が市販されています。これらの資材を施用することで、稲わらの繊維が分解されもろくなり、腐熟が促進されます（表2、図3）。

ただし、稲わらに水分がある状態でわらに直接振りかける、農薬や石灰窒素との併用は避けるなど、資材により使用方法があるので注意が必要です。また、酵素や微生物の働きは温度が高いときに比較的効果が高いので、収穫後なるべく早めに資材を施用し、土壌にすき込むとより効果的です。

表2　各種稲わら腐熟促進資材施用時の稲わらの分解率　　（全農、2011）

処理区	炭素分解率（％）		C/N	
	2月	5月	2月	5月
対照	25.2 (100)	53.4 (100)	53.6	42.0
酵素資材	28.0 (111)	59.2 (111)	52.4	38.1
微生物資材 A	31.3 (125)	57.9 (108)	52.6	35.1
微生物資材 B	33.6 (133)	57.0 (107)	55.1	40.0
微生物資材 C	33.9 (135)	58.4 (109)	48.4	36.2
石灰窒素	32.6 (130)	60.9 (114)	39.3	30.8

注：神奈川県平塚市水田圃場（灰色低地土）で、11月に資材を添加した稲わら埋設。カッコ内の数字は対照比。

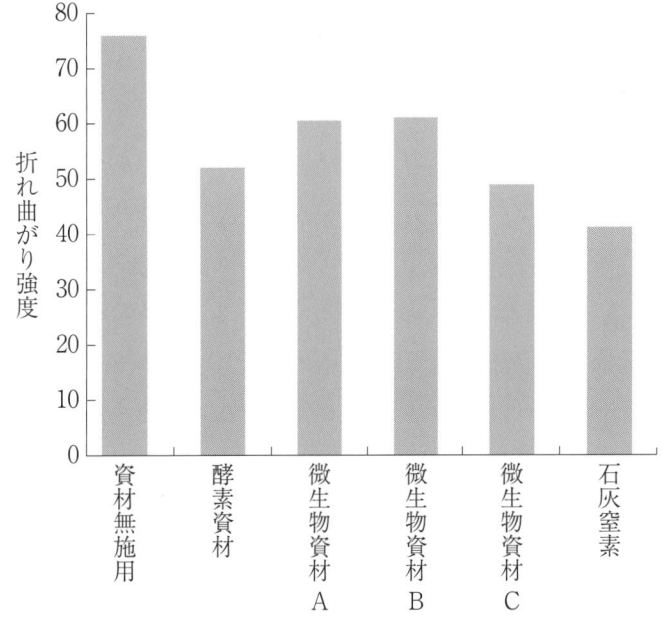

図3　各種稲わら腐熟促進資材施用時の稲わらの折れ曲がり強度（全農、2011）

第1章 土壌改良，土壌管理　畑地　9　野菜畑の土づくりのポイント

9 野菜畑の土づくりのポイント

　野菜栽培においては，イネに比べて根系が貧弱であるため，土壌化学性を良好に保つことはもちろん，根の活性が維持できるように作土層の確保や良好な物理性を維持することが必要です。そのための土壌硬度は山中式硬度計で20～22mm未満が望ましく，ロータリー耕だけでなく，低速でのロータリー耕，サブソイラー，さらにはプラウ耕を用いた深耕も組み合わせる必要があります。

　また，土壌の生物性を維持するには，有機物の供給や，適した微生物のすみかをつくり出してやることが必要であり，土壌養分のバランスを保ち，完熟した有機物などを適量に施用することが必要です。また，異種作物の輪作，間作や混作を行ない，植物の機能を利用してその富化と多様化を図ることも重要なポイントです。

■ 野菜畑の土づくりの考え方

　作物は土壌に根をおろして水や養分を吸収して生長します。しかし，そこには土壌が保持している養分や水分の状態だけでなく，吸収する作物側の状態が強く関係しています。とくに，根の活性と密接な関係がある地温，土壌空気（酸素），湿度，養分濃度が適正であること，さらには有害物質が存在しないことが重要です。これらの条件を整えることが土づくりです。

　日本ではこれまでイネが重要な作物だったので，水田を中心にした地力の研究や土づくり技術の開発が行なわれてきました。地力窒素の発現量や無機態窒素の供給強度の制御技術などを，イネの養分吸収に合致させるように工夫されてきたわけです。表1にイネと野菜の特性を比較して示しました。一言で野菜といっても，その種類，栽培時期，栽培方法など多種多様ですが，イネと異なり野菜ではとくに優先的に考えないといけない共通の条件もみえてきます。

表1　イネと野菜の違い

水稲	野菜
・湛水栽培 ・栽植密度が高い ・栽培時期がほぼ一定 ・数種類～十数種類 ・根系が発達 ・好ケイ酸植物 ・収穫時期は生殖生長完了期	・畑栽培 ・栽植密度が低い ・いろいろな作型がある ・100種類以上 ・根系が貧弱 ・好カルシウム植物 ・収穫時期はさまざま（栄養生長期～生殖生長期）

第一に求められるのは「排水がよいこと」

　わが国では長年にわたって地力保全基本調査事業が行なわれ，その結果，種々の因子について評価され，生産力が区分されるとともに，改善目標値が設定されています。大方の野菜では地下水位までの土層が60cm以上とされていますが，不良土壌のなかには乾湿の害を生じやすいことが要因になっている土壌が高い割合で存在しています。土壌の水分状態の大きな変化は根に深刻なダメージを与えますし，いったん障害が発生すると簡単には回復しません。とくに，下層にち密層が存在するために排水が悪くなっている圃場では，根系障害が発生しやすいだけでなく，地上の湿度が高く病害の発生も多い傾向がみられます。

野菜の根系はイネ科作物に比べて貧弱

　根は高濃度の施肥成分や養分と触れると濃度障害を起こし，生育が低下します。とくに，根系の貧弱な野菜ではその傾向が著しく，適正値を超えると急激に生育や収量が減少します。近年は肥効調節型肥料などの使用により濃度障害の危険性も少なくなっていますが，高収益をねらった栽培では，化学肥料や土壌改良資材だけでなく，有機質資材や有機質肥料の施用量が多くなり，吸収されずに残った肥料成分が土壌の表層に集積してきます。

一般に，連作年数が5年を超えると生育障害発生が多くなります。このような連作障害の多くは病害虫の発生として認識されますが，連作障害が起こる背景には，窒素などの土壌養分が過剰に集積したり，養分間の割合が不均衡になったり，堆廐肥が過剰に施用されていたり，過度な耕うんにより土壌生物相が攪乱されたり圧密層が形成されたりする，などの影響が指摘されています。

　このため，野菜栽培においては十分な土層を確保するとともに，良質な堆肥などの有機質資材や作物自身の機能を活用して，根の活性が維持できるような安定した耕地土壌生態系を保つことが大切です。

■ 適正に養分を供給するために

　野菜栽培では土壌養分を適正に保つことが基本になります。しかし，まだ若々しい栄養生長期に収穫する作物と生殖生長の末期に収穫するものとでは養分の要求度合いが異なります。さらに，作型や目標収量をもとに必要とされる成分量を把握し，堆廐肥，有機質肥料，化学肥料，さらに必要に応じて土壌改良資材などで養分を補給します。各県では，主な作物別に肥料や土づくり資材の施用基準がつくられており，目標収量を継続的に得るための施肥量が記されているので参考にするとよいでしょう。

　近年，野菜栽培土壌ではリン酸やカリウムが多量に土壌に残存している場合がみられます。長く高品質の野菜を生産するには，土づくり資材や肥料の施用にあたって必ず土壌分析を行ない，適正な養分量と養分間のバランスを調整することが大切です。とくに，近年の堆肥は養分含量が高くなっていますので，土壌分析のみならず堆肥中の養分分析も行なって施肥資材の投入計画を立てましょう。

■ 作物の根張りをよくするために

　作物がよく生育するには，根が深く広く十分に張り，養水分が良好に吸収できる必要があります。作物の根がよく張るには，温度や養水分などのほか土壌が柔らかい必要があります。

下層土の物理性改善

　土壌の物理的な診断基準の例を表2に示します。一般に，作物の根が伸びるには，山中式硬度計で20～22mm未満であることが望ましいとされています。このため，耕うん作業でも一般的なロータリー耕のみならず，低速でのロータリー耕，サブソイラー，さらにはプラウ耕を用いた深耕も有効です。

　また図1は，野菜の根は土壌の表層に多く分布しているものの，養分吸収に代表される各種の機能は次層でも高いことを示しています。表層には酸素や肥料成分などは多いものの，根が乾燥や寒暖の差，紫外線照射などの影響を受けやすいため次々に新しい根を発生させる必要があるのに対し，次層では安定した条件で長くその機能を維持できます。その結果，太い根となり，その割合と収量には正の相関が認められます（図2）。さらに，同じ作物を連作するだけでなく，深根性の作物と組み合わせた作付体系を導入することも効果的です。このように，野菜栽培においては，耕うん

表2　野菜の土壌物理性改善目標値（露地畑・施設）　　　　　　（福岡県，2012）

項目 \ 土壌の種類	非火山灰土			火山灰土	
	粘質	壌質	砂質	黒ボク土	淡色黒ボク土
作土の厚さ（cm）	20以上	20以上	20以上	25以上	25以上
有効根群域の深さ（cm）	50以上	50以上	50以上	50以上	50以上
現地容積重（g/100mℓ）	80～100	80～100	90～110	50～70	50～70
粗孔隙率（%）	15以上	15以上	15以上	20以上	20以上
有効根群域の最高ち密度（mm）	22以下	22以下	22以下	22以下	22以下

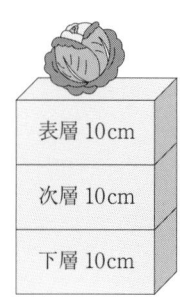

土層	根の分布(%)	窒素吸収割合(%)
0〜20 cm	75.6	40.9
20〜40 cm	13.0	36.2
40〜60 cm	11.5	22.9

注：重窒素利用ポット試験（全農農技センター）

図1　キャベツの施肥層位別吸収量

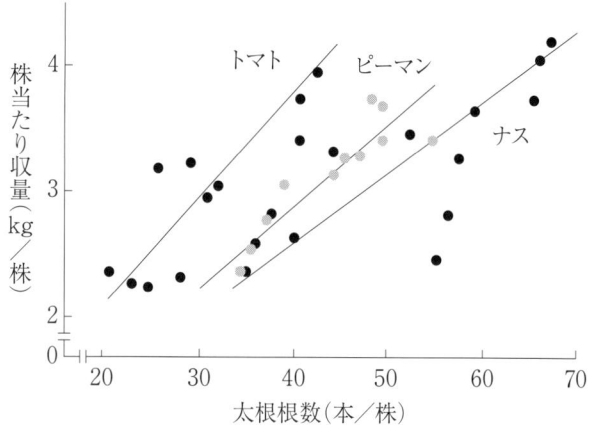

図2　太根根数と収量の関係　　　（加藤の結果より作図）

下層土へのカルシウムの供給

根の伸長にはカルシウムの寄与が大きいといわれています。カルシウムは土壌の表面に施用されることがほとんどですが，土壌条件，とくに土壌のpHに応じて溶解性の高い資材を選択することにより，活性の高い地中の根にカルシウムを供給することができます。

土壌の生物を増やし活かすために

このところいろいろな微生物資材が流通しており，また，各種の微生物農法も提案されています。しかし，とくにこだわった管理をしていない耕地土壌にも1g当たりに数十億の微生物が生息しており，土壌中の主要な物質変化をつかさどっています。一見均質にみえる土壌も，よく観察すると酸素の多い部位（酸化部位）と少ない部位（還元部位），あるいは有機物の塊や粘土鉱物，養分濃度の濃いところや薄いところがあり，そこには多様な生物が存在して，土壌中の物質変化を安定なものとしています。

土壌の生物性を増進するには，次のように，えさとなる有機物の供給や，適した微生物のすみかをつくり出してやることが必要です。

（1）乾燥や高温，高濃度の養分など作物の根にとって厳しい条件は，そのまま土壌生物にとっても厳しい条件です。土壌養分の量やバランスを適正にし，完熟した有機物などを適量に施用して，生物に栄養分とエネルギーを供給することが大切です。

（2）土壌消毒などにより土壌微生物の単純化を引き起こしてしまうと，新たに進入した新規病原菌の繁殖や硝酸化成作用の遅延など，作物の生育にとって不安定な状態となってしまいます。やむを得ず土壌消毒を実施したあとには，完熟堆肥の投入を行なって微生物活性の復活を図ってやることが重要です。

ちなみに，火山灰土壌をピクリン消毒したあと何もしないと4週間経過しても硝酸化成作用は完全には復活しませんが，完熟堆肥を混合してやると10日から2週間で復活した例があります。

（3）田畑輪換を行なうと嫌気的な生物と好気的な生物の繁殖が繰り返され，病害の発生も少なくなることが確かめられています。

（4）同一作物の連作でなく，異種作物の輪作，間作や混作を行ない，植物の機能を利用してその富化と多様化を図ることが望まれます。とりわけ輪作などに心がけ，根粒菌により空気中の窒素を固定する能力をもつマメ科作物や，VA菌根を形成するトマト，ニンジン，セルリー，タマネギなどの作物を作付けることも，地力を高めるために効果的な方法です。

10 野菜畑土壌の圧密対策

大型機械による作業は，作業効率を高め生産性を向上させますが，走行による踏圧のため下層土が硬くなり，耕盤が形成されて生育を悪くします。圧密の影響はとくにダイコン，ニンジンなどの根菜類で大きく，根のくびれや収量，品質の低下をもたらします。

一般に，土壌硬度計の読み（山中式）が20～22mmになると根の伸長が抑制され，25～27mmで停止するといわれます。また圧密により透水性，通気性が不良となり，湿害や干害が生じやすくなります。野菜は湿害に弱いので注意が必要です。

下層土の硬さと野菜の作柄

長野農試で野菜の作柄の良否と土壌の理化学性との関係を調べたところ（図1），化学性と生育との関係はほとんどなく，生育不良畑では20cm以下に耕盤が形成され，下層土の物理性，とくに空気率が悪化していました。これは重量機械の多回数走行と，能率本位の浅い耕起によるためです。

なお，作柄良好な畑ではそのような硬い層がみられず，下層まで膨軟でした。この理由は，大型機械を導入していても，1～2年に1回，深耕や心土耕をして，耕盤ができないようにしているためです。

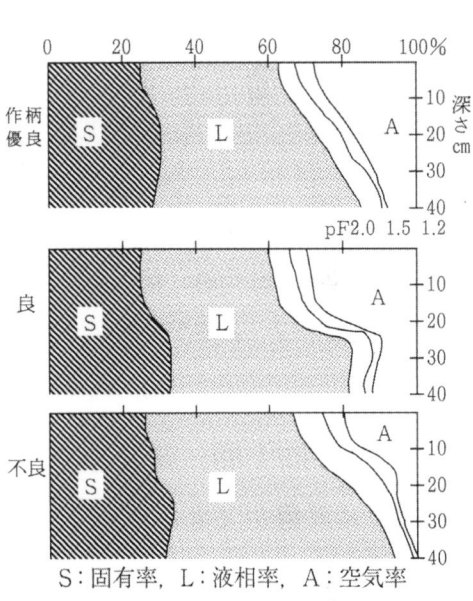

図1 野菜（葉菜）作柄別代表圃場の深さ別土壌三相分布　　（小松ら，1988）

圧密対策

圧密層ができたときの対策は，深耕などにより耕盤を破砕して下層土を膨軟にし，通気，透水性をよくし，根が伸長しやすいように土壌を改善することです。

改善方法は深耕，心土耕などですが，空気噴出式心土破砕なども有効です。なお，深耕と同時に堆廐肥や土壌改良資材を投入すると効果が高くなるので，土壌条件に応じてこれら資材を同時に施用します。

深耕の効果

下層が圧密された沖積土の野菜畑で40cm深耕し，ネギを栽培したところ，深耕区は普通耕区に比較して下層の気相（＝空気率）が多くなり，根が下層まで伸長するようになりました（図2）。また，排水性が改善されて，豪雨時にも滞水が少なくなり，生育がよくなって収量が19％増加しました。

第1章　土壌改良，土壌管理　畑地　10　野菜畑土壌の圧密対策

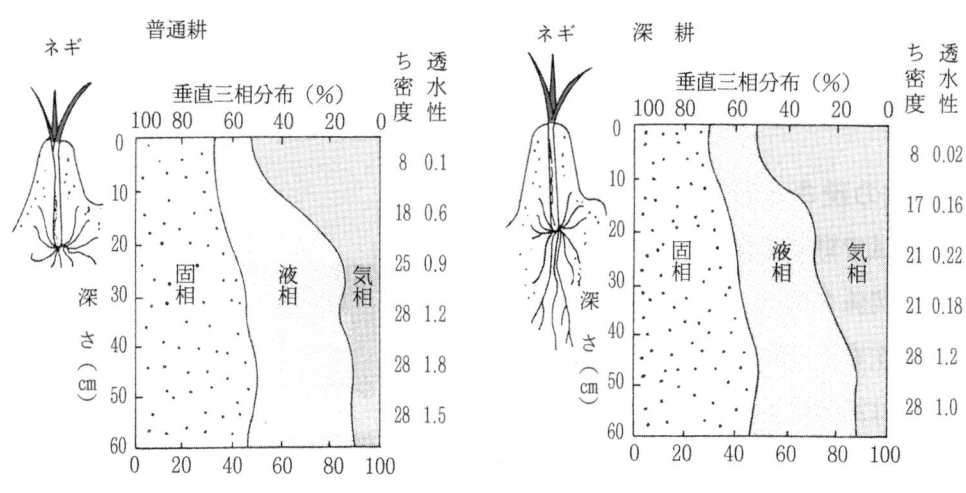

図2　深耕がネギ収穫時の根の伸長と物理性に及ぼす影響　　　　　　　（埼玉農試，1962）

1～2年に1回，深耕か心土耕を

　下層土に耕盤ができた場合は，深耕や心土耕などによってそれを膨軟にする以外に対策はありません。なお，大型機械の走行回数をできるだけ少なくすること，また土壌が硬くなりやすい圃場容水量（降雨や灌漑によって十分な水が土壌に加えられたのち，1～2日経ったときの水分状態）に近い水分状態のときは，トラクターの走行を避けることなどにより，物理性を悪化させないことも大切です。

　作業能率を考えるとトラクターなどの走行は避けられないので，土壌条件に応じて1～2年に1回，深耕や心土耕による下層土の改善対策が必要です。

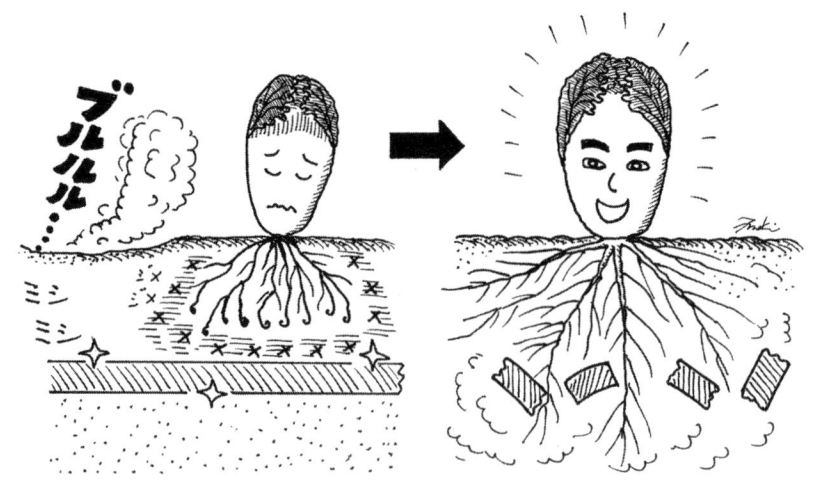

大型機械による耕盤形成　　　　　深耕などで耕盤を破壊

11 輪・混作の意義

連作障害の原因は，病虫害に関係するものが約80％であり，とくに土壌伝染性の病虫害が多く，微量要素欠乏などの生理障害，塩類濃度障害，土壌物理性の悪化などによる原因は少ないとされています。しかし，微生物が正常に働くには，土壌養分の含量やバランスおよび物理的な条件などを良好にする必要があります。

■ 養分状態や連作で特定の微生物が繁殖

たとえば，可給態窒素や交換性カリ含量が多いと作物は発病しやすくなる，無機質肥料のみの連用土壌では微生物的な緩衝力が弱くなり発病しやすい環境になるなど，作物の発病と土壌の養分含量との間には密接な関係がみられています。岐阜県の事例でも，窒素質肥料の多施用がニンジンのしみ腐れ症に関係していることが解明されています（図1）。

図2は，連作によって菌の種類と量が偏り，特定の菌が優勢になることを示しています。

図3は，作物に堆肥を施用すると根量が増加し糸状菌の種類が多くなりますが，堆肥に比べ作物の違いによるほうが糸状菌の多様化につながることを示しています。輪作や混作など植物の共生機能などを利用して土壌の生物相を富化し，多様化することの重要性が明らかになっています。

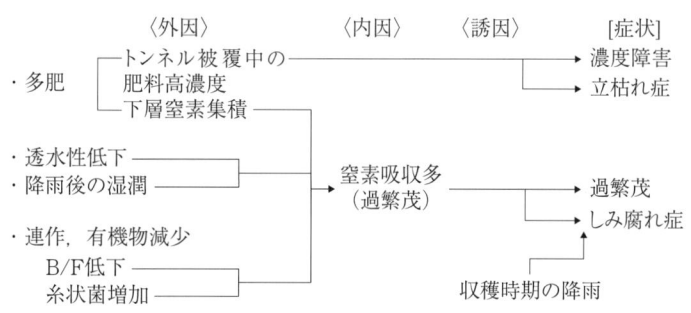

図1　ニンジンの窒素吸収と障害発生の関連性　　　（北島）
注：B/Fは，土壌中の好気性細菌数（B）を糸状菌数（F）で除した値。

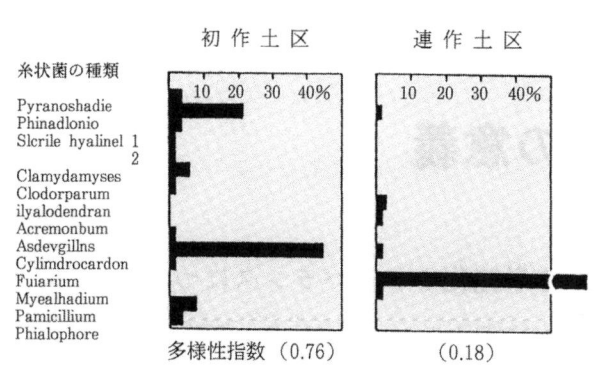

図2　チンゲンサイ根の糸状菌フロラ（構成割合）　（堀）

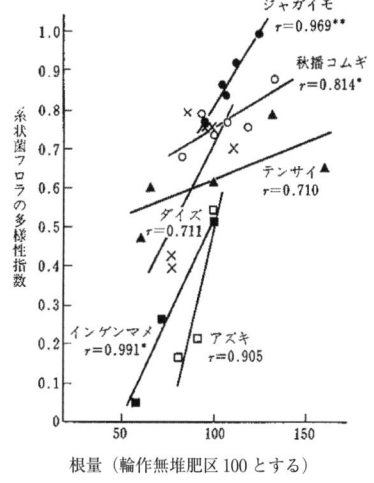

図3　作物根の糸状菌フロラの多様性指数と根量との関係

窒素固定植物やリン酸を利用する植物の活用

近年，植物の働きを利用した養分の供給や生物相の多様化を図ることが見直されています。マメ科植物を輪・混作することで空中窒素を利用したり，VA菌根菌を利用して土壌中のリン酸の活用を図ることなどです。

マメ科植物の空中窒素固定力は，水田のレンゲでは10a当たり20kg，ダイズやラッカセイで30kgなど相当大きいことが知られています。米国に発祥したLIISA（低投入持続型農法）では，畑作におけるマメ科を含む牧草や有機物の有効利用が窒素供給の基本技術になっています。

また，多くの植物はVA菌根をつくり，土壌中のリン酸を利用して生育や開花促進，増収，耐病・耐寒性などを向上させることが報告されています。現在のところ，野菜育苗，花き鉢物や果樹の栽培などにVA菌根菌の性質を利用する研究が進められています。

輪作・混作による共栄関係の利用

輪作と混作における共栄関係

輪作は，地力維持を目的として，異なる種類の作物を一定の順序で循環して栽培する作付体系のことで，混作は複数以上の作物を同時に圃場に栽培する作付様式です。混作の代表的なものは，イネ科とマメ科の数種の牧草の種子を混合してまく方法です。

生物は互いに影響し合って生育しており，そのうち，相互に生育がよくなる関係を共栄関係，そのような植物の組合せは共栄植物と呼ばれています。植物の相互作用を栽培にうまく活かすことができれば，単作に比べて，生物相を含む地力の維持増進，病害虫や雑草の抑制だけでなく，土地の有効利用や収益性が向上できるとされています。

共栄関係に働いている作用機作

表1に欧米における共栄関係の事例を引用しました。この事例に働いている作用機作は次のとおり要約されています。①光を好むものと日陰を好むもの，②養分を多く必要とするものと少量でよいもの，③水分を多く必要とするものと少量でよいもの，④根を深く張るものと浅く張るもの，⑤虫や病気に抵抗性のあるものと弱いもの，⑥生長の早いものと遅いもの，⑦開花期の異なるもの，⑧他感作用によるもの，などです。

輪作と混作の例

これらの関係のうち，実際に利用されているのは，生物的に病害虫を防ぐハーブ類の利用や，固定窒素を利用するマメ科植物の混植などです。

また，マリーゴールドによるネグサレセンチュウの防除法は，広い意味で共栄関係の利用例になります。このほか，ムギや陸稲とラッカセイ，陸稲やサトイモとシロウリ，ヤマトイモとキュウリ，サツマイモとササゲなどの混植例が知られています。

東京都農試で行なわれた混・輪作技術によるスイートコーンと葉根菜類のマルチ栽培事例を紹介します。図4のように，マルチの両外穴にスイートコーンを，内側2列にホウレンソウ，通路にマリーゴールドを播種します。収穫後のスイートコーンは，約20cmの高さで切り取り，その間穴に秋作ダイコンを播種するなど，同時期に3以上の混作体系で5カ年の栽培試験を行なっています。その際，土壌消毒はしないで済んでいます。その結果，毎年同じ作付けが可能で，害虫や雑草が抑制でき，収量が安定するなどの成績が得られています。

表1 共栄関係の示唆されている組合せ（一部，相性の悪い組合せも付記した）　　　　　　　（藤井から抜粋）

A	B	作 用
アカザ科植物 ホウレンソウ	オランダイチゴ	よい関係にある
	ダイコン，キャベツ	作型が共栄に適す
アカザ，シロザ	根菜類 キュウリ	ともに生育を助長する
アブラナ科植物 キャベツ レタス カリフラワー ブロッコリー コールラビ ケール カブ	マメ科植物 ジャガイモ	ともに生育を助長する
	トマト サルビア ハッカ類 ニガヨモギ その他のハーブ類	アブラナ科の寄生虫であるモンシロチョウを追い払う ただし，コールラビとトマト，コールラビとツルインゲンとは有害
	キュウリ，セルリー タマネギ エンドウ	お互いに有益
レタス	ニンジン オランダイチゴ ダイコン類 タマネギ	ともに生育がよくなる
イネ科植物	果樹（リンゴ，ナシ）	互いにマイナス作用
	イネ科植物	イネ科どうしの組合せは阻害的なことが多い
イネ	タマネギ	相性がよい（輪作）
	コナギ	仲がよい（コナギが生えると他雑草が生えない）
	アシ	相性がよい
	ヒエ	混在して病虫害防除
コムギ エンバク	トウモロコシ 野生カラシナ	よい共栄植物
スーダングラス	ダイズ	ともに生育がよくなる
トウモロコシ	マメ類	マメ類の窒素固定能がトウモロコシをよくする
	ジャガイモ	
	ウリ科（キュウリ，メロン，カボチャ）	ウリ類はトウモロコシによって保護効果を受ける
	野生アサガオ	相性よし
ライムギ	パンジー	少量のパンジーはライムギの生育をよくする
	コムギ	ライムギは雑草を抑制しコムギの生育をよくする

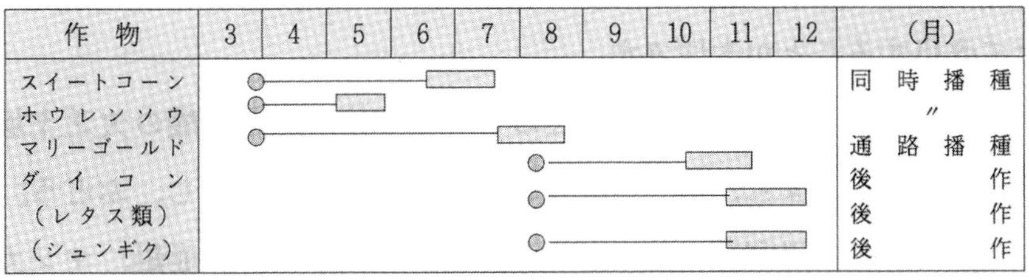

注1：● 播種期，□ 収穫期。
　2：ダイコンの代わりにレタス，シュンギクなどをつくってもよい。

図4　スイートコーンと葉根菜類との混・輪作系列　　　　　　　　　　（郷間，1996）

第1章 土壌改良，土壌管理　畑地　12 転換畑の土づくりと施肥法

12 転換畑の土づくりと施肥法

　水田から畑への転換，あるいは田畑輪換では，野菜栽培の宿命ともいえる連作障害の回避が可能となります。しかし，転換直後の土壌と一般畑土壌の性質は異なっているため，一般畑土壌とは違った管理をする必要があります。具体的には，①有効土層の確保，②有機物の補給，③土壌改良材の施用，④施肥の適正化，などです。とくに，栽培される作物は野菜や豆，飼料作物など好気的な条件を好む作物であるため，排水の良否がもっとも注意すべき点です。

　水田を多角的に利用した野菜や畑作物の栽培が急増しています。転換作物としては，野菜のほかに飼料作物，ダイズ，花き類などがありますが，その多くは労働集約型で農業所得が高い品目が選ばれている場合が多くなっています。また，見方を変えると，それらは軟弱・多汁質で貯蔵性が劣り，栽培時期や栽培条件が品質や収量に大きく影響するものが多いという特徴があります。しかも，これらの品目は導入初年目から有効な手だてを講じておかないと連作障害が発生しやすいもので，ひとたび発生すると根本的な対策がないことに注意しておく必要があります。

■ 転換直後の土壌と一般畑土壌の性質の違い

　表1に転換直後の土壌と一般畑土壌の性質の主な違いをまとめました。転換畑は基本的にすき床を有し，とくに転換直後の圃場ではそれまでの水田土壌としての性質を部分的に残しています。また，栽培される作物は野菜や豆，飼料作物など好気的な条件を好む作物です。したがって，転換畑の土壌管理でもっとも重要なことは排水の良否となります。地下水位の高い圃場はもとより，ち密なすき床層の存在は多量の降雨があったあとには停滞水を生じ，根の酸素要求量の高い作物では障害となります。

　土壌養分供給からみると，転換当初は水田期間中に高まった地力窒素の発現が多く，また，リン酸やミネラル類も可給態の割合が高くなっています。土壌に保持されている水分も安定していることから，一般に転作後数年は生育は良好となりますが，土壌によっては，還元型のマンガンや鉄が多量に存在し過剰吸収されて障害（いわゆる開田病）を引き起こした事例もありますから，あらかじめ調べておくことも必要です。

表1　水田転換畑と畑土壌の性質

	水田転換畑（転換直後）	畑土壌
Eh	還元部位（酸化還元電位＜0.3V）が混在	全層酸化状態（酸化還元電位＞0.3V）
pH	ほぼ中性（湛水期間中に陽イオン供給）	酸性（陽イオンの溶脱）
水分	安定	不安定
地力窒素	湛水期間中に集積した地力窒素の発現が多い	分解が速く地力窒素の発現は少ない
リン酸	可給態リン酸が増加	固定により可給態リン酸は減少
鉄	2価鉄イオンがかなり存在	不可給態の鉄酸化物として存在
マンガン	2価マンガンがかなり存在	マンガン酸化物として存在

■ 排水対策の基準と効果

　排水の不良な圃場にあっては排水対策が必要になりますが，その基準とされるのが土壌診断項目のなかでも物理性に属する項目です。具体的には，降雨後7日後の地下水位，グライ層の位置，降雨後の停滞水の滞水時間，降雨2～3日後の作土のpF（水が土壌に吸着されている強さの程度），下層土の最高ち密度，下層土の最小透水係数などの項目について，各排水対策の要否基準が決定されています。表2は鹿児島県で

表2　排水対策のための主な土壌診断項目と基準　　　（「鹿児島県農政部資料」，1998）

診断項目	レベル	排水対策
降雨後の停滞水 （排水までの時間）	24時間以上 24時間未満 滞水なし	本暗渠と弾丸暗渠が必要 本暗渠と弾丸暗渠が必要な場合がある 必要なし
作土の土壌水分 （降雨2～3日後のpF）	pF 1未満 pF 1～1.5 pF 1.5以上	本暗渠と弾丸暗渠が必要 本暗渠と弾丸暗渠が必要な場合がある 必要なし
下層土の最高ち密度 （山中式貫入硬度計）	25 mm以上 25～19 mm 19 mm以下	本暗渠と弾丸暗渠が必要 本暗渠と弾丸暗渠が必要な場合がある 必要なし

設定されている基準から，降雨後の停滞水，作土の土壌水分，下層土の最高ち密度について，その階級に応じて必要な排水対策を示したものです。

また，排水対策に応じて生育の差を調べた結果をホウレンソウ（表3），根深ネギ（表4）について示しました。ホウレンソウの試験では，湿害防止効果の高い順に，雨よけ施設導入，遮根シート施設，マルチ利用，高うね栽培の順に生育が優れ，根深ネギでは作溝しながらその下に弾丸暗渠を通すことで本暗渠を施工した場合に近い生育が得られています。一方で，下層のち密層は下からの水分供給を制限することにもなり，高温少雨時には土壌の過乾燥を招き干害をひどくする危険性が高くなります。

表3　転換畑での資材活用とホウレンソウの生育　（荒木，1997）

圃場	マルチ	うねの形状	葉長(cm)	1株重(g)
露地	無	平うね	13.9	5.1
		高うね	17.1	9.6
		シート	24.1	23.1
	有	平うね	21.4	17.4
		高うね	20.6	15.1
		シート	27.9	30.7
雨よけ	無	平うね	27.8	21.0
		高うね	39.2	47.5
		シート	32.0	28.4
	有	平うね	33.9	32.2
		高うね	42.2	50.5
		シート	33.2	35.4

注：マルチは黒ポリ，高うねは15 cm，シートは遮根シート＋高うね。

表4　根深ネギの収量に対する排水対策の効果　　（大隈，1993）
（単位：kg/a）

	規格外	2S	S	M	合計	比率
暗渠区	4.7	50.0	167.8	31.3	249.1	157
弾丸暗渠区	4.3	77.7	101.3	13.3	192.3	122
作溝・弾丸区	5.2	47.8	145.7	36.3	229.8	145
対策なし	2.7	87.7	60.0	10.5	158.2	100

転換にともなう土壌の変化

水田から畑への転換，あるいは田畑輪換では，野菜栽培の宿命ともいえる連作障害の回避が可能となります。その主な効果として次のような項目が考えられます。
(1) 土壌養分濃度の低下：過剰施肥や連作にともない集積した養分が除去されます。
(2) 病害虫の減少：湛水による還元と酸化により土壌病原菌を含む微生物相の変換が進行します。

(4) 雑草抑制：畑と水田では雑草の草種が異なるので雑草の繁茂も抑制されます。

しかし，これらの性質も2～3年経過するとしだいに完全な畑土壌へと変わっていきます。とくに，土壌の全窒素，無機態窒素生成量，塩基類が減少し，pHが低下してきます（表5）。また，土壌水分特性（保水性など）も転換3年程度で大きく変わり，作物の生育の様相が変化していきます。

表5　転換年数と作土の化学性の変化　　　　　　　　　　　　　　　　　　　　　　　　　（千葉農試，1975）

土壌の種類	転換年数	pH (H_2O)	全窒素 (%)	交換性陽イオン（mg/100g乾土）			窒素無機化量 (mgN/100g乾土)
				カリ	カルシウム	マグネシウム	
グライ土・砂土 （海成沖積土）	1	6.10	0.09	27	113	115	2.4
	2	6.46	0.09	23	98	22	3.0
グライ土・壌土 （火山灰を含む河川沖積土）	転換前	5.82	0.23	19	555	58	13.7
	1	5.90	0.18	15	439	56	10.8
	2	5.00	0.17	23	259	52	3.5
	3	5.31	0.20	28	324	52	7.0
灰色低地土・壌土 （第三紀層からなる河川沖積土，表層に火山灰土客土）	転換前	6.01	0.21	114	549	75	5.5
	1	5.70	0.19	65	439	70	7.3
	2	5.60	0.17	80	383	75	2.0
	3	5.80	0.17	61	475	81	2.6

注：栽培作物は，第1作と2年目はラッカセイ，3年目はサトイモ。

転換畑の重要管理項目

転換畑における重要管理項目とそのポイントは以下のとおりです。

(1) 有効土層の確保：前述したように，過湿を防止し，十分な根域を確保するためには，暗渠などの大工事だけでなく，粗大有機物の施用と深耕を心がけることでも改善が図れます。

(2) 有機物の補給：転換作物はイネ科を除くと有機物残さが少ないため，畑地化による有機物の減少を補い，地力の維持を図るよう堆肥などの施用が必要です。ただし，転換直後は還元部位も残っているため，完熟堆肥を使用するように努めましょう。

(3) 土壌改良材の施用：転換年数の経過にともない，pHの低下や陽イオン類の減少がみられます。そのため，土壌診断を行ないながら，これらを補う土づくり肥料の施用を心がけましょう。転換後の作付けローテーションにイネ科作物を導入する，あるいはイモ類や根菜類のような深根性作物と組み合わせる，ことが有効となります。

(4) 施肥の適正化：湛水により低下した塩類濃度も従前の施肥を継続するならば，すぐに濃度障害や養分のアンバランス，さらに土壌微生物フロラの単純化や病原性微生物の増加を引き起こしてしまいます。野菜類では，連作障害がひとたび発生すると，なかなか根本的な解決策はありませんので，転換初年目から有効な対策を講じていくことが大切です。

13 果樹園の土づくりのポイント

　果樹園の土づくりでは，表層に肥料を施すため土壌表層に養分が蓄積しやすく，土壌の物理性も悪くなりがちです。表層のみならず，下層まで均一に土壌改良を行なうことが樹勢を維持するポイントです。

基本的な土壌管理

　樹園地では，土壌・樹相診断に基づかない過剰な堆肥の投入や施肥などにより，有効態リン酸含量の過剰や塩基バランスの悪化が顕在化した土壌が増えています。樹園地の基本的な改善目標は表1のとおりです。

（1）土壌有機物は，土壌の物理的，化学的および生物的性質を良好に保ち，また可給態窒素などの養分を樹体に継続的に供給するため，きわめて重要な役割を果たしています。一方で，こうした有機物は徐々に消耗していくため，毎年，堆肥を適正に施用して（表2），これを補給していく必要があります。

（2）肥料の過剰な施用は，過繁茂や生理障害による収量・品質の低下，生産コストの増加や環境への負荷を招く恐れもあります。土壌・樹相診断に基づき，堆肥や土壌からの可給態窒素など肥料成分の供給を勘案し，適正施肥に努めることが重要です。

表1　樹園地の基本的な改善目標　　　　　　　　　　　　　　　　　　　　　　（地力増進基本方針，2008）

土壌の性質	土壌の種類		
	褐色森林土，黄色土，褐色低地土，赤色土，灰色低地土，灰色台地土，暗赤色土	黒ボク土，多湿黒ボク土	岩屑土，砂丘未熟土
主要根群域の厚さ	40 cm 以上		
根域の厚さ	60 cm 以上		
最大ち密度	山中式硬度で 22 mm 以下		
粗孔隙量	粗孔隙の容量で 10% 以上		
易有効水分保持能	30 mm/60 cm 以上		
pH	5.5 以上 6.5 以下（茶園では 4.0 以上 5.5 以下）		
陽イオン交換容量（CEC）	乾土 100 g 当たり 12 meq 以上（ただし中粗粒質の土壌では 8 meq 以上）	乾土 100 g 当たり 15 meq 以上	乾土 100 g 当たり 10 meq 以上
塩基状態　塩基飽和度	カルシウム，マグネシウムおよびカリウムイオンが陽イオン交換容量の 50〜80%（茶園では 25〜50%）を飽和すること		
塩基状態　塩基組成	カルシウム，マグネシウムおよびカリウム含有量の当量比が (65〜75)：(20〜25)：(2〜10)		
有効態リン酸含有量	乾土 100 g 当たり P_2O_5 として 10 mg 以上 30 mg 以下		
土壌有機物含有量	乾土 100 g 当たり 2 g 以上	—	乾土 100 g 当たり 1 g 以上

注1：主要根群域とは，細根の 70〜80% 以上が分布する範囲であり，主として土壌の化学的性質に関する項目（pH，陽イオン交換容量，塩基状態，有効態リン酸含有量および土壌有機物含有量）を改善する対象である。
　2：根域とは，根の 90% 以上が分布する範囲であり，主として土壌の物理的性質に関する項目（最大ち密度，粗孔隙量および易有効水分保持能）を改善する対象である。
　3：易有効水分保持能は，根域の土壌が保持する易有効水分量（pF 1.8〜2.7 の水分量）を根域の厚さ 60 cm 当たりの高さで表したものである。

第 1 章　土壌改良，土壌管理　　樹園地　　13　果樹園の土づくりのポイント

表2　果樹の堆肥施用基準　　　　　　　　　　（地力増進基本方針，2008）
（単位：t/10 a）

	黒ボク土		非黒ボク土	
	寒地	暖地	寒地	暖地
稲わら堆肥	2.5	2.5	2.0	2.0
牛糞堆肥	1.5	1.5	1.0	1.0
豚糞堆肥	1.0	1.0	0.3	0.3
バーク堆肥	1.5	1.5	1.5	1.5

注 1：堆肥の施用基準は，堆肥連用条件下における 1 年 1 作の場合を想定した施用量の基準値である。
　2：堆肥の種類は，地力の維持・増進を目的として施用されるものとしており，鶏糞堆肥は，地力の維持・増進の観点からの効果が小さいことから施用基準の対象としていない。
　3：土壌の種類は，土壌有機物の含有量や分解率の違いなどを踏まえて，黒ボク土および非黒ボク土とする。
　4：地帯区分は，土壌有機物の分解率の違いなどを踏まえて，暖地および寒地とする。なお，暖地および寒地は，深さ 50 cm の年平均地質が各々15～22℃および 8～15℃の地帯であり，高標高地を除く関東東海以西が暖地に相当する。

的確な耕うんの必要性

　最近の果樹園土壌は，SS（スピードスプレイヤー）やトラクターによって踏み固められ，表層直下部の硬度が増しているので，透水や通気性が不良となっています。また，ち密で硬い土壌では，根の伸長が阻害され，根群分布が浅くなります。このような園の樹は，根の活性が低下し，乾燥に弱く，肥料成分の吸収も抑制され，樹勢が衰弱しやすく収量も向上しません。

果樹園土壌の化学性と土壌診断基準

　土壌の養分含量は樹種や圃場で大きな違いがみられるので，土壌診断基準に合わせて改良することが大切です（表1）。

果樹園の下層土改良法

樹列間の深耕と土壌改良

　図1のように，トレンチャーを利用して，樹列に沿って片側だけ，幅30 cm，深さ30～40 cm で深耕します。主幹と深耕位置の距離は，樹冠の大きさにもよりますが1 m 前後とします。図2のように年次計画を立てて，数年かけて樹を一巡するように行ないましょう。

　改良資材は，溝 10 m 当たり堆肥 70～100 kg，石灰質肥料 4～8 kg，熔リン 2～4 kg を施用します。

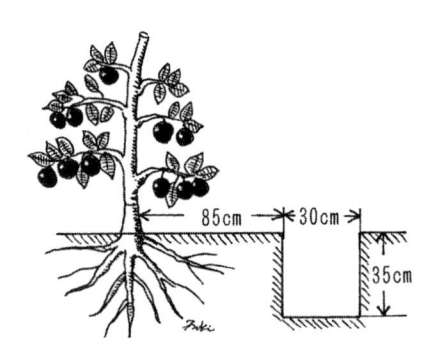

図1　果樹園の深耕の方法

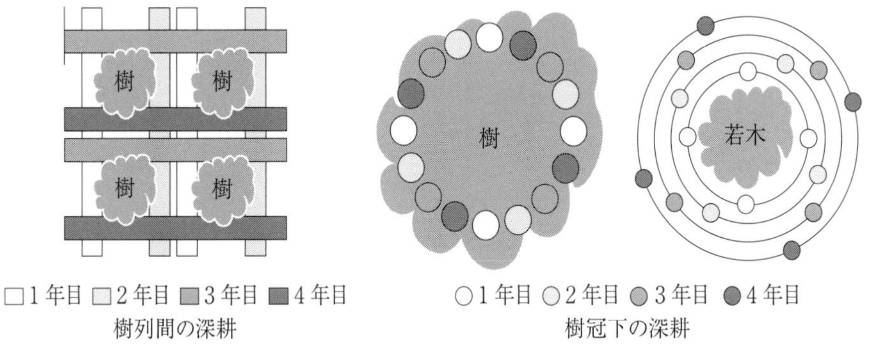

図2　樹列間および樹冠下の深耕の年次計画例　（青森県「健康な土づくり技術マニュアル」2008）

樹冠下の深耕と土壌改良

　樹冠下の深耕は，バックホーを利用するとよいでしょう。図2のように，深耕は成木で樹冠円周部を対象とします。若木では，樹冠円周部から始めて，生育にともない漸次外側へ広がるようにします。直径50cmで4～6穴程度として，数年間は継続して，前年の深耕位置からずらして深耕を繰り返していきます。1穴当たり堆肥10kg，石灰質資材0.3～0.5kg，熔リン0.2～0.4kgを施用します。

　なお最近では，落葉果樹などの粗皮削りに使用される高水圧剥皮機（バークストリッパー）の水圧（90kgf/cm² 程度）を利用して深耕が行なわれています。図3にみられるように，根を切断することなく，土壌改良用の穴（直径25cm，深さ30cm程度）を容易に，かつ楽な姿勢で掘削できます。1穴の掘削には，約10ℓの水が必要になります。

① 噴出する水で穴を掘削　　② 掘削後の穴　　③ 掘削後の堆肥施用

図3　高水圧剥皮機を用いた土壌改良の手順　　（写真提供：香川県中讃農業改良普及センター　森末文徳氏）

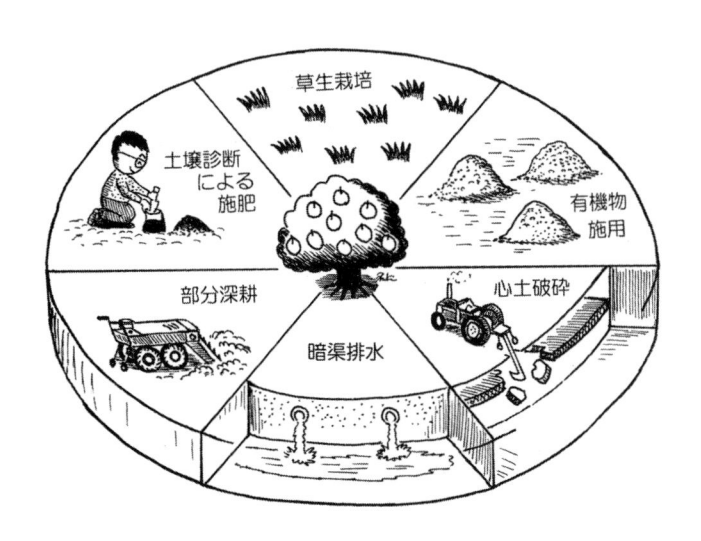

14 果樹園の造成と新植のための土づくり

　果樹園を造成・開設するには，風土と果樹の種類・品種との適地性を十分に検討する必要があります。また，栽培条件を整えるため，十分な土壌改良を必要とします。その造成方法は，営農計画や地形，傾斜度，土壌，気象特性，社会経済条件などを考慮して決める必要があります。新規開園は，大規模な造成工事をともないます。工事を業者に委託する場合は，工法や手順など十分な話合いを行ない，ミスのないように確認することが大切です。

山林・原野からの園地造成

　山林・原野からの造成形態としては，山成畑工，改良山成畑工，斜面畑工，階段畑工に大別されます。

　山成畑工　傾斜のゆるやかな未耕地を，ほぼ原況の地形のまま造成するので，表土の有効利用が可能となります。

　改良山成畑工　複雑な傾斜地を，切盛り土によって傾斜のゆるい圃場に造成するものです。土地利用効率を高め，高度な営農が可能な圃場が造成されます。しかし，切盛り土により多量の土の移動をともなうので，造成費は高くなります。土壌保全，防災に留意しなくてはなりません。

　斜面畑工，階段畑工　急傾斜地を開墾するものです。傾斜度15度以下の場合は，等高線植えが基本になります。傾斜度15度以上の場合は，石垣を築いて階段植えになります。いずれの造成においても，農道は，防除機械の走行，資材や生産物の運搬など利便性を考えた設計配置とします。また，幹線道路，支線道路，耕作道路（作業道）など道路末端ではUターンしやすいように整備します。

水田からの園地造成

　水田は，すき床と呼ばれる硬いち密な層が作土の下につくられています。果樹を栽培するためには，すき床を破砕し，排水対策を行なわなければなりません。水田転換園では明渠や暗渠などの排水対策が，もっとも重要な課題です。

造成畑の熟畑化

　果樹は植付け後20～50年以上の間，同一場所で栽培管理され，果実生産力の維持を求められます。土壌や立地環境は生産力を支配する主な要因となります。

物理性の対策

　とくに，土壌の物理性の透水性への影響は大きく，園地造成や新改植時の物理性改良対策が重視されます。改良資材には，窒素添加を抑制して製造した，やや粗い木質系堆肥が適しています。樹皮堆肥は，原料1tに対して10kgの窒素を添加した目標C/N比＝25として，7～12カ月堆積発酵させたものが取り扱いやすく，土壌との混和も容易です。家畜糞の添加量が多い堆肥は，投入される窒素成分量が過剰となり，樹相を乱す原因となります。

　改良資材の投入は，果樹園の場合，全面を改良する必要はなく，成園に達しても樹冠面積の範囲で十分です。樹体の発育に合わせて年々土壌改良部分を拡大する計画を立てましょう。改良の土壌深さを50cmとして，1m³当たりの施用量は100kg以上必要です。

化学性の改良

　開園時の土壌がもっている化学的阻害要因を除くために使用される土壌改良資材は，土壌の酸性矯正資材とリン酸質資材です。土壌診断に基づき土壌改良資材を施用します。

　酸性土壌のpHの改良目標は樹種によって決定します。矯正資材である石灰の施用量は，緩衝能曲線（石灰施用量と土壌pHの関係を表すグラフ）による算定方法で決めます。一般的には熔リンの施用をともなうので，熔リンのアルカリ度を53％とし，全中和石灰量から熔リン量を差し引いた量とします。なお，石灰と苦土のバランスをとるため，熔リンと併用する石灰質資材は炭カル，熔リンを施用しない場合は苦土石灰の施用が望まれます。なお，単価は高いですがカキ殻石灰や各種のリン酸質肥料もあります。

肥沃度の向上

　物理性の改善は良好でも，肥沃度が低い場合には，家畜糞尿が添加された肥料成分の高い有機物の施用効果が高くなります。植付け時に1m³当たり100～150kg施用します。また，栽植位置や栽植列以外の熟畑化対策を図るために，有機質資材として家畜糞堆肥を5t/10a程度施用し，緑肥作物を栽培することが有効です。緑肥作物は，乾物生産量の多いソルガム類を選択します。

排水性の改良

　排水性の良し悪しは果樹生産の最重点事項です。排水性を改良する場合は，根域の深さを知ったうえで，排水施設の設置場所や深さを決める必要があります。

　果樹の主要根群の分布の深さは，表1のように30～40cmであり，ブドウ，モモなどはやや浅く，ナシ，カキなどはやや深くなっています。また，根群の最下部の深さをみると，ブドウは浅く50cm程度であり，ナシは深く70cmです。他の果樹は深さ60cmまでに分布しています。このことから，果樹園の排水施設は60～70cmのところに設置すれば有効です。

表1　主要果樹の主要根群域と根域

（単位：cm）

項目＼種類	ミカン	リンゴ	ブドウ	ナシ	モモ	カキ	クリ
主要根群域	30	30	30	40	30	40	40
根域	60	60	50	70	60	60	60
地下水位	100	100	80	100	100	100	100

排水管理

　排水は園地の立地条件や土性によって大きく異なります。重粘土壌では十分な排水施設が必要です。傾斜地園では，図1～3のように傾斜を利用した排水施設の整備が必要です。傾斜地で砂質土の場合には，明渠（排水路）を設置するだけで十分に排水できます。

　水田転換園の場合は，周囲の水田の灌水によって地下水位が高くなるので，水田面から80～100cmの盛り土をする必要があります。園内は図4のように，園内明渠を設けるか，高うね栽培として水がよく流れるように傾斜をつけます。また，暗渠を設けて，浸透水を排出する必要があります。その設置方法は，図5のように深さ60～70cmの位置に暗渠吸水管（管径50mm以上）を配置し，30～40cmの深さに砕石，カキ殻，ソダなどの粗大なものを埋め込みます。その上に20cm程度モミ殻を投入して，土砂による暗渠

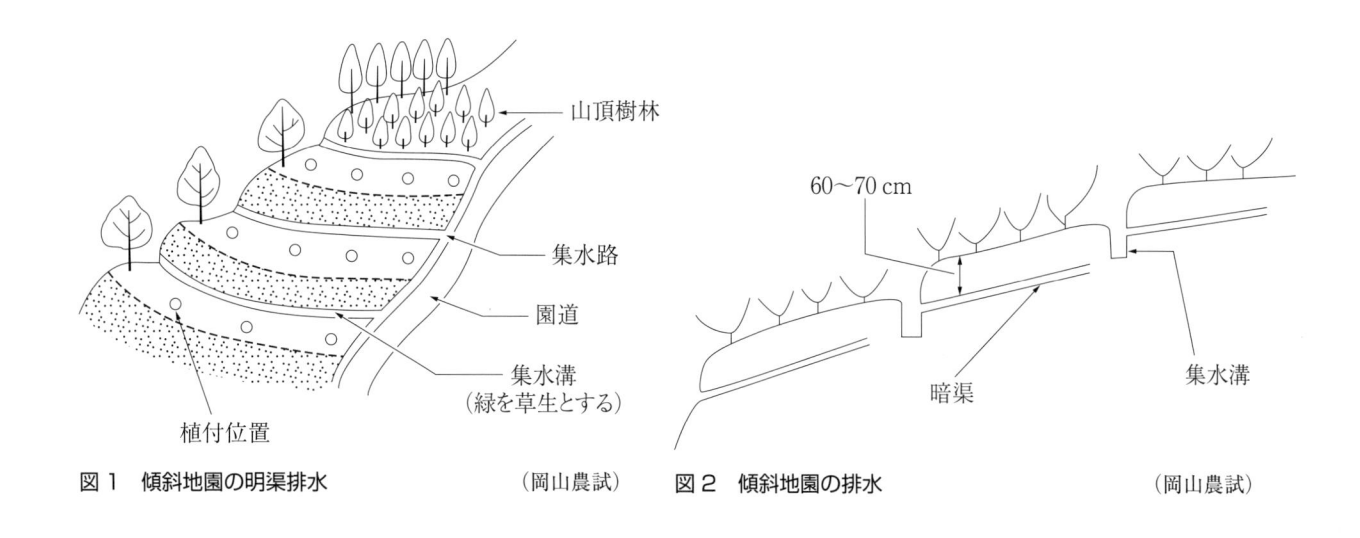

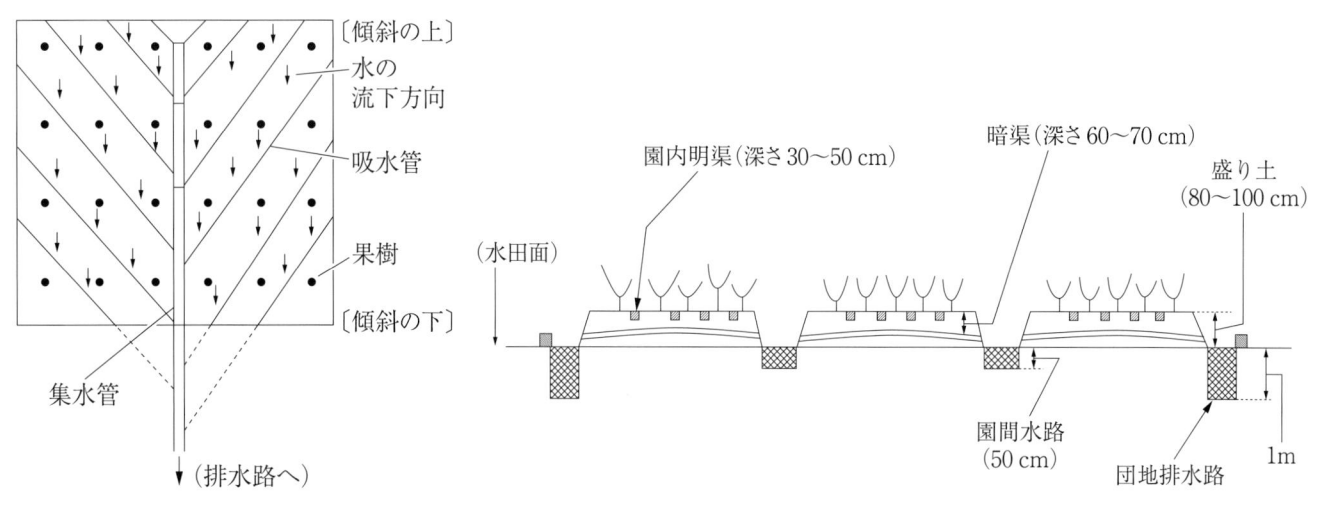

第1章 土壌改良，土壌管理　樹園地　14　果樹園の造成と新植のための土づくり

図1　傾斜地園の明渠排水　（岡山農試）

図2　傾斜地園の排水　（岡山農試）

図3　傾斜地園の排水（平面図）（岡山農試）

図4　水田転換果樹園の排水施設の1例（平坦園）　（岡山農試）

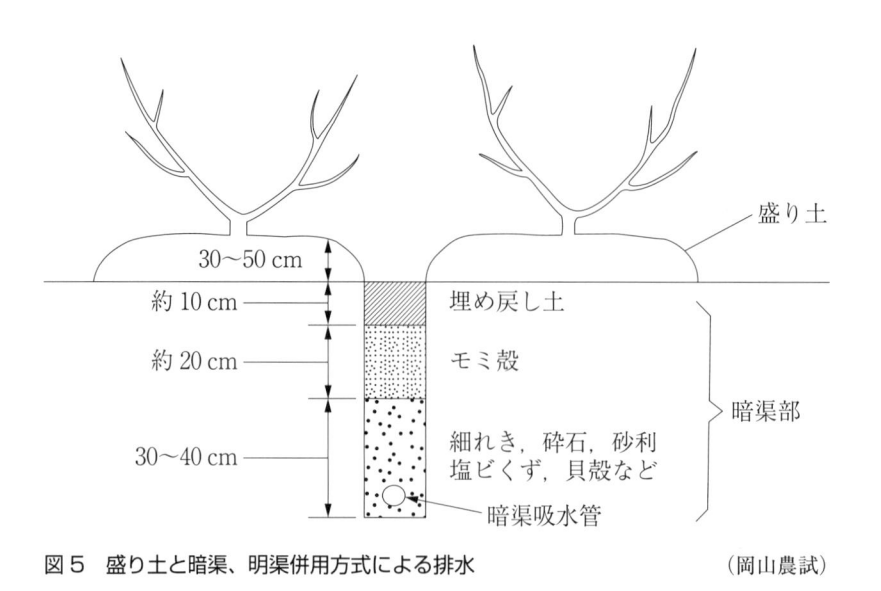

図5　盛り土と暗渠、明渠併用方式による排水　（岡山農試）

15 草生栽培と草種の選択

　草生栽培は，果樹園に草を栽培して土壌表面を管理する方法です。果樹園全面を草生にする全面草生法と，樹の下（樹冠下）を清耕またはマルチとし，樹間を草生にする部分草生法があります。

　草生栽培の利点は，草生による有機物の補給，土壌の団粒化の促進，土壌侵食の防止，肥料成分の溶脱抑制，草による土壌温度の調節などがあります。また，欠点は樹と草との養分や水分の競合，病害虫の発生増加，刈取りの労力などがあげられます。

■ 草生栽培の利点

土壌の理化学性の改善

　草生栽培を続けると土壌の構造や化学性が変化します。草生栽培は，清耕栽培に比べて 1 mm 以上の団粒が大幅に増加し，通気性，排水性が良好になり，土壌が柔らかくなるなどの物理性が改善されます。また，pH，交換性塩基，塩基飽和度などが高くなり，化学性の低下が防止されます（表 1, 2）。表 3 は，ナシ園土壌の理化学性の推移を示したものです。

表 1　草生栽培が土壌構造に及ぼす影響　　　　　　　　　　　（青森りんご試験場，1952）

区名	深さ (cm)	団粒の組成（％）					
		2.5 mm 以上	2.5〜1.0 mm	1.0〜0.5 mm	0.5〜0.25 mm	0.25〜0.1 mm	1.0 mm 以上合計
清耕	10	3.1	2.5	6.0	9.0	4.3	5.6
	20	5.9	5.5	6.9	7.5	4.7	11.4
草生	10	46.0	3.6	3.7	3.5	2.9	49.6
	20	12.5	8.8	8.6	8.9	5.5	21.3

注：草生開始後 24 年目。

表 2　草生栽培が土壌の化学性に及ぼす影響　　　　　　　　　（青森りんご試験場，1974）

区名	pH (KCl)	可給態窒素 (mg/100 g)	交換性塩基（me/100 g）			塩基飽和度 (％)
			CaO	MgO	K₂O	
清耕	3.98	2.11	0.67	0.02	0.21	5.8
草生	4.10	2.23	2.81	0.17	0.31	21.0

第1章　土壌改良，土壌管理　樹園地　15　草生栽培と草種の選択

表3　ナシ園土壌のナギナタガヤ草生栽培園での土壌の理化学性の推移（深さ0～20 cm）

(京都丹後農研，2005)

項　目	区	播種前 2002.10.4	1年後 2003.10.9	2年後 2004.10.1	3年後 2005.10.3
孔隙率（%）	ナギナタ区	46.2	48.4	51.0	48.9
	雑草区	46.2	42.7	48.8	42.7
	清耕区	46.2	46.7	46.5	41.7
硬度（mm）	ナギナタ区	25.0	23.0	17.0	15.5
	雑草区	25.0	23.0	19.5	24.5
	清耕区	25.0	23.0	16.0	26.0
全炭素（%）	ナギナタ区	1.15	1.32	1.49	1.32
	雑草区	1.15	0.99	1.43	0.99
	清耕区	1.15	1.08	1.37	1.21
交換性塩基（me/100 g）	ナギナタ区	17.2	17.6	21.4	19.4
	雑草区	17.2	16.0	20.2	16.2
	清耕区	17.2	14.8	20.1	16.0

注：各清耕区は，除草剤を用い，園内を清耕に保った試験区。

土壌侵食防止

果樹園は，傾斜地に多く分布しているため，降雨により表土が流失する傾向にあります。表土の流失は大きな損失であるばかりでなく，環境の汚染につながります。表4のように草生栽培により，土壌流亡が防止されます。

表4　傾斜地リンゴ園から7年間に流出した水および土壌の量と，それらとともに流出した肥料成分量

(青森りんご試験場，1952)

区　名	流去水 (kℓ)	流亡土壌 (kg/10 a)	左の水および土壌に含まれていた肥料成分量 (kg/10 a)			
			窒　素	リン酸	カ　リ	石　灰
裸地耕うん区	790.8	5,028	20.24	7.93	14.79	81.51
全面草生区	383.1	17	0.62	0.03	2.14	2.90
帯状草生区	401.0	19	0.55	0.03	2.35	2.85

注：1952～58年，園の傾斜度は約14度，草種はオーチャードグラス，帯状草生区は1.2 mごとに草生と裸地とが交互に存在。

有機物の補給

清耕栽培（裸地）では，施用した肥料のかなりの部分が園外に流亡しますが，草生栽培では，草に吸収されて有機物となり土壌に還元されるため，養分の流亡防止に加えて有機物の補給にも役立ちます。

果実品質の向上

果樹は概して，夏季に過剰の窒素を吸収すると，糖度が低下したり，着色が不良になったりするなど果実の品質が悪くなります。草生栽培では，草に養分が吸収されるため窒素が少なくなり，結果的に品質が向上すると考えられています（表5）。

表5　ミカンの生育，収穫，品質に及ぼす地表面管理の影響

(佐々木，1982)

区名	樹容積 (m³)	収　量 (kg/樹)	果肉歩合 (%)	糖　度 (Brix)	クエン酸 (g/100 mℓ)
清耕	28.7	59.1	74.0	10.3	1.29
敷わら	31.0	67.2	71.3	9.6	1.20
草生	29.6	60.8	75.0	10.7	1.28

注：樹容積は試験終了年の値，収量は8年間，品質は3年間の平均値。

草生栽培における草種選択の条件

草生栽培で草種を選択するには次のことが重要です。樹と草との養分・水分の競合，草の耐寒性，耐暑性，耐踏圧性，耐陰性，草量，刈取り適性，種子の価格，流通量などです（表6）。

牧草には，大別するとイネ科牧草とマメ科牧草があります。水分競合を避けるにはイネ科牧草，窒素およびカリの競合を防ぐにはマメ科牧草，耐踏圧性，草量，腐植の供給力ではイネ科牧草が優れています。また，マメ科牧草には酸性土壌に弱く，急傾斜地ではSSなどがスリップしやすいなどの欠点があります。以上のことから，草種はイネ科牧草が適当と考えられます。

表6 果樹園の草生栽培に利用できる主な牧草の種類と特性　　　　　　　　　　　　　　　　（長野果試）

草種	草量	形態	刈取り適性	耐寒性	耐暑性	耐乾性	耐湿性	耐踏圧性	耐陰性	播種量(g/m²)
ケンタッキー・31フェスク*	多	株型	○	◎	○	◎	○	○	◎	4〜5
ペレニアルライグラス*	中	〃	◎	○	△	○	◎	○	△	4〜5
ケンタッキー・ブルーグラス*	少	葡萄茎型	△	◎	△	◎	○	◎	○	3〜4
レッド・トップ*	少	〃	○	◎	○	○	◎	○	○	3〜4
コロニアル・ベント	少	株型	△	○	△	△	○	○	○	3〜4
クリーピング・ベントグラス	少	葡萄茎型	△	○	△	△	○	○	○	3〜4

◎：最適　○：適　△：やや適　＊：1984年度長野県普及。

雑草草生でもよいか

雑草草生でも良好に管理すれば問題は少ないと思われます。しかし，雑草草生は牧草草生に比べて生育が不均一で管理しにくく，地力ムラや肥料ムラとなりやすくなります。また，雑草草生では草量が少ないなどの問題点があります（表7）。したがって，草生栽培を行なうときには，一般に牧草による草生栽培が望ましいと考えられます。

表7 牧草および雑草の草量　　　　　　　　　　　　　　　（青森りんご試験場）

牧草		雑草	
草種	乾物重(kg/10a)	草種	乾物重(kg/10a)
オーチャードグラス	*888	スズメノカタビラ	228
チモシー	*870	ヨモギ	235
ペレニアルライグラス	*644	ギシギシ	188
ケンタッキー・ブルーグラス	338	タンポポ	197
ラジノクローバー	*540	ナズナ	73

注：1977年の調査，＊は1951年の調査。

ナギナタガヤの利用

ナギナタガヤの草生栽培は，雑草管理の省力化，土壌改良，土壌水分の安定化および土壌中のVA菌根菌胞子数の増加に効果があるなど，最近注目されています。1年生の寒地型イネ科草種であり，概ね10月頃に発芽し，5〜15cm程度の草高で越冬します。その後，気温が上昇し始める翌春の3月上〜中旬から伸長

第1章 土壌改良，土壌管理　樹園地　15 草生栽培と草種の選択

　図2と図3はウンシュウミカン園でのナギナタガヤ草生が，収量や果実品質などに悪影響を及ぼさないことを示したものです。

図1　愛媛系ナギナタガヤ（上：生育盛期，下：自然枯死倒伏の状態）
（写真提供：神奈川県農業技術センター　柴田健一郎氏）

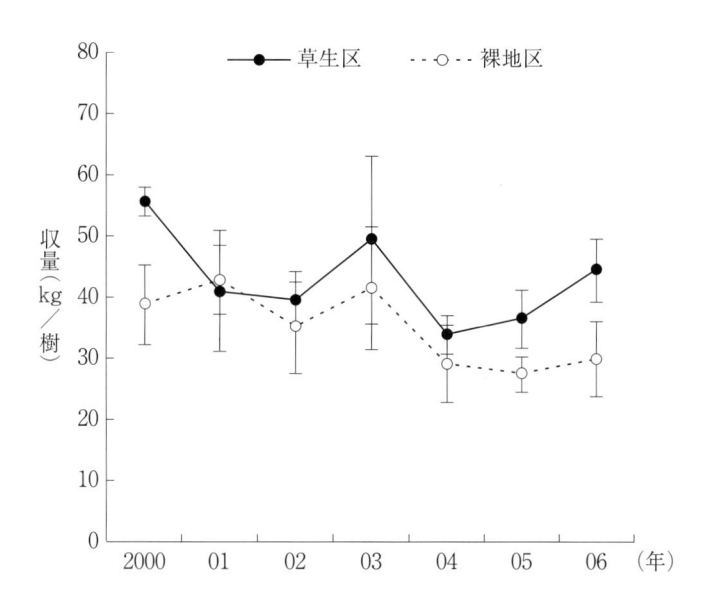

図2　ナギナタガヤ草生ミカン園における宮川早生の収量
（石川・土づくり研究会，2011）

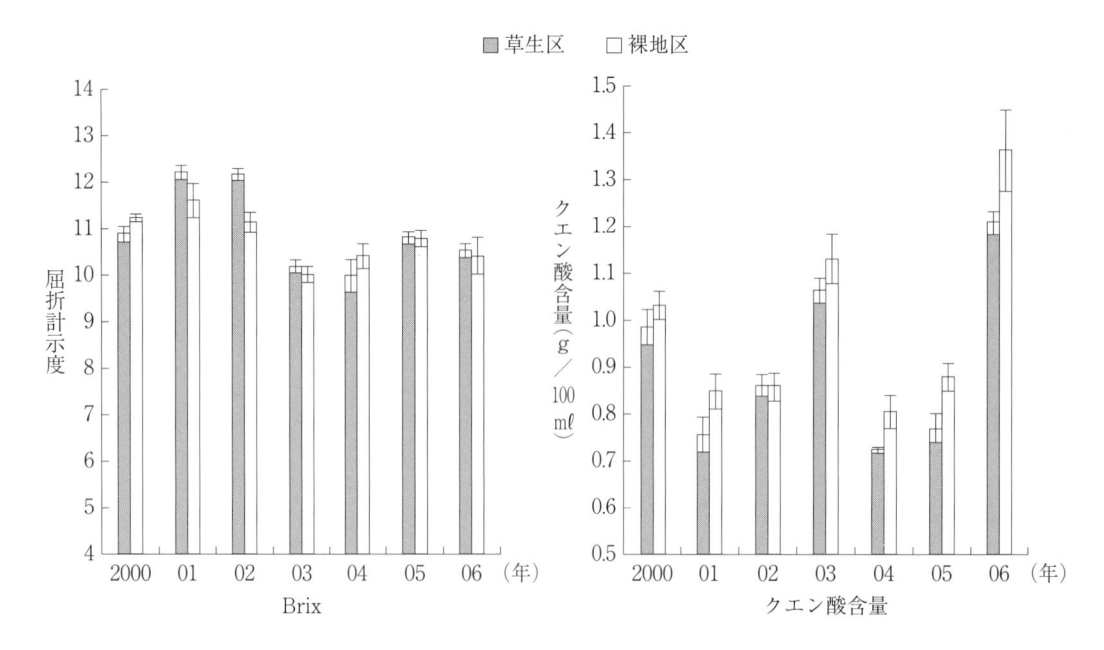

図3　ナギナタガヤ草生ミカン園における宮川早生の果汁のBrixおよびクエン酸含量
（石川・土づくり研究会，2011）

16 果樹園の改植障害対策

　果樹類を抜根し，再び同じ樹種を定植することを改植と呼びます。このときに起こる生育不良現象は，忌地とか改植障害と呼ばれるものです。
　一般的には，1～2年生作物の場合は同じ畑に次の年も同じ作物を植えるため連作障害と呼び，永年作物である果樹の改植障害と区別しています。

改植障害の影響

　改植障害は，果樹の種類によって異なります。表1は，各樹種の1年苗を約2年間栽培した土壌に，さらに新しく1年苗を栽培したときの生育抑制順位です。数字が小さくなるほど生育抑制が大きいことを示しています。このように改植障害の程度は樹種によって大きく異なっています。とくに，モモ，イチジク，リンゴ，クルミなどでは改植障害が著しくなります。また，モモ，イチジク，リンゴ栽培の跡地では，他の樹種に対しても生育不良を与える影響が大きいようです。

表1　各後作果樹についての生長量の順位　　　　　　　　　　　　　　　　（平野，1966）

前作果樹 後作果樹	モモ	イチジク	ブドウ	ナシ	リンゴ	ビワ	カンキツ	クルミ
モモ	1	4	5	8	2	3	6	7
イチジク	3	1	6	2	5	7	4	8
ブドウ	6	1	2	7	3	8	4	5
ナシ	7	1	4	3	2	5	8	6
リンゴ	2	7	6	4	1	3	8	5
ビワ	5	8	1	6	2	3	7	4
カンキツ	7	1	8	4	2	5	3	6
クルミ	4	6	2	8	3	5	7	1
平　均	4.4	3.6	4.3	5.3	2.5	4.9	5.9	5.3

注：生長量の順位は〔1（小）→8（大）〕。

改植障害の原因

　改植障害の原因は，大きく分けると土壌の物理性，化学性，生物性などの悪化，毒物質の集積，重金属類の蓄積などが考えられます。これらの主な理由と対策は表2のとおりです。改植障害の原因は明らかにされていないことが多く，生物的な原因や毒物質の集積が主要なものとされています。

表2　改植障害の原因と対策　　　　　　　　　　　　　　　　　　　　　　（酒井，1996）

原　因	主な理由	主な対策
土壌の物理性の悪化	土壌の硬化，通気性・透水性不良	深耕，有機物施用
土壌の化学性の悪化	土壌の酸性化，養分のアンバランス（過剰・欠乏）	土壌改良資材施用，深耕
土壌の生物性の悪化	土壌病害（白紋羽病，根頭癌腫病など）	土壌消毒
土壌の生物性の悪化	土壌虫害（センチュウ，コガネムシなど）	薬剤防除，抵抗性台木の利用
毒物質の集積	根からのフロリジン（リンゴ），プルナシン（モモ）	深耕，有機物施用

第1章 土壌改良，土壌管理　樹園地　16　果樹園の改植障害対策

改植障害の対策

深耕

バックホーや深耕ロータリーなどにより深耕を行ない，集積している毒物質や重金属類の濃度を下げます。深耕の深さは最低60cmを目標とします。

有機物の施用

現地で成功している事例では，堆廐肥を10a当たり4〜8tと多量に施用しています。堆廐肥の施用は，土壌の物理性を改善する，肥料成分を補給する，土壌微生物相を変える，など総合的な役割が大きいのです。

土壌改良資材の施用

土壌のpHが酸性の場合は，石灰質資材を施用します。リン酸の不足している土壌では，リン酸質資材を施用します。土壌改良資材を過剰に施用すると土壌のpHが上昇し，微量要素欠乏（ホウ素，亜鉛など）が発生します。土壌消毒を予定している場合，土壌改良資材の施用は土壌消毒後にします。土壌消毒前に土壌改良資材を施用すると消毒効果が劣るので注意する必要があります。

土壌消毒

土壌消毒は，クロルピクリンなどの土壌消毒剤を使用します。クロルピクリンの処理方法は，土壌を全面耕起したあと，30cm間隔で深さ30cmに1穴3mℓ注入します。その後，ビニールフィルムで地表面を覆い，4〜5日そのままにしておき，ガス抜きのため耕起します。地温が15℃以上のときに効果が高く，過湿や過乾のときは効果が低くなります。定植は消毒の15日後から可能となります。

これらの土壌消毒剤を処理した場合には，土壌微生物相が単純となります。堆肥などの優良な有機質資材を施用し，有用な微生物を補給することが大切です。

土壌改良法の効果

表3に，土壌改良法とわい性台リンゴ樹の生育の効果について示しました。土壌消毒剤はクロルピクリンです。石灰施用は，深さ60cmの土壌をpH（KCl）（p.142参照）4.8から5.5まで矯正する量を与えています。堆肥の施用は10a当たり4tとしました。総合改良は土壌消毒，石灰施用，堆肥施用の組合せ処理を行なったものです。なお，各区とも直径60cm，深さ60cmの植え穴に，堆肥5kg，熔リン0.5kg，苦土石灰0.5kgを施用しています。

土壌消毒剤のクロルピクリンは，殺虫，殺菌効果以外に細菌の増殖を促す効果があり，硝酸化成作用の好転により窒素の肥効を高めるといわれています。石灰の施用は，土壌窒素の無機化を増進させるといわれて

います。堆肥の施用は，土壌物理性の改良と堆肥中に含まれる養分供給の増加が考えられます。

以上，リンゴ樹の改植障害対策は，それぞれ単独処理の効果もみられますが，土壌消毒，石灰施用，堆肥施用の組合せによる総合改良の効果が大きいことを表3は示しています。

図1は，改植におけるフローチャートを示したものです。改植にあたっては，できるかぎり総合改良のFの対策を実践しましょう。

表3　全園の土壌改良法とわい性台リンゴ樹の生育　　　　　　　　　　　　　　　　（櫻田ら，1985）

区	幹断面積 (cm²)	新梢伸長			1樹当たり累積収量 (1981〜83) (kg)
		総新梢長 (m)	本数 (本)	平均長 (cm)	
無処理区	10.4	13.6	63.6	21.4	9.0
土壌消毒区	15.6	16.8	62.3	27.0	14.5
石灰施用区	15.3	18.2	70.9	25.6	18.3
堆肥施用区	16.0	23.2	90.4	25.6	14.6
総合改良区	17.0	24.6	93.6	26.3	14.5

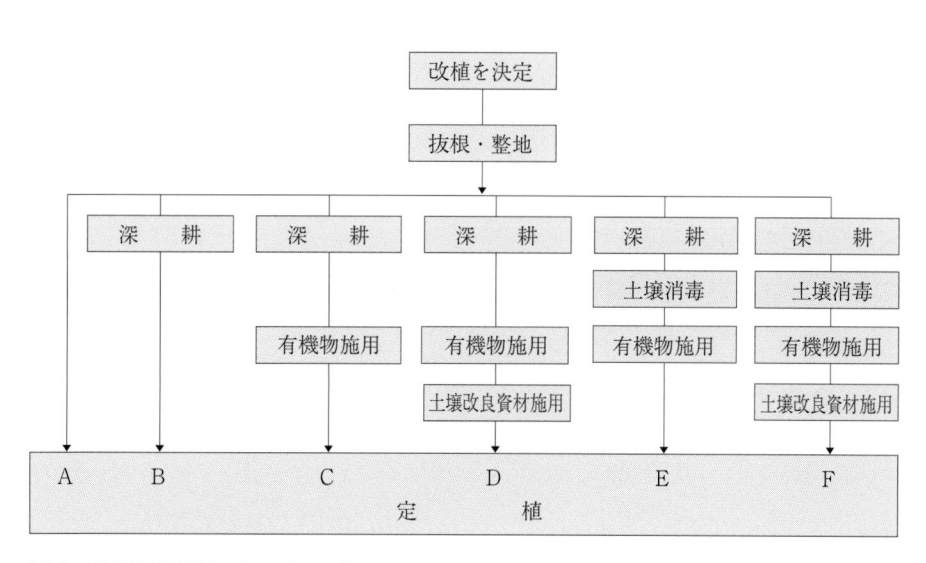

図1　改植におけるフローチャート　　　　　　　　　　　　　　　　　　　　　　　（酒井，1996）

第1章 土壌改良，土壌管理　施設　17　野菜に対する石灰質資材の選定

17　野菜に対する石灰質資材の選定

　これまで石灰質資材の供給については，土壌の酸度矯正の観点から行なわれてきました。しかし，野菜では水稲に比べはるかに多量のカルシウムが吸収されており，その役割は，①細胞や膜の安定化・強度維持，②根や花粉管の伸長，③体内酵素反応の賦活化，④細胞の浸透圧調整，など生育にとって重要なものです。とりわけ，ストレス耐性が高まることは野菜の品質を高めるうえでも有益といえます。このように，野菜栽培においてはカルシウムを積極的に供給することが必要な場面があります。

■ 野菜栽培と石灰の吸収利用

水溶性カルシウムの吸収と補給

　カルシウムは水とともに吸収移行されますが，その量は土壌溶液中のカルシウム濃度と比例して吸収され，若い根でおう盛なことが知られています。

　一般に，土壌中でのカルシウムの存在形態を考えると図1のような3つの形態（難溶性，交換性，水溶性）が考えられます。土壌溶液中では，水溶性のカルシウムは硝酸イオンのカウンターイオン（陰イオンに対する陽イオン）として存在していますが，水溶性のカルシウムが野菜に吸収されると吸着態のカルシウムから補給されます。

カルシウム欠乏対策

　野菜の生育ステージや栽培時期によっては，おう盛な生育に水溶性カルシウムの供給が追いつかず濃度が低下することもあります。このような場合に認められる生理障害の多くがカルシウム欠乏であることからも，カルシウム供給の重要性が示されています。

　ただし，カルシウムの吸収には窒素，カリやマグネシウムなどの陽イオン，蒸散（湿度），温度などが強く関与しているので，併せて対策をとることも欠かせません。

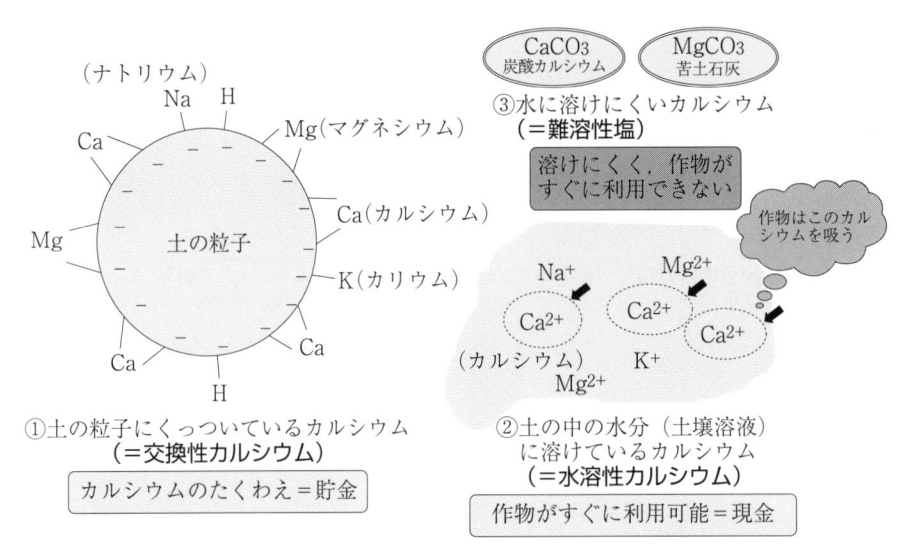

図1　土の中のカルシウム

土壌 pH と石灰質資材

石灰質資材の種類と特徴

表1に主な石灰質資材とその特徴をまとめました。

これまでの一般的な施用目的は土壌のpH矯正とカルシウム供給の双方をねらったもので，生育環境を整え，スムーズな生育に導くものです。そのため，やや難溶性ではありますが，持続的なpH改善効果が高い炭カルや苦土石灰などが使われています。しかし，これらの資材は難溶性であるため，施用された土壌の表面に蓄積し下層に移行しにくい性質があります（図2）。

表1 主な石灰質資材とその特徴

種類	主な成分	留意点
硫酸カルシウム	$CaSO_4 \cdot H_2O$	作物に利用されやすいが，土壌の酸性矯正の効果はない「畑のカルシウム」「エスカル」
生石灰	CaO	水を加えると発熱して消石灰になる。速効的でアルカリ性が強い
消石灰	$Ca(OH)_2$	空気中の二酸化炭素を吸収し炭酸カルシウムとなる。速効的でアルカリ性が強い
炭酸カルシウム	$CaCO_3$	水に溶けにくく，カルシウムの効き方は遅い
苦土石灰	$CaCO_3 \cdot MgCO_3$	水に溶けにくく，カルシウムの効き方は遅い
カキ殻石灰	$CaCO_3$	炭カルほどではないが，土壌のpHを上げる。「セルカ」
塩化カルシウム	$CaCl_2$	水に溶けやすい。葉面散布に使われるが，濃度に注意する
硝酸カルシウム	$Ca(NO_3)_2$	水に溶けやすい。水耕栽培などに使われる
ギ酸カルシウム	$Ca(COOH)_2$	水に溶けやすく，葉面散布剤として使われる。「スイカル」

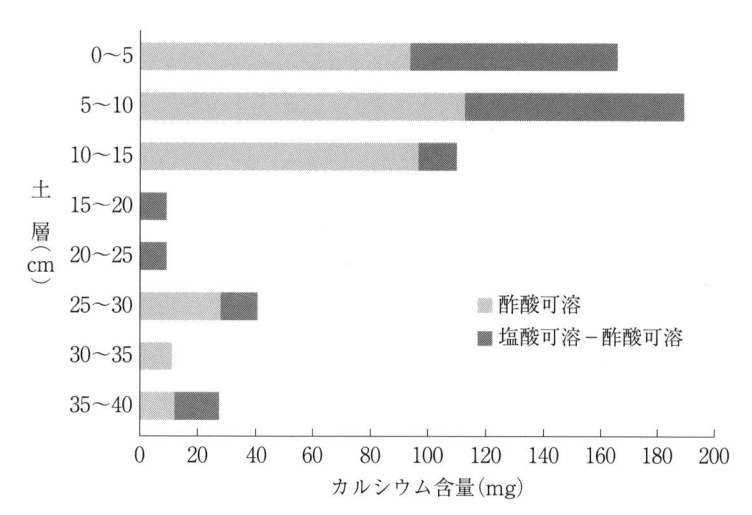

図2 苦土石灰施用後のカルシウム分布（100 g soil）　　　　（全農・農技センター）
注：苦土石灰の施用では，カルシウムはほとんどが作土層にとどまる。作土のpH改善効果のみ。

石灰質資材の選定

一方，重要な栄養素としてカルシウムの施用を考える場合には，施用されたカルシウムが水に溶解し，若い根の多い下層に移行することが必要です。このような資材の1つで，溶解性が中庸であるため根やけを起こしにくい資材として硫酸カルシウム（正確には，硫酸カルシウム二水塩）があります。この資材は，表層の塩類集積が進みpHが高い土壌でも使うことができますが，逆にpH矯正力はありません。葉面散布な

第1章 土壌改良，土壌管理　施　設　17　野菜に対する石灰質資材の選定

ム資材を選定することが重要です。すなわち，土壌pHの矯正と同時にカルシウムの供給が求められる場合，土壌pHが高くても水溶性のカルシウムの供給が必要な場合，おう盛な生育にともなう急激なカルシウム要求が想定される場合，土壌のpHは低く維持したままでカルシウムの供給を行ないたい場合など，資材の特徴を把握したうえで活用するとよいでしょう（図3）。

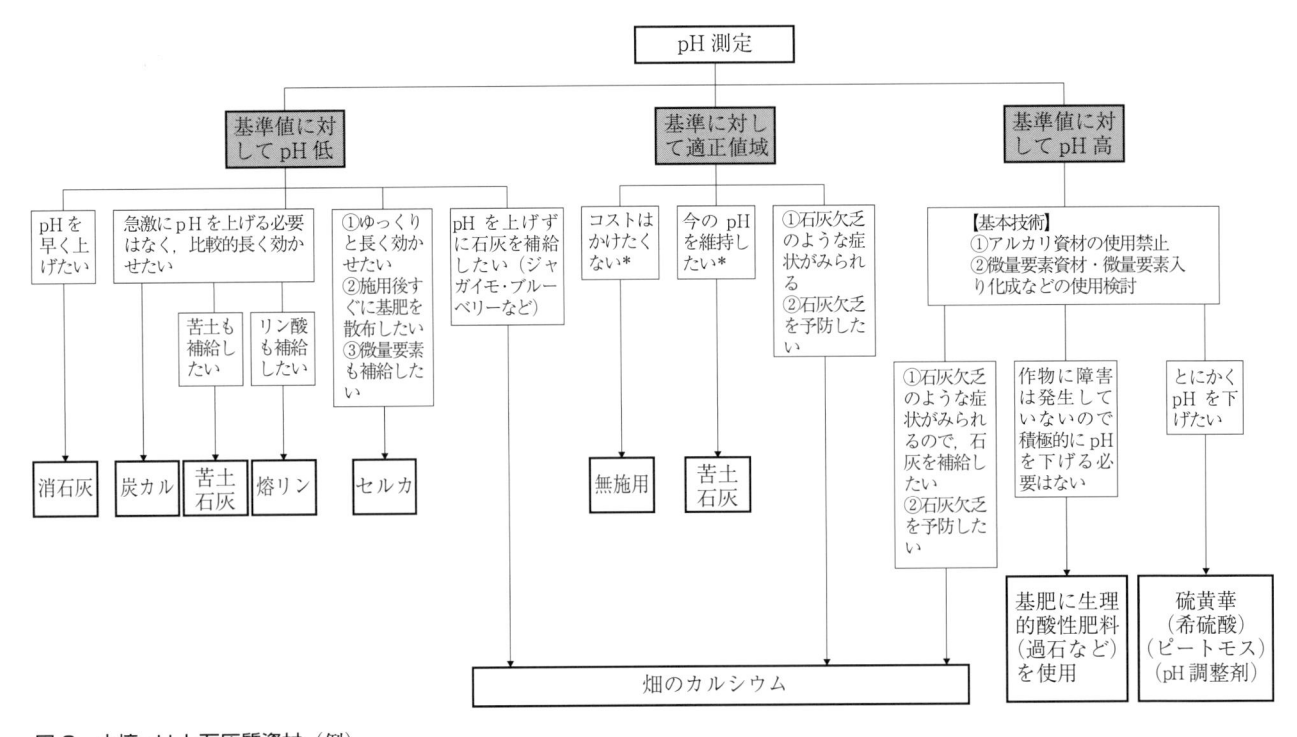

図3　土壌pHと石灰質資材（例）
注：＊は，1作でpH0.5程度低下するため，基本的には毎作pH0.5上昇分の石灰を施用する必要がある。

18 石灰が多くpHが低い土壌の管理法

　石灰が多くpHが低い土壌は施設土壌でみられますが，作物の生育は一般的に順調に推移しており，土壌pHが低くてもあまり問題はありません。

■ 土壌pHが低くても問題がない場合

　土壌溶液を含めた土壌のpHと土壌溶液のpHの関係は図1に示すとおりです。これによると，土壌のpHが低下しても，土壌溶液のpHはほとんど中性付近にあって大きな変化はみられません。作物の根は土壌溶液に直接触れているため，土壌溶液が中性付近に保たれていれば，土壌のpHが低くてもほとんど問題がないわけです。

　土壌溶液中では硝酸イオンとカルシウムイオンのバランスがとれているため，ほぼ中性が保たれています。すなわち，施用された窒素は硝酸になり，溶液中でNO_3^-（硝酸イオン）とH^+（水素イオン）になりますが，土壌コロイド圏に交換性Ca^{++}があるとH^+とCa^{++}が入れ替わり土壌溶液中に出てきます。したがって，溶液はCa^{++}とNO_3^-のバランスがとれて中性付近に保たれます。

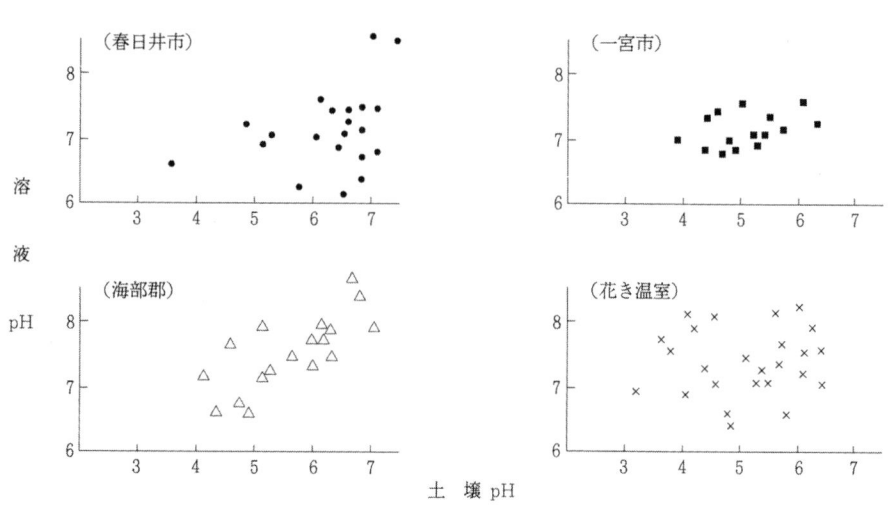

図1　土壌pHと土壌溶液pHとの関係　　　　　　　　　　（嶋田）

■ 石灰含量が高く，硝酸含量も高い場合

　石灰含量が高く，石灰飽和度が100%を超える土壌でも，硝酸含量が高いと土壌中のpHは酸性となります。この場合，酸度矯正のために石灰質資材を施用することは無意味であり，①ソルゴーや青刈りトウモロコシなどを栽培して集積した養分を吸収させて除去する，②堆肥などの有機質資材を施用して土壌の緩衝能を高めて濃度障害を緩和する，③深耕などを利用して硝酸濃度を低下させる，などの対策が必要です。また，湛水処理による硝酸などの除塩が可能なところでは短期間で硝酸濃度を低下できますが，環境への硝酸の影響が心配されるところでは湛水除塩は避けます。

19 塩類の集積と除塩法

　施設栽培では長期にわたって多肥栽培されることが多いうえに、雨による溶脱もないので、土壌中に溶けていた塩類は土壌水分の上昇によりしだいに表層に集積していくことになります。また露地栽培でも、作付け回数の増加や連作により多量の残存養分が土壌の表層に集積する傾向が強くなっています。土壌溶液中の塩類濃度が限界を越えると、作物は葉色が濃くなったり、日中にしおれたり、ひどいときには枯死したりします。これを塩類濃度障害といいます。

塩類集積を回避する方法

　塩類の集積を回避するには、土壌のEC（電気伝導度）や土壌に残存している陽イオン類を測定しながら合理的な施肥を行なう（土壌診断）、連作をやめ適切な作付体系にする、場合によっては田畑輪換を行なう、ことが基本となります。そのほかに、塩類濃度を高めにくい肥料を選択することや、耕土を深くしておくことも重要です。近年の糖度上昇を目的とした水分ストレスの利用も、過度になると障害の発生を助長します。

　また施肥量は、目標収量を上げるのに必要な養分量から天然供給量や土壌残存量を差し引いた量とし、肥効調節型肥料や液肥の利用など作物の生育に応じた供給とすることが基本です。しかし、いったん障害が発生してしまった場合には、表層にたまっている塩類を除去するか薄める対策が必要となります。しかしながら、過去に行なわれていたハウス内の湛水除塩などの方法は、地下水の硝酸態窒素汚染を引き起こすなど環境保全的な見地から避けなければなりません。

塩類濃度の測定

　塩類がどの程度土壌に残存しているかはECメーターで簡単に測定できるので、その値により基肥の施用量を増減しますが、作付け前の土壌診断により圃場の状態を把握しておくことが重要です。また、作物により塩類濃度に対する耐性は異なるため（表1）、とくに塩類濃度に敏感な作物では注意が必要です。したがって、トマトやメロンの圃場にササゲなどの濃度障害に弱い作物を指標作物として栽培し判断することも有効です。

表1　作物別の塩類濃度に対する抵抗性　　　　　　　　　　（JA全農「施肥診断技術者養成講習会」テキスト）

塩類濃度の抵抗性	弱い　　　　　　　　　　　　　　　　　　　　　　　　　　　　→　強い		
程度	弱	中	強
EC（mS/cm）	0.3〜0.5	0.5〜1.0	1.0〜1.5
作物名	コマツナ、シュンギク、パセリ、ミツバ、イチゴ、レタス、タマネギ、ブロッコリー、ソラマメ	キュウリ、ピーマン、ニンジン、ネギ、ナス	セルリー、カブ、ハクサイ、ホウレンソウ、ダイコン、キャベツ

塩類濃度を高めにくい肥料の選択

塩類濃度を高めない肥料はノンストレス肥料ともいわれ，主要な施肥養分に対するカウンターイオン[(1)]の土壌残存性が少ない生理的中性肥料です（図1）。また，溶解度の高い塩安などの肥料の施用を避けるようにします。

(1) 陰イオンに対する陽イオン，陽イオンに対する陰イオンのこと。

慣行A区：硫酸アンモニウム、過リン酸石灰、塩化カリウム
慣行B区：尿素硫燐安系高度化成肥料（N-P-K：16-16-16）
低ストレス区：硝酸アンモニウム、リン酸カリウム、硝酸カリウム

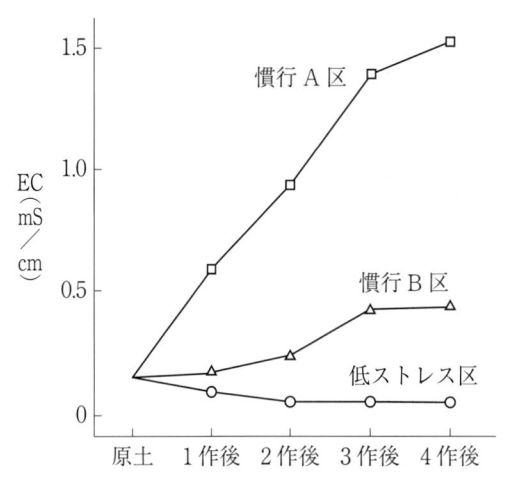

図1　肥料の連用による土壌のECの変化

除塩の方法

粗大有機物の投入

稲わらや麦わらなどのC/N比が大きい有機物をすき込むと，その分解にともない土壌中の硝酸態窒素の有機化が生じ，ECを下げることができます。稲わらによる一時的な無機態窒素の有機化は1カ月程度で多く生じます。また，モミ殻やバガス（サトウキビの搾りかす）もC/N比が高く使用されますが，リグニンが多いため分解が遅く有機化量は少ない資材です。これらの有機物には無機態窒素濃度を下げる効果は期待できますが，同時にカリウム成分の補給源ともなるので，土壌分析を行なって投入する資材を選定しましょう。

クリーニングクロップの栽培

前作にイネ科作物のソルゴーや牧草，あるいは生育の早いマメ科作物であるクロタラリアなどを栽培し，収穫物を施設から持ち出します。ソルゴーを3カ月間（草丈2m）栽培した場合の塩類濃度の低下を表2に示しました。3カ月程度の栽培により，EC値はほぼ半減します。ソルゴーやクロタラリアのなかにはセンチュウの増殖を抑制する効果を有するものもあるので，有効に活用しましょう。作物の選定にあたっては，許容される栽培期間と季節，吸肥特性，生育量がキーポイントとなりますが，生育したクリーニングク

表2　ソルゴー栽培後の土壌の変化　　　　　　　　　　　　　　　　　　　　（宮城県園試）

	EC				pH			
	作付け前	38日後	65日後	96日後	作付け前	38日後	65日後	96日後

ロップを再度すき込む場合は前項の効果に限られるため，飼料作物などとして持ち出し可能な青刈り作物を利用するのも有効です。

天地返しや深耕

養分の集積が表層に限られる場合は，天地返しや深耕により塩類濃度を下げることができます（表3）。もっとも一般的にみられるのは，バックホーを使用して30cmずつ土層を入れ替えるもので，結果的に60cmの深耕となります。この方法は，過剰養分の希釈効果は高いものの，肥沃度の低い土層を表面に出すことになるので，作物の生育が劣ったり，不均一になったりする場合があります。そのため，徐々に年数をかけて深耕を繰り返していく方法も有効です。ただし，いったん是正された養分濃度も従前の栽培や管理を繰り返すと再び塩類濃度は上昇するので注意が必要です。

表3 深耕によるハウスキュウリ栽培土のECの変化（土の物理性と土壌診断）（永嶋，1996）

耕うん法	深さ（cm）	pH	EC（1:2.5）
無処理	0〜10	6.3	2.5
	10〜20	6.5	1.1
	20〜30	6.5	0.4
	30〜40	6.7	0.4
プラウ30cm（全面）	0〜10	6.6	1.0
	10〜20	6.4	1.0
	20〜30	6.3	0.9
	30〜40	6.1	0.5
トレンチャー50cm（40cm幅うね下部分耕）	0〜10	6.6	0.5
	10〜20	6.4	0.5
	20〜30	6.4	0.5
	30〜40	6.4	0.8

排土や客土

塩類濃度の高まった表層土壌を持ち出して除去します。収穫後，いったんたっぷり灌水し，再び土壌を十分に乾燥させることにより表層に塩類を集積させたあと，表層土壌3〜5cm程度を施設から持ち出し，養分が少ない土を客土します。EC値で30〜50%低下します。客土にあたっては投入量が多い場合，前項で指摘した肥沃度の低下や物理性の悪化に注意します。

かけ流し・湛水除塩など

この方法は水田園芸地帯など限られた地域に有効な方法で，主に硝酸態窒素の除去によりECが低下します。しかし，リン酸や塩基類の除去効果はさほど高くありません。また，開田や畑地帯では硝酸態窒素が溶存した浸透水が地下水を汚染する結果にもなり，積極的にすすめることはできません。近年，土壌病原性微生物の抑制のために80℃程度の大量の温水（200mm程度）を土壌に注入し，結果的に60℃前後まで土壌温度を上昇させる土壌消毒法が開発され，実用化されています。この方法は，土壌消毒効果もさることながら，温水による除塩効果も高いのが特徴です。しかし，環境汚染につながりやすいので隔離床など適用する場所を考慮することが重要です。

20 ガス障害の発生原因と対策

施設栽培は露地栽培と異なり外気と遮断されているため，ガス障害の発生が多くなります。代表的なガス障害は次のようなものです。

①アンモニアガス，②亜硝酸ガス，③亜硫酸ガス，④炭酸ガス，⑤オキシダント（二次汚染物質）

発生原因

アンモニアガス

有機質肥料や未熟な有機物を多量に施用した場合，有機物の分解によってできたアンモニアが土壌中にたまりますが，そのようなときに施設内の温度が急激に上昇するとアンモニアがガス化します。アンモニアガスは作物の気孔から体内に入って細胞の酸素を奪うため，被害が急激で被害葉は黒ずんで萎凋します。

アンモニア態窒素を含有する肥料を多量に施用し，さらに石灰質や苦土質のアルカリ性肥料を混合した場合にも，アンモニアがガス化します。

亜硝酸ガス

土壌生態系の窒素の循環は図1のように行なわれており，正常な場合，有機物は分解してアンモニアに変わり，さらに亜硝酸菌，硝酸菌によって，すみやかに硝酸に変わります。通常なら亜硝酸ガスは発生しませんが，施肥量が極端に多い場合は亜硝酸を硝酸にする硝酸菌の作用がスムーズに行なわれないで亜硝酸が土壌にたまります。この場合，硝酸がたまって土壌が酸性になったり，あるいはハウスの温度が上昇したりすると，亜硝酸がガス化するため障害が発生します。

亜硫酸ガス

ハウスの暖房に使用する灯油や重油などの排気ガスが，ハウス内の作物を害することがあります。

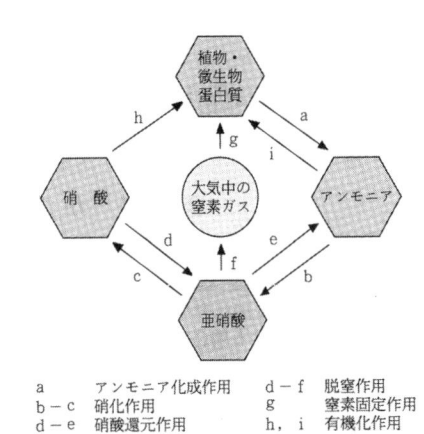

図1 土壌生態系の窒素循環と微生物作用

（『土壌通論』1997）

a　アンモニア化成作用　　d-f　脱窒作用
b-c　硝化作用　　　　　　g　　窒素固定作用
d-e　硝酸還元作用　　　　h, i　有機化作用

炭酸ガス

最近，ハウス栽培で「炭酸ガス施用」が行なわれています。これは，日射量に比べて大気中の炭酸ガス濃度が低い場合，光合成量が低下するので，ガス濃度を高くして光合成効率を高めようとするものです。しかし，炭酸ガス濃度が1000～1200ppm以上になると，作物によっては被害が出るものがあります。

オキシダント（二次汚染物質）

オキシダントは，環境汚染物質（二酸化窒素，PAN，オゾンなど）に太陽光線が照射されて起こる光化学反応によって生成される二次汚染物質といわれています。また，オキシダントにより植物に被害が出ることが知られています。発生は夏季の晴天時に多く，露地作物のほか施設内でも被害が出ることがあります。

■ 症状と対策

各種ガス障害にともなう作物別の症状，発生事例，対策は表1，2のとおりです。

表1　ガス障害の事例　　　　　　　　　　　　　　　　　（「静岡県土壌肥料ハンドブック」2009を一部改変）

要素	症状	作物別の症状と発症事例	
アンモニアガス	1. 障害は急激に発生する。中・下位葉に障害を受ける場合が多く，新葉部の障害は少ない。また，下位葉は落葉をともなう場合が多い 2. 被曝直後は，葉縁部および葉脈間の水浸状態が明瞭であるため，NO_2（亜硝酸）ガス障害と区別できる 3. 被曝後，太陽に当たれば障害部が白化する。この白化は，NH_3（アンモニア）ガスでは黄色または褐色みが残るのに対し，NO_2ガスでは漂白されたように白化する 4. 土壌pHが7.5以上の施設栽培で発生しやすい	ナス	下葉から黄化，落葉するが，黄化とともに葉脈間が茶褐色となる。障害が激しいときには，障害部が脱水状態となり，白化する
		イチゴ	葉全体が黒ずんで枯死する
		トマト	葉の表，裏とも褐変する。障害部は湿潤性を帯びるため，疫病に類似している
		キュウリ	葉脈間が白化しやすいが，NO_2ガスほどではない
亜硝酸ガス	1. 障害は急激に発生する。上位葉障には害を受けず，もっとも活動している中位葉に多く発生する 2. NH_3ガスの障害と類似しているが，NO_2ガスの障害は水浸状が不明瞭であり，また漂白されたように白化するため，褐色みの残るNH_3ガス障害と区別できる 3. 土壌pHが5以下の施設栽培で発生しやすい	トマト ピーマン ナス	葉面に水浸状斑点が生じ，しだいに白化するが，白化の境界は明瞭である。中位葉に障害を受けやすい。被害がひどいときには，葉に白斑が現れず，熱湯でゆでたように枯れる
		イチゴ	白斑が出ず，葉が黒ずむ
亜硫酸ガス	1. 障害は急激に発生する。障害が軽度の場合は葉が油浸状を呈し，次いで葉脈間が白斑状に枯死する。白斑は明瞭である。中位葉に発生しやすい 2. 被害が激しいときには，葉が熱湯をかけたようにしおれ，数日後には白色に枯死する 3. 重油や練炭から出るSO_2（亜硫酸）ガスによって発生する	パセリ	展開葉の葉縁を中心に，水浸症状を呈し，次いで淡褐色化する
		トマト	被曝直後は葉脈間に油浸症状を呈し，次いで灰褐色の斑点となる
		ピーマン	展開葉に水浸症状が発現し，次いで褐色となる
炭酸ガス	1. 通常，大気中のCO_2濃度は概ね300ppm程度であるが，1000～1200ppmを超えると，作物の種類や栄養条件などによっては被害が発生する 2. 炭酸ガス発生機からのCO_2が主な原因である	トマト	葉の巻上がり，生育抑制，光呼吸の抑制など
オキシダント	1. 主なものはオゾンとPANである 2. オゾンガスによる症状は，棚状組織が被害を受けて葉の表面に水浸状の斑点が生じ，これが灰白色または褐色の斑点となる 3. PANによる症状は，海綿状組織が被害を受けて比較的若い葉の裏側に銀白色または青銅色の斑点が発現する 4. 大気の汚染および栽培中の温度・日照条件などが関与して発生することが多い	ネギ	葉先の黄白化，枯死およびカスリ状白色微細斑
		メロン	葉表面の漂白斑および葉縁の黄褐色斑
		ジャガイモ	葉に細微な黒褐色斑
		サトイモ	葉表面の不定形斑

表2　ガス障害に対する対策　　　　　　　　　　　　　　　　　　　　　　　　　（「静岡県土壌肥料ハンドブック」2009を一部改変）

ガス障害の種類	対　策
アンモニアガス（NH_3）	1. アンモニアガスは，アンモニア態窒素や有機態窒素が多く，pHが中性〜アルカリ性の土壌で発生するので，多量の肥料，有機物，アルカリ資材などを一度に施用することを避けるとともに，土壌のpHを微酸性に保つようにする 2. また，上記の条件下でハウス内の温度が急激に上昇したときにはとくに発生しやすいので，ハウス内の換気をよくする 3. アンモニア態窒素は酸化的な条件下では比較的すみやかに硝酸態窒素に変化するので，土壌を酸化的な条件に保つようにする 4. 基本的には，作付け前に土壌診断を行ない，施肥量を決定することが望ましい
亜硝酸ガス（NO_2）	1. 亜硝酸ガスは，窒素肥料や有機質肥料が多く，pHが5以下の酸性土壌条件下で硝酸化成菌の活動が低下することによって発生するので，多量の肥料，有機物などを一度に施用することを避けるとともに，土壌のpHを中性付近に保つようにする 2. アンモニアガス対策と同様，ハウス内の換気をよくする 3. 硝酸化成抑制材の施用も効果的であるが，窒素が土壌中に多量に存在するときの本材の施用はアンモニアガス障害の発生を引き起こすことが考えられ，逆効果となることがあるので注意が必要である 4. 土壌の過乾，過湿などの条件下で発生しやすいので，栽培条件に注意する 5. 基本的には，作付け前に土壌診断を行ない，施肥量を決定することが望ましい
亜硫酸ガス（SO_2）	1. 亜硫酸ガス障害は重油，軽油，練炭などの排気ガス中に含まれる亜硫酸ガスによって起こることが多いので，暖房機の整備を十分に行ない完全燃焼させることに心がける 2. ハウス内の換気をよくする 3. 燃料のなかには硫黄含量が高いものもあるので，不良燃料を使用しないようにする 　なお，暖房燃料の不完全燃焼によって発生する一酸化炭素（CO）は，亜硫酸ガスのようなひどい被害を現さないといわれている
炭酸ガス（CO_2）	大気中のCO_2濃度は概ね300 ppm程度であり，作物に被害は発生しない。しかし，1000〜1200 ppmを超えると作物の種類や条件によっては被害が発生することがある。このため，ガス発生量はハウスの温度によって調節をするなどの注意が必要である
オキシダント（オゾンおよびPAN）	光化学オキシダント予報あるいは注意報などの発令に注意し，発令されたらハウス内の換気は控えめにし，とくに風上側の開放を避ける。また，通路への散水や遮光によって室温や葉温の上昇を抑える

第1章　土壌改良，土壌管理　施設　21　ドレンベッド栽培

21　ドレンベッド栽培

　ドレンベッド栽培（隔離床栽培）は，1965年代頃から，東海地方でトマトの青枯れ病などの土壌伝染性の病害対策として，クロルピクリンなどによる土壌消毒や蒸気消毒と組み合わせて導入されたのが始まりとされています。根域が制限されるため，土壌消毒および塩類集積の除去が容易にでき，連作障害を回避する技術として注目されています。また，栽培床の水分のコントロールが比較的容易にできるので，品質（糖分）の向上を目的としたメロンやトマトなどの高品質農産物の生産対策などの手段として導入が進んでいます。

　隔離床栽培用資材としては，①防根透水シート，②プラスチック製プランター，③発泡スチロール製容器，④樹脂製船底型容器，などがありますが，樹脂製船底型容器であるスーパードレンベッドについてその特徴を紹介します。

■ スーパードレンベッドとは

　JA全農は，施設栽培における連作障害対策，高品質農産物生産対策として，1987年から繊維強化プラスチック（FRP）製隔離床「ドレンベッド」の取扱いを開始しています。その後，設置・廃棄処理の改善と導入のしやすさなどから，1996年，ポリプロピレン（PP）製「スーパードレンベッド」（以下，SDBと略す）を開発しました。

　SDBには85cm幅（以下，SDB85と略す），55cm幅（以下，SDB55と略す）の2つのタイプがあり（図1），2013年12月末現在の普及状況は約6万mとなっています。対象作物もトマトやメロン，イチゴなどの果菜類から，カーネーション，バラなどの花きに至るまで徐々に拡大してきています。

図1　SDB85（左）とSDB55（右）

■ スーパードレンベッドの構造

　SDB85は支持脚大および小で船底型の本体を支える構造となっており，整地した地面に設置する方式を採用しています（図2）。また，運搬性をよくするため，中用の長さを45cmとし，これをクイックピンで固定する方式を採用しました。SDB55では支持脚小を省略しています。

　SDBでは幅の違いにかかわらず，10a当たりの設置長は約460mが基準となります。

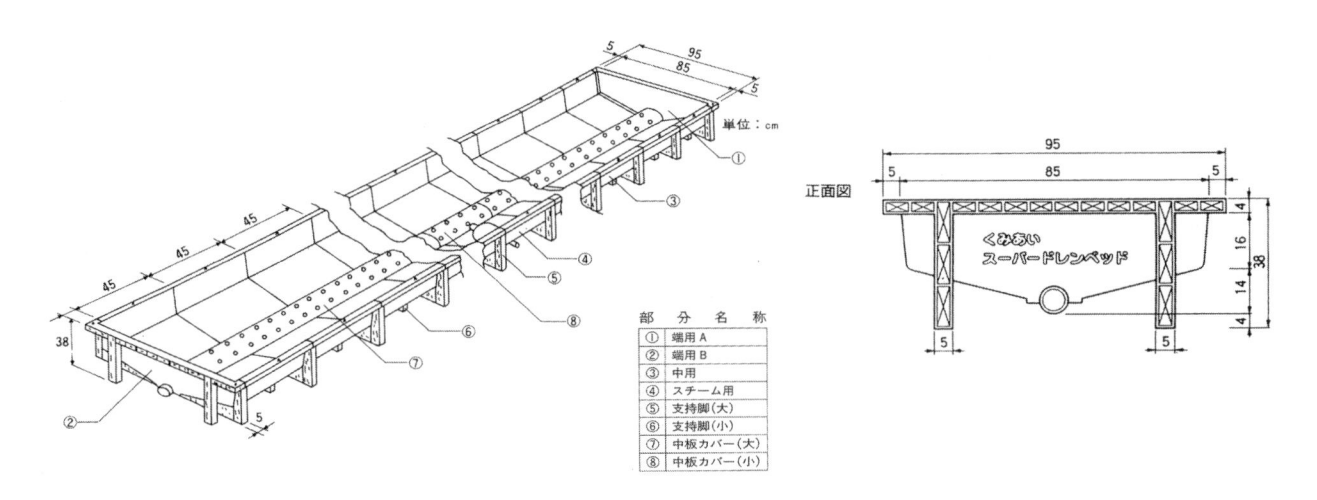

図2　SDB85の構造

スーパードレンベッドの導入効果

連作障害対策として有効
　SDBは連作障害対策に有効です。土壌病害虫に対しては，隔離された床土だけを確実に消毒することから高い効果が期待できます。また，塩類集積に対しては，灌水によって溶脱した塩類を排水溝を通じて確実に培地の系外に除去できます。

水分コントロールにより高品質農産物の生産が可能
　培地の水分コントロールが容易なため，水ストレスを与えることで，トマトやメロンでは糖度の向上が，宿根カスミソウなどの花き類では日持ち性の向上などが期待できます。

生産不適地での栽培が可能
　隔離床で地下水の影響を受けないことから，地下水位が高く排水が不良な転作田や，土壌の理化学性が劣る圃場でも，使用する土壌を別途確保することにより安定生産が可能となります。

その他の効果
　(1) 蒸気消毒後の地温の低下が速いため，次作の開始を早めることができます。
　(2) ベッド間の地盤には灌水されないので作業性が向上します。
　(3) 土壌消毒に要する時間を大幅に短縮することが可能であり，またうね立てが不要です。
　(4) 作付け終了間近になった段階で灌水を中止すると作物残さ重量が減少するため，温室からの搬出作業が楽になります。

スーパードレンベッドの床土

土　壌
　床土の入れ替えには労力を要するため，一度作成すると長年にわたり使用することになります。そのため用いる土壌には留意が必要です。黒ボク土のような保水性，保肥力の高い土壌が望まれます。

バーク堆肥の施用

わたり改善効果が持続するものが望ましいことから，SDBではバーク堆肥を推奨しています。使用するバーク堆肥は，あらかじめ幼植物試験などによって品質を確認しておくことが重要です。

土壌とバーク堆肥の混合割合

施設野菜の床土では，全孔隙率は60〜80%，粗孔隙率は30〜40%が望ましいとされています。SDBの場合は土壌とバーク堆肥の比率を3：1としています（図3）。孔隙率の高い土壌ではバーク堆肥の割合を下げるなど，土壌の種類に応じてこの比率は適宜変更してもよいでしょう。

床土量と作物栽培の関係

SDBは大きさが決まっているため，1株当たりの床土量は単位面積当たりの株数によって変わります。床土量が少ないほど保水性，保肥力は小さくなり，灌水や施肥の影響が顕著となります。一方，床土量が多いほど保水量が増えて水分管理が容易となる反面，灌水や施肥の影響はゆるやかとなります。

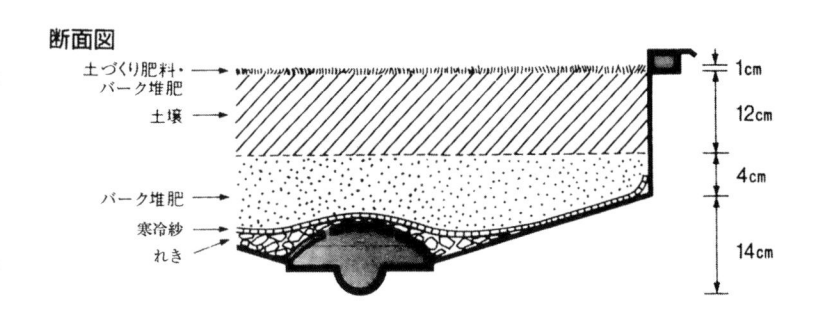

図3 土壌とバーク堆肥の混合割合

スーパードレンベッドでの蒸気消毒法と消毒後の管理

蒸気消毒の準備

SDBでは，蒸気消毒が以下に示す手順のように，非常に簡単に実施することができます。

①ベッドにビニールフィルムの覆いをし，側面（内側）に沿ってチェーンや金属パイプを置いてビニールフィルムを押さえます（図4）。

②排水口に蒸気が漏れないよう肥料袋などで栓をします（多少漏れても構いません）。

③SDB85ではベッド中央部のスチーム用ユニットの蒸気吹込み口に，SDB55では排水口に金属パイプを挿し，ここに蒸気を送るためのホースを接続します（図5）。

図4 SDB85での蒸気消毒
注：蒸気によりビニールが蒲鉾状に膨らんだところ。

図5 SDB55の排水口への蒸気吹込み用金属パイプの接続

消毒温度

　消毒時の温度管理は，地床と隔離床に関係なく同じでよいです。ほとんどの病原菌は60℃程度で比較的短時間のうちに死滅することが知られているので，温度のもっとも上がりにくい部分を測定し，100℃・10分間もしくは80℃・30分間継続するのが一般的です。

　SDBの場合は，蒸気消毒を行なうと60分程度で80℃になるので，さらに30分間蒸気消毒を継続します。

蒸気消毒後の管理

　一般的に，土壌消毒後は微生物相が単純化し，病原菌に再感染すると土壌消毒前より蔓延する可能性のあることが知られています。したがって，消毒後に病原菌が床土へ侵入するのを防止するため，作業終了後もビニールフィルムで覆った状態を保つ必要があります。土壌消毒によって単純化した微生物相を多様化させ，有用微生物を復活させる対策として，堆肥などの施用による微生物の賦活対策が推奨されていますが，これはSDBでも同様です。

スーパードレンベッドにおける施肥管理

施肥量

　隔離床では肥料が根圏に施用されるため，排水口から水が流れ出るような灌水管理をしない限り肥料の流亡はなく，利用率は高くなると考えられます。

　施肥量は目標収量に応じた養分吸収量をもとにして決める点では地床と変わりありませんが，SDB栽培の場合は10a当たりの施肥量（kg）ではなく，株当たりの施肥量（g）で管理する点が異なります。1m当たりの株数をもとに，10a当たり460mのSDBを導入したと仮定して栽植本数を算出し，株当たりの施肥量を10aに換算するとわかりやすいでしょう。

　なお，SDB55の場合は培地量が少ないため，地床に比較して肥料成分の濃度が2倍以上に高まるので，追肥回数を増やす，被覆肥料などの緩効性肥料を使うなどの注意が必要です。

硝酸態窒素の施用

　SDBを連作障害対策として導入した場合，必ず土壌消毒が行なわれ，消毒によって単純化した微生物相を回復させるために堆肥施用などによる微生物の賦活が行なわれます。園芸作物は硝酸態窒素を好んで吸収するため，硝酸化成菌の回復はとくに重要です。しかし，堆肥を施用しても硝酸化成能の回復が遅れる場合があることが知られており，頻繁に土壌消毒を行なうようなケースでは，あらかじめ硝酸化成能の回復が遅れることを想定し，硝酸態窒素の施用が望まれます。

塩類集積対策

　SDBは除塩が容易に行なえる栽培システムですが，栽培終了後は土壌診断を行ない，塩類が集積しないよう肥培管理するのが基本です。しかし，除塩が必要となった場合でも，事前耕起を行なうことで効率よく作業ができます。除塩には一般的に200～300mmの散水がめやすとされていますが，SDBでも同様です。SDB85では，トマトやメロンの栽培の場合，直径25mmのレナウンの2層式灌水チューブが推奨されており，2.5～3mm/分の灌水を2時間程度行なえば除塩が可能です。

スーパードレンベッドの収量・品質

第1章 土壌改良，土壌管理　施　設　21　ドレンベッド栽培

表1　水管理の相違と収量・品質　　　　　　　　　　　　　　　　　　　　　　　　（埼玉県園芸試験場）

収量調査

試験			1株当たり				平均果重(g)	上物率(%)	1a当たり	障害果発生割合			
品種	処理床	灌水量	総数量		上物収量				上物収量(kg)	奇形果(%)	裂果(%)	空洞果(%)	その他(%)
			(個)	(g)	(個)	(g)							
桃太郎	隔離床	多	24.3	4,680	18.5	3,360	193	72	806(115)	12	5	12	6
		中	24.4	4,015	19.3	3,884	165	77	740(105)	13	11	3	3
		少	21.8	3,485	15.3	2,279	160	65	547 (78)	18	6	2	7
	慣行		20.4	4,268	14.6	2,931	209	69	703(100)	17	8	18	5

品質調査

試験			1段		2段		3段		4段		5段		総平均	
品種	処理床	灌水量	Brix(%)	酸度(%)	Brix(%)	酸度(%)	Brix(%)	酸度(%)	Brix(%)	酸度(%)	Brix(%)	酸度(%)	Brix(%)	酸度(%)
桃太郎	隔離床	多	5.7	0.98	5.1	0.86	5.1	0.70	5.3	0.68	5.3	0.63	5.3	0.77
		中	5.9	0.97	5.4	0.86	5.7	0.92	6.0	0.80	6.0	0.83	5.8	0.88
		少	6.2	1.16	5.9	1.12	6.0	0.94	6.4	0.89	6.2	1.03	6.1	1.03
	慣行		5.3	0.81	4.6	0.77	4.8	0.61	5.1	0.68	5.4	0.72	5.0	0.72

注：Brix は糖度。

スーパードレンベッドによる灌水同時施肥栽培

　水分コントロールが容易な SDB と，施肥効率がよく，省力的な灌水同時施肥（養液土耕）栽培の特徴を組み合わせた栽培方法が，SDB による灌水同時施肥栽培です（図6）。限られた培地で肥培管理を行なうという点，また施設栽培の効率化を図るという点では，灌水施肥栽培と隔離床栽培は共通しており，この2つの技術を組み合わせることで，より確実な環境保全・省力化技術になると考えられます。SDB と灌水施肥を組み合わせた栽培技術の一層の確立は今後の課題の1つです。

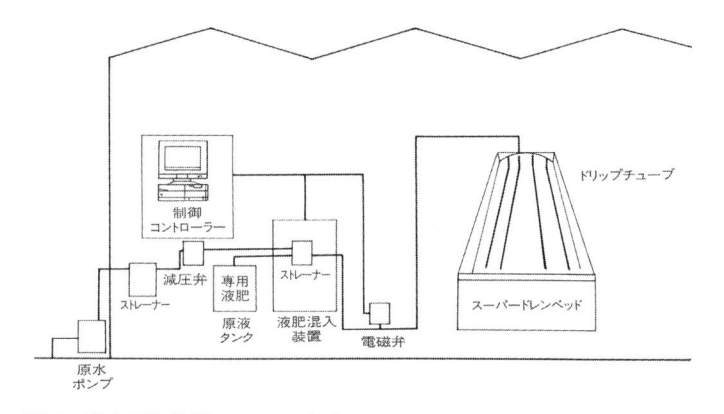

図6　灌水同時施肥システム（例）

スーパードレンベッドの設置費用

　10a 当たり 460m の SDB を設置する場合のベッド本体の費用は，SDB55 で約 250 万円，SDB85 で約 300 万円がめやすとなります（ただし，運賃を除く。2013年時点）。このほかに角れき（$9.2m^3$），寒冷紗（460m），バーク堆肥（920袋），土壌（$55.2m^3$），灌水パイプが必要です。灌水同時施肥を行なう場合には，さらに液肥混入装置（数十万～百万円前後）などが必要となります。

22 野菜育苗培土の作成方法

昔から「苗半作」や「苗七分作」といわれるように，苗の良否は作柄に大きな影響を及ぼします。よい苗をつくるには，温度や水などの栽培管理に細心の注意が必要ですが，育苗培土の良否も重要な条件になります。

育苗に適した培土の条件とは？

育苗に適した培土は次の条件を満たすことが望まれます。
(1) 保水性と透水性がよいこと（物理性がよい）
(2) 苗に吸収されやすい肥料が適切に含まれていること（化学性がよい）
(3) 雑草種子，土壌病害虫や有害物を含まないこと（生物性などがよい）

このような育苗培土を1種類の材料だけでつくるのは難しいので，昔から土に種々な有機物などを混合，堆積してつくっています。これらは個々の農家が経験に基づき作成するので多様であり，その理化学性もかなりの幅があります（表1）。

表1 慣行温床培土の理化学的諸性質 （杉山らを改変）

化学的諸性質	単位	最高	最低	平均
灼熱損量	%	37.5	5.1	19.7
仮比重		1.00	0.36	0.57
孔隙率	%	82.5	61.7	75.2
水分当量	%	109.7	20.3	66.0
pH		5.2	8.0	6.9
全窒素	%	1.40	0.14	0.76
CEC	me/100 g	73.5	11.4	39.4
Ex-Ca	me/100 g	27.9	3.2	12.9
Ex-K	me/100 g	10.7	0.4	5.8
Truog-P_2O_5	mg/100 g	111.0	4.0	36.0
NO_3-N	mg/100 g	56.0	5.0	24.0
NH_4-N	mg/100 g	34.0	0	6.0

第1章 土壌改良，土壌管理　施設　22　野菜育苗培土の作成方法

■ 育苗培土の作成方法

簡単な育苗培土のつくり方

ふるいを通した田土または畑土1m³に同量の完熟堆肥と，硫安1kg，過石600g，硫加250gをよく混合してつくります。有機質肥料を使用するときは，1カ月間堆積し腐熟させてから使用します。表2のように作成するのもよいでしょう。

表2　速成培土作成のための1基準　　　　　　（高橋）

種類	配合比 （土：有機物）	施肥量（1.8 m³ 当たり g）		
		窒素	リン酸	カリ
キュウリ	1：3	600	6,000	600
トマト	2：2	600	6,000	600
ナス	3：1	1,200	12,000	1,200

熟成培土のつくり方

排水のよいところで，田または畑土を，完熟堆肥と交互に堆積し，必要な肥料を加え混合して作成します。最初に土を30cm程度の厚さに敷き，石灰質資材をまき，その上に有機物を30cm程度重ね，さらに石灰窒素などを積み重ねます。必要なら，リン酸資材や他の肥料を加えます。これを交互に繰り返して山のようにします。最後にビニールなどで覆います。1～2カ月後に切返しを行ない，土と有機物や肥料がよく混ざるようにします。これを2～3回行なって出来上がりです。用土や資材の種類および混合比は野菜の種類などによって変えるのがよく，1例として表3のような基準を示します。また，主な資材の特徴は表4にそれぞれ示しました。

表3　堆積培土作成のための1基準　　　（上浜）

果菜	容積比配合割合		施肥量（1.8 m³ 当たり g）		
	原土	有機物	窒素	リン酸	カリ
キュウリ	沖積土3	麦わら7	1.8	3.7	1.8
	沖積土3	落葉　7	1.8	3.7	1.8
	洪積土3	麦わら7	1.8	3.7	1.8
トマト	洪積土3	麦わら7	1.8	3.7	1.8
	洪積土3	稲わら7	1.8	3.7	1.8
	沖積土3	落葉　7	1.8	3.7	1.8
ナス	沖積土3	麦わら7	3.7	7.5	3.7
	沖積土3	稲わら7	1.8	3.7	1.8
	沖積土3	落葉　7	3.7	7.5	3.7

表4　主な素材の特性（永嶋・細谷，1996）

		通気性	保水性
基本の土	田土	△	◎
	畑土	◎	◎
	赤土	○	◎
	黒土	○	◎
	赤玉土	○	◎
	鹿沼土	◎	◎
堆肥類	堆肥	◎	◎
	腐葉土	◎	◎
	ピートモス	◎	◎
調整用土	バーミキュライト	◎	◎
	ゼオライト	○	◎
	パーライト	◎	◎
	バーク	◎	○

◎：非常によい　　○：よい
△：あまりよくない

■ 市販培土

自作するには材料の入手難や労力が多くかかることなどから，市販培土を使用する生産者が増えています。これらの培土は，同一原料で規格化された工程で製造されるため，理化学性の変化が少ないという特徴があります。均一なことから育苗管理が標準化され，揃った良苗が得られます。

望ましい培土の条件について，果菜類の育苗に多く使用される園芸用育苗培土は表5，葉菜類の育苗に多く使用されるセル成型苗用育苗培土は表6にそれぞれ示しました。市販培土には種々なタイプのものがあり，それぞれに特徴があるので，それをよく把握して選定し，使用することが大切です。

(1) 粒状タイプ：透水性，通気性に優れ，果菜類の育苗に適するとされます。
(2) 粉粒状タイプ：保水性に富み，主に葉菜類の育苗に適するとされます。

表5　園芸用培土の好適基準　　　　　　　　　　　　　　　　　　（全農）

検査項目	単位	好適基準
気相率	%	15以上
正常生育有効水分	%	20以上
全孔隙率	%	75以上
透水速度	秒/100 ml	600以内
水分	%	粒状：15～22 粉粒状：40以下
最大水分保持量	g/100 g 乾物	60以上
撥水性	—	認められないこと
pH	—	5.8～7.0
EC	mS/cm	1.2以下
無機態窒素	mg/ℓ	製造設計に見合う含有量であること
水溶性リン酸	mg/ℓ	10～400
育苗性能	—	正常な生育を示し障害が認められないこと
ブロック崩壊率	%	25以内

表6　セル成型苗用育苗培土の好適基準　　　　　　　　　　　　　（全農）

検査項目	単位	好適基準
全孔隙率	%	85以上
撥水性	—	認められないこと
pH	—	5.8～7.0
EC	mS/cm	1.0以下
無機態窒素	mg/ℓ	製造設計に見合う含有量であること
水溶性リン酸	mg/ℓ	10～300
育苗性能	—	正常な生育を示し障害が認められないこと
抜取り株率	%	80以上
全自動機械移植適応性	%	95以上（適応銘柄に限る）

23 施設栽培花きの土づくりのポイント

品質の高い花きを安定して生産するには、土づくりが欠かせません。とくに、バラのように一度定植すると数年間継続して栽培する花きには、なおさら大切です。

花きに対する土づくりの基本は、他作物と同様に、土壌改良資材による化学性の改善、有機物の適正施用、緑肥作物のすき込み、深耕による有効土層の確保です。とくに、基盤整備された圃場や砂質土壌では、堆肥などの有機質材の施用が不可欠です。また、排水不良圃場では暗渠などを設け、圃場の排水性改善に努める必要があります。土壌理化学性の基準は種類により異なるので、それらに応じたものとすることが大切です。

切り花の品質と土壌の物理性

キクの例

キクを連作している施設で生育と根の状態について調べた結果、下葉が枯れ上がりやすい作柄の不安定な施設では、細根が少なく、下層への根張りがよくありません。これに対して、下葉の枯れ上がりが少ない生育の安定している施設では、根量も多く、下層土まで膨軟になっていて、根が深く伸長していました。このような生育差は深耕の有無が大きな理由でした。

キクの施設栽培では連作されることが多いのですが、多くの場合、ロータリー耕うんだけが行なわれるので、作土直下に耕盤（圧密層）が形成されやすい傾向があります。耕盤が形成されると根張りが悪くなり、湿害などを受けやすく、生育が不良となります。

品質の高いキクを生産するには、表1のように作土が深いことが肝要であり、最適な作土の深さは、土壌や栽培条件などによって異なりますが、18～30cm程度以上が必要です。

表1　土層の厚さと晩生夏ギクの生育、切り花収量、日持ち　　　（加藤、1989）

処理区 (土層の厚さ) (cm)	5/25 草丈 (cm)	切り花日	切り花長 (cm)	切り花重 (g)	同左指数	茎径 (mm)	根重指数	下葉の枯れ上がり	日持ち (日)
15	28.9	8/9	88.5	70.1	92	5.9	91	0.9	6.0
25	28.4	8/9	92.3	74.5	98	6.1	98	0.5	6.3
35	29.5	8/9	93.5	76.3	100	6.1	100	0.2	7.6

注：品種は精雲、土壌は灰色低地土。

バラの例

バラ園の土壌状態を調べたところ、図1に示すように、生育が良好な園は有効土層が深く、下層まで膨軟でしたが、生育不良園は排水不良や下層に圧密層が形成されていたり、有効土層が浅かったりするなどのため、根の発達が阻害されていました。

バラの根群がよく発達する土壌の物理条件は、水分状態がpF1.5のとき気相率20％以上、ち密度20mm以下、透水係数10^{-3}cm/秒であり、この3条件を満たす土壌が50～60cm以上必要とされています。このうちのどれが欠けても収量低下や障害の発生につながります。安定した生育を期待するには、この土層が1m程度あることが望ましいのです。

花きの高品質、安定生産には根張りをよくすることが大切であり、それには土壌の物理性の影響が大きいので、土壌の養分状態と同様に、植え付ける際には物理性を良好な状態に整えることが大切です。

図1に示す土壌断面図：

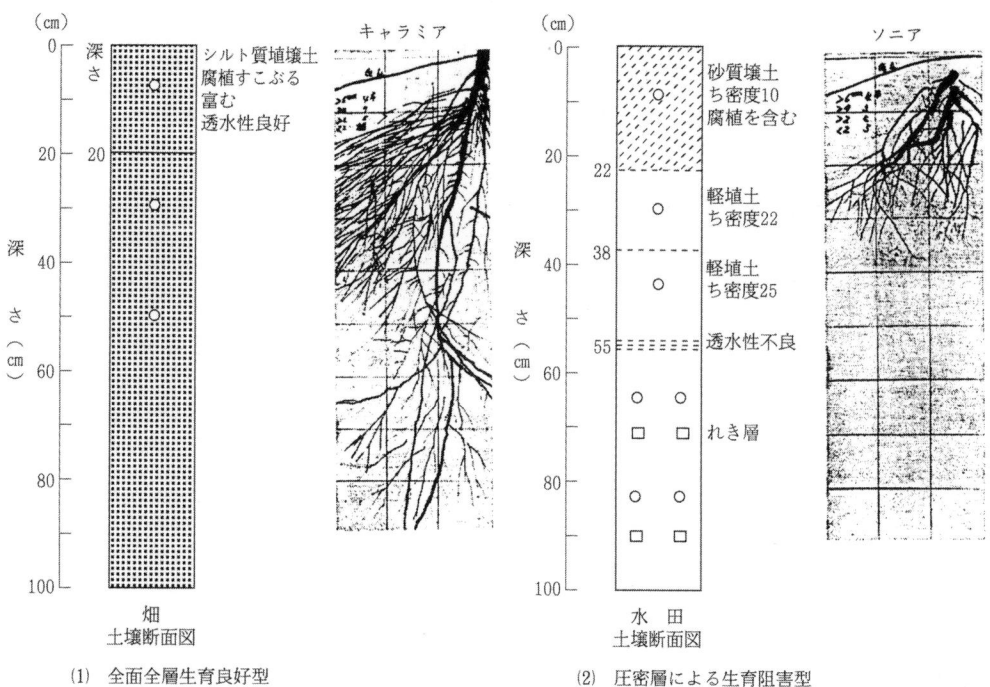

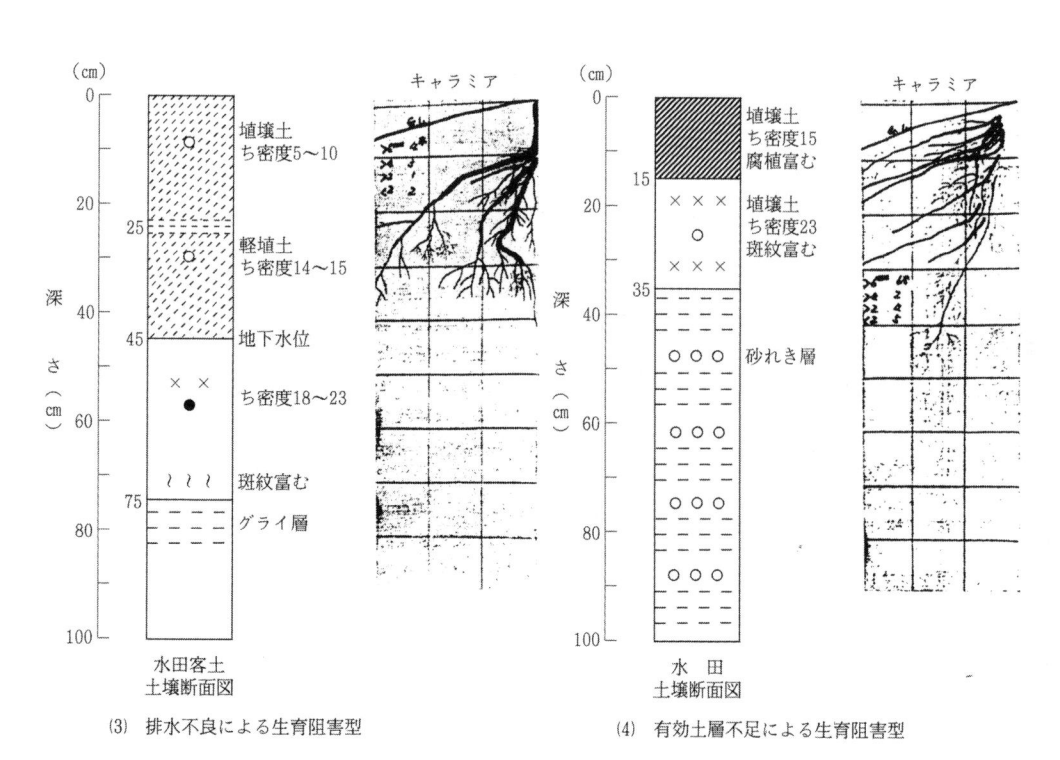

(1) 全面全層生育良好型（畑土壌断面図、キャラミア）
- 0〜100cm：シルト質埴壌土、腐植すこぶる富む、透水性良好

(2) 圧密層による生育阻害型（水田土壌断面図、ソニア）
- 0〜22cm：砂質壌土、ち密度10、腐植を含む
- 22〜38cm：軽埴土、ち密度22
- 38〜55cm：軽埴土、ち密度25
- 55cm〜：透水性不良、れき層

(3) 排水不良による生育阻害型（水田客土土壌断面図、キャラミア）
- 0〜25cm：埴壌土、ち密度5〜10
- 25〜45cm：軽埴土、ち密度14〜15
- 45cm：地下水位、ち密度18〜23
- 〜75cm：斑紋富む
- 75cm〜：グライ層

(4) 有効土層不足による生育阻害型（水田土壌断面図、キャラミア）
- 0〜15cm：埴壌土、ち密度15、腐植富む
- 15〜35cm：埴壌土、ち密度23、斑紋富む
- 35cm〜：砂れき層

図1　バラの生育に及ぼす根群発達と土壌構造の現地例　　　　　（水戸ら，1988）

土づくり対策

　表2はキク連作土壌の地力維持対策として、深耕、堆肥施用、緑肥作物の導入などの効果を検討した成績です。切り花重は、いずれの処理も慣行区より優れ、深耕・堆肥を併用した場合にとくに優れました。この理由は、下層土のち密度と固相が小さくなり、根張りがよくなったためと考えられました。このように、

第1章 土壌改良，土壌管理　施設　23 施設栽培花きの土づくりのポイント

表2　電照ギク連作土壌の地力維持増強対策　　　　　　　　　　　　　　　　　　　　　　　　　　（伊東，1980）

試験区	1977年			1978年		
	草丈（cm）	葉数（枚）	切り花重（g）	草丈（cm）	葉数（枚）	切り花重（g）
慣行	115	49.1	74 (100)	116	50.0	68.0 (100)
深耕	113	50.3	82 (111)	117	51.0	73.3 (108)
深耕＋堆肥	116	49.6	76 (103)	116	52.0	80.7 (119)
堆肥	117	50.4	78 (105)	115	49.7	64.0 (94)
緑肥	116	50.3	76 (103)	115	50.3	68.7 (101)

表3　施設土壌の改善基準値　　　　　　　　　　　　　　　　　　　　　　　　　　　　　　　　　　（静岡県）

土壌の性質 \ 土壌統群		黒ボク土	淡色黒ボク土	（細粒質，中粒質）赤色土黄色土，褐色，灰色低地土	砂丘未熟土（砂土）
作土の厚さ		25 cm 以上			
作土のpF 1.5の気相		18%以上			
主要根群域最大ち密度（40 cmまで山中式硬度）		20 mm 以下			10 mm 以下
主要根群域の粗孔隙量		15%以上			
地下水位		60 cm 以下			
pH	(H_2O)	6.0〜6.5			
	(KCl)	5.5〜6.0			
腐植（乾土）		−	10%以上	5%以上	2%以上
陽イオン交換容量（/乾土100 g）		30 me 以上	20 me 以上	15 me 以上	5 me 以上
塩基含量（/乾土100 g）	CaO	440〜630 mg	290〜420 mg	250〜320 mg	80〜100 mg
	MgO	100〜150 mg	65〜100 mg	55〜75 mg	20〜25 mg
	K_2O	25〜50 mg	15〜50 mg	15〜50 mg	15〜25 mg
塩基飽和度		80〜100%		90〜100%	
当量比	Ca/Mg	6 以下			
	Mg/K	2 以上			
有効態 P_2O_5（/乾土100 g，Troug）		10〜50 mg		20〜80 mg	
交換性 MnO（/乾土100 g）		−	4 mg 以下		
有効ホウ素（/乾土）		0.3 ppm			0.2 ppm
電気伝導度	（施肥前）	0.3 mS 以下			0.2 mS 以下
	（栽培中）	0.3〜0.8 mS		0.3〜0.7 mS	0.2〜0.3 mS

注：塩基含量は陽イオン交換容量の90（火山灰土では80%）〜100%飽和で，当量比がCaO 65〜75：MgO 20〜25：K_2O 2〜10 となるように設定した。

表4　花き（露地）の土壌改善目標値　　　　　　　　　　　　　　　　　　　　　　　　　　　　　　（福岡県，2001）

項目 \ 土壌の種類		非火山灰土			火山灰土	
		粘質	壌質	砂質	黒ボク土	淡色黒ボク土
作土の厚さ	(cm)	20以上	20以上	20以上	25以上	25以上
有効根群域の深さ	(cm)	50以上	50以上	50以上	50以上	50以上
現地容積重	(g/100 mℓ)	80〜100	80〜100	90〜110	50〜70	50〜70
粗孔隙率	(%)	15以上	15以上	15以上	20以上	20以上
有効根群域の最高ち密度	(mm)	22以下	22以下	22以下	22以下	22以下
有効根群域の最小透水係数	(cm/sec)	10^{-4}以上	10^{-4}以上	10^{-4}以上	10^{-4}以上	10^{-4}以上
地下水位	(cm)	60以下	60以下	60以下	60以下	60以下

24 鉢物用土の作成方法

鉢物は限られた小さな容器内で栽培されるので，用土は普通の畑土壌より保水性，透水性，通気性などの物理性が優れ，化学性もよいことが必要です。これらの条件を単一の資材で満たすことは難しいので，一般に土壌に種々な資材や必要な肥料を混合して作成します。

土壌や資材は容易，安価，大量，継続的に入手できて，有害物を含まないものならなんでもよく，それぞれの性質，特徴を組み合わせて混合し，鉢物の種類に適合した理化学性にすることが大切です。

養分は追肥で補えますが，物理性は生育中に改善できないので，とくに注意します。

なお，よい鉢用土を作成すると栽培管理が非常に楽になります。

■ 鉢物用土の作成方法とその理化学性

シクラメンについて，埼玉県の優秀な生産者の鉢用土の作成方法を表1に示しました。田土，赤土，腐葉土，ピートモスなど種々な土壌や資材などが使われ，その混合比も多様です。また，表2のようにその理化学性にもかなり幅があります。この理由は，一定範囲内にあればシクラメンの理化学性に対する適応幅はかなり広く，また，その用土の特徴に見合った施肥や灌水がなされているためです。たとえば，肥料分の少ない用土には追肥を多くし，保水力の小さい鉢用土には灌水をやや多くするなどの管理をしています。

表3に，鉢用土の組成と液肥施用濃度の違いがシクラメンの生育に及ぼす影響を示しました。ピートモスの配合割合が少ないと株がやや小型化し，液肥濃度が高まると生育は優れましたが，開花は遅れました。

他の花きについても，一般的な鉢物用土の作成方法はこれとほぼ同様です。

なお，化学性はpHを最適にすることが重要ですが，最適pHは作物の種類によって異なります。また，ハイドランジアのように花色によって異なるものもあります。

窒素，カリは追肥で補給でき，また生育初期は濃度障害を生じやすいので，基肥に多量に施用しないようにします。リン酸は基肥に施用します。

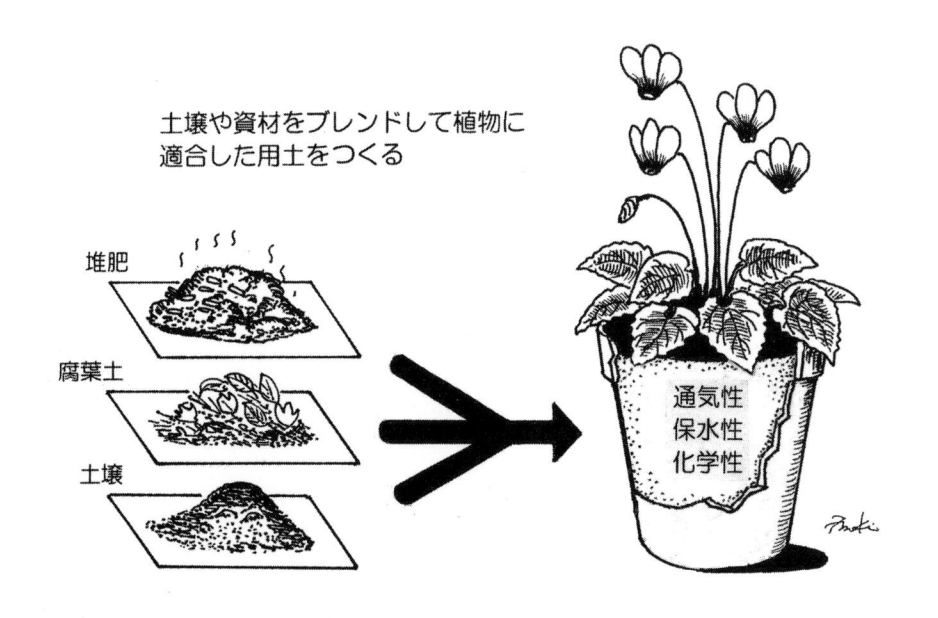

土壌や資材をブレンドして植物に適合した用土をつくる

堆肥
腐葉土
土壌

→ 通気性 保水性 化学性

第1章 土壌改良，土壌管理　施設　24 鉢物用土の作成方法

表1　埼玉県での良質のシクラメン栽培農家の用土の素材とその混合比（容量）　　　（細谷，1976）

沖積土（田土）	火山灰土	腐葉（土）	堆廏肥	ピート	ラッカセイ殻	その他	備　考
10	25	40	豚糞25				腐葉はナラ，マツ，クリを冬に集めて堆積
20	50	20		10			腐葉はクヌギ，ナラを1月頃石灰窒素を混ぜて堆積
40	30	20		10			腐葉はナラを前年8月に熔リン，塩加を混ぜて堆積
	40	40		20			
	50	50					腐葉はマツを冬に堆積
17	38	30				15	その他は砂7，くん炭4，木炭3，鶏糞・油かす・骨粉・ぬか1
30	30	30				くん炭10	腐葉はナラ，クリ
50			わら・ヨシ20		30		
	70	15			15		
	50	14	牛糞12 わら12			12	
17	16	17	牛糞33		17		腐葉，わら，堆肥は石灰窒素を少量加える。その他は灰
25	25		わら25		25		牛糞を約1年間堆積
	20	50	ヨシ15 鶏糞5	10			
21	36		7	36			
	60		わら30			わら炭10	わら堆肥は1年間堆積

表2　優良シクラメン栽培農家で作成された鉢用土の理化学性　　　（細谷，1976）

	pH (H₂O)	電気伝導度 (mS/cm)	硝酸態窒素 (mg/100 g)	有効態リン酸 (mg/100 g)	陽イオン交換容量 (me/100 g)	置換性塩基 (me/100 g)			三相分布 (%)		
						Ca	Mg	K	気相	液相	固相
最低	5.1	0.24	0.3	11	22.1	11.8	2.4	0.3	19.7	36.1	16.1
最高	7.2	3.14	52.6	80	66.7	62.7	11.9	6.1	47.1	58.3	29.3
平均	6.0	1.13	14.8	46	33.2	30.2	7.0	2.1	31.5	48.6	19.9

表3　用土組成および液肥濃度がシクラメンの生育・開花に及ぼす影響　　　（八木，1991）

液肥濃度	用土組成 (vol比)	液肥濃度・窒素濃度（ppm）			葉枚数 (枚)	株張り (cm)	葉身長 (cm)	開花数 (個)	着蕾数 (個)	花弁長 (cm)	花柄長 (cm)
		8/上～8/下	8/下～10/下	10/下～11/下							
低	ピートモス7：	35	50	75	56.8	29.8	7.3	4.5	22.8	5.1	14.9
中	バーミキュライト1：	45	75	100	58.2	33.2	8.2	2.8	25.7	5.2	15.5
高	パーライト2	50	100	125	65.6	33.0	7.9	2.7	25.0	5.1	15.4
低	ピートモス4：	35	50	75	61.3	28.1	6.8	3.1	26.3	4.9	14.0
中	バーミキュライト2：	45	75	100	61.6	31.6	7.9	4.3	24.8	5.2	15.6
高	パーライト4	50	100	125	56.4	33.0	8.4	3.6	25.1	4.9	15.7

鉢物用土配合素材の理化学性

鉢物用土には，いろいろな土壌，資材が用いられますが，主なものの理化学性を表4に示しました。

なお，同一資材でも粒の大小によって物理性はかなり異なり，粒の大きいものは気相が大きく，小さいものは水分保持量が大きくなります（図1）。

このように土壌や資材によって特性が非常に異なるので，それらを活かして必要な理化学性が得られるように，適切な割合で混合することが大切です。

表4　配合素材の主な理化学性　　　　　　　　　　　　　　　（荒木，1975）

素材	仮比重	全孔隙率(%)	気相率(%)	液相率(%)	塩基置換容量(me/100g)
田土	1.10	54.4	10.4	44.0	18
火山灰土	0.60	73.0	16.0	57.0	20〜40
赤土	0.64	75.2	15.4	59.8	20〜30
川砂	1.40	45.5	26.6	18.9	3＞
バーミキュライト	0.36	86.9	16.9	70.0	100〜150
パーライト	0.18	92.4	55.6	36.8	0.5〜1
ピート	0.10	94.4	30.6	63.8	77〜128
腐葉土	0.20	90.7	52.3	38.4	98

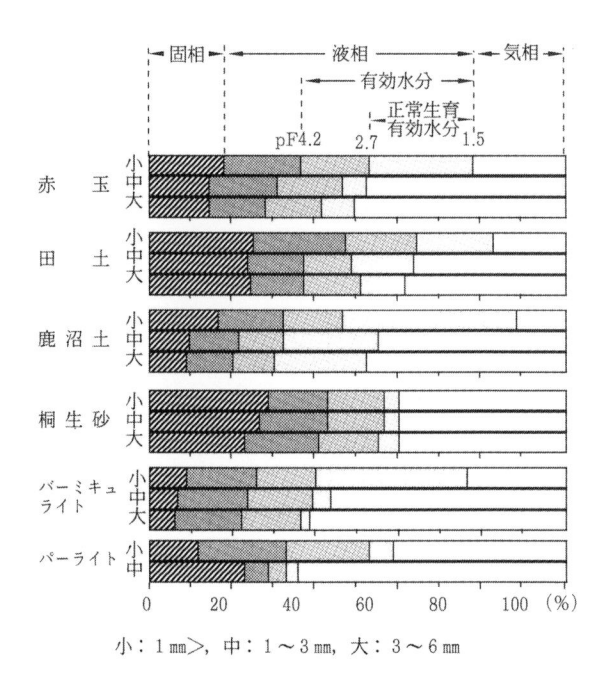

図1　用土資材の三相分布　　　　　　　　（小嶋ら，1982）

用土の性質に適合した施肥・水管理が必要です。

25 土壌の熱湯および蒸気消毒法

　土壌の消毒方法には，薬剤処理，湛水処理，太陽熱利用，熱水消毒，蒸気消毒，蒸気散水消毒などがあります。このうち蒸気消毒，熱水消毒は，消毒効果が高く，消毒後直ちに定植できることが長所で，静岡県では主に温室メロン，バラ，カーネーションの床土や育苗用土の消毒などに利用されています。この方法で，雑草種子を含めて，ほとんどの病害虫が死滅します。欠点は設備費が高いことや大規模面積の消毒が難しいこと，また，多量の水を要することです。

熱水消毒

　施設の地床栽培などに利用されており，小規模な装置で熱水を土壌表面から注入する方法です。

　装置は熱水ボイラーと灌水ホースからなり，うね表面に灌水ホースを敷き，うね全体をビニールフィルムで覆い，80℃の熱水を注入して表層から深さ20cm下の土が55℃以上で3時間以上保たれるようにします。乾いた土壌条件で深耕後に行なうと効果が高まります。蒸気消毒に比べ，土壌のより深い層まで地温を上昇させることが可能で，消毒効果もより大きくなります。この方法で，センチュウや萎凋病を防除します。なお，消毒前後の化学性の変化の1例を表1に示します。

表1　バラ作付け土壌における温湯消毒前後の化学性の変化　　　　　　　　　　　　　　（静岡県東部農改）

1991年5月実施 90℃温湯 150t/10a処理	pH (H$_2$O) (1:5)	EC (mS/cm)	硝酸態窒素 (mg/100g)	有効態リン酸 (mg/100g)	交換性塩基		
					CaO (mg/100g)	MgO (mg/100g)	K$_2$O (mg/100g)
温湯消毒前	5.9	0.65	18.5	114	504	126	133
温湯消毒後	6.4	0.12	1.2	125	510	124	100
温湯消毒1カ月後	6.4	0.29	8.3	102	592	126	150

注：黒ボク土，CEC 35me/100g。（1:5）は土と水の比率。

蒸気消毒

　高価な消毒機と電源および給水施設が必要なために，培土や隔離床の消毒など施設園芸を中心に利用されている方法です。高温の蒸気を注入して，すべての土が80℃で10分間以上保たれるように行ないます。土壌養分の流出を極力減らすために，できる限り早く温度を下げます。少量の培土の場合は消毒枠法，大量の培土や隔離床は穴あきパイプ法（ホジソンパイプ法）やキャンバスホース法が適しています（図1）。

　施肥や堆肥の施用は消毒後に行なうのが基本となります。もし消毒前に施肥や堆肥を施用する場合は，蒸気消毒により窒素の無機化が進むので施肥量を普段の30～50％程度に減らします。その理由は，蒸気消毒を行なうとアンモニア態窒素が急増して生育障害を生じることがあるからです。また，硝酸化成は温度条件

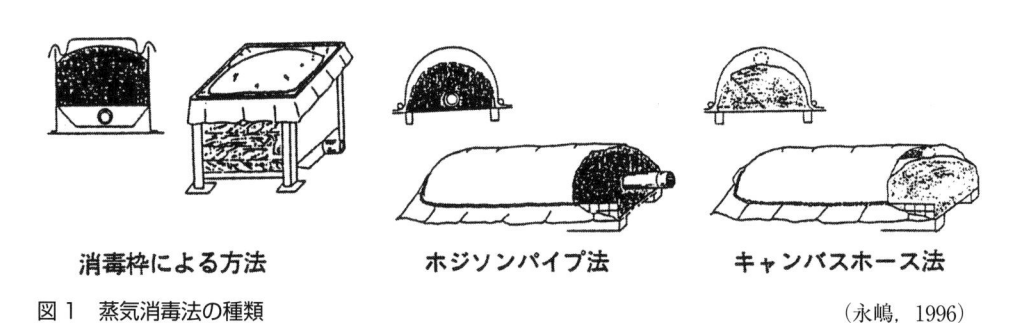

　　消毒枠による方法　　　　　ホジソンパイプ法　　　　キャンバスホース法

図1　蒸気消毒法の種類　　　　　　　　　　　　　　　　　　　　　　（永嶋，1996）

によって程度は異なりますが，図2のように抑制される傾向にあります。

また図3に示すように，長時間高温処理すると交換性マンガンが著しく増加しますので注意します。とくに，マンガンを多く含んでいる水田のすき床層の土壌を蒸気消毒した場合は，マンガン過剰症が発生しやすくなりますので注意が必要です。このマンガンを不溶化させるには，消石灰などを施用してpHを上げる（6.5以上）ようにします。

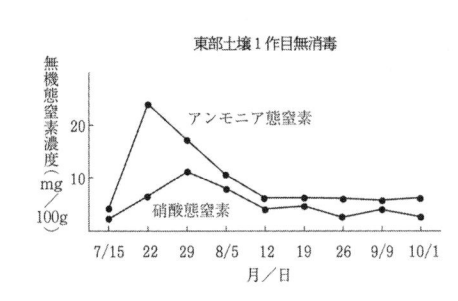

図2　土壌蒸気消毒の有無と無機態窒素の消長　　　　　　　（静岡農試）

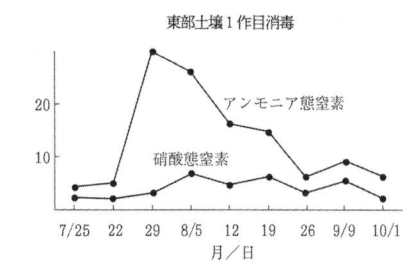

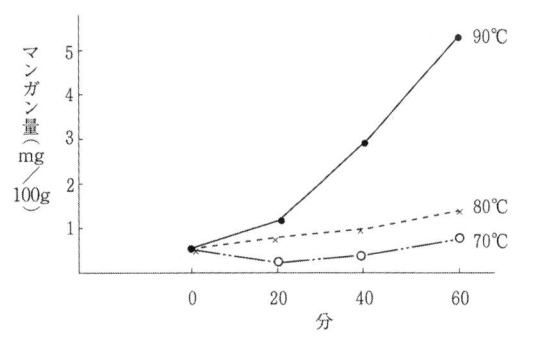

図3　蒸気消毒温度と交換性マンガン量　　（静岡農試）

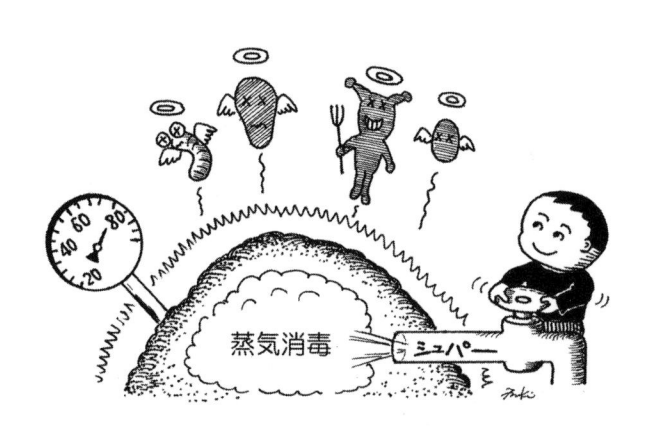

蒸気散水消毒

近年，蒸気消毒の改良法として，蒸気散水消毒技術が開発されています。蒸気散水消毒では，図4のように土壌の表面に被せたシートの下に水を散水しながら高温の蒸気を吹き込み，土壌を深いところまで高温で処理します。

土壌に蒸気を注入後，表層から30～50ℓ/m²の常温水を散布すると高温の土壌層を水が浸透することにより，地中20cm以下の部分の地温を上昇させることができます。なお，当技術の散水量は蒸気消毒によって形成された団粒構造を壊さない範囲のものであり，一定の除塩効果があるといわれています。

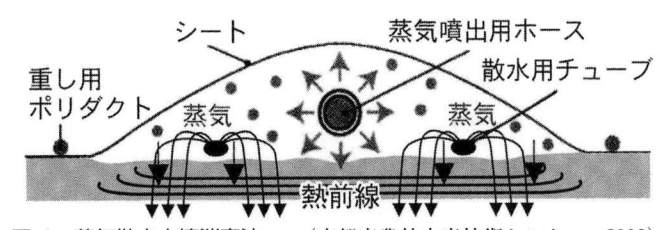

図4　蒸気散水土壌消毒法　　（京都府農林水産技術センター，2008）

26 土壌の太陽熱による消毒法

　ハウスなどの土壌病害の防除に，夏季にハウスを密閉し，太陽熱を利用して土壌を高温にする熱消毒が行なわれています。消毒効果は，地温の影響を受けますが，キュウリつる割れ病，ナス半身萎凋病，トマト青枯れ病，ホウレンソウ立枯れ病，キュウリのネコブセンチュウ，イチゴのネグサレセンチュウなどに有効とされています。メリットは，土壌中の有効な微生物を減少させず生態系をこわさないで土壌消毒ができることと，石灰窒素の添加による土づくりができることです。なお，下層土からの感染防止のため，遮根シートを組み合わせることでさらに効果を高めることができます。

処理方法

　処理時期は，梅雨明けの7月中旬〜8月下旬の夏季高温期を選びます。切りわら10a当たり1〜2t（モミ殻0.5〜1t，青刈り緑肥作物5〜7t，バーク〈1次発酵品〉4〜5tなどで代替が可能です），石灰窒素は10a当たり50〜100kg散布します。その後，ロータリーなどで30〜40cmの深さに耕うんします。土が落ち着くのを待って高さ30cm，幅60〜70cmの小うねを立て，土の表面をビニールで完全にマルチしてうね間に水を張ります。施設を1カ月程度密封し，その間は土壌の温度を下げないよう水を加えません。

　遮根シートを利用する場合は，ベット部分の土を30cm程度の深さに掘り上げて底面を平らにし，遮根シートを両端に持ち上げるようにして船底状に敷き，土を埋め戻して通常のベット（高さ20cm程度）をつくります。土の表面をビニールなどで全面マルチしてうね間に水を張り，ハウスを密閉し，そのまま30〜40日間放置します（図1）。

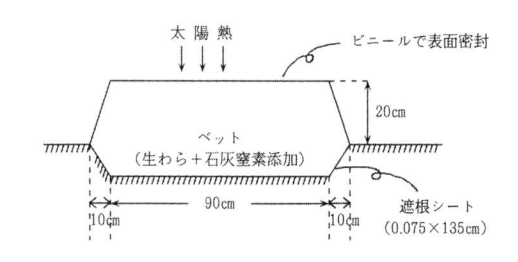

図1　太陽熱利用土壌消毒法　　　（茨城，1990）

温度と消毒効果

　土壌消毒効果は温度に影響され，ピシウム，バーティシリウム，フザリウム菌の場合は，40℃8日間処理では死滅しなかったものの，45℃7日間処理では完全に死滅しました。イチゴ萎黄病菌の菌糸，分生胞

子は45℃で24時間以上，病土は6日間処理で病原菌が検出できなくなり，20日間密封によりイチゴ萎黄病菌，リゾクトニア，ピシウム菌，ネグサレセンチュウが死滅しました。一般に45℃以上の温度が長時間確保されれば，ほとんどの土壌病原菌は死滅します（表1）。

太陽熱消毒期間と地温の高温遭遇時間，病原菌および雑草発生との関係を表2に，ネコブセンチュウに対する密閉処理効果を表3に，太陽熱消毒がキュウリの生育，収量に及ぼす影響を表4に，遮根シート使用による太陽熱および石灰窒素併用処理効果を表5に示します。

このように，高温で消毒効果が高く，低温では効果が劣ります。したがって，曇雨天が多いと高温を確保できない場合があるので注意が必要です。また，地温上昇を確認するのは大変ですが，ハウス内地下20cmの最高地温は，外の畑の地下10cmの最高地温の3日移動平均（x）と相関が高く，$y = 3.03x - 46.85$で推定できるとされているので，この式を利用して推定します。

表1 処理温度と加温時間が病原菌の生存に及ぼす影響 　　　　　　　　　　　　　　　　　（福井園試，1995）

供試菌	処理温度	被加温時間（時間）										
		12	24	36	48	60	72	84	96	108	120	132
株腐れ病菌 R.solani	25℃	◎	◎	◎	◎	◎	◎	◎	◎	◎	◎	◎
	40℃	◎	◎	◎	◎	◎	◎	◎	◎	◎	◎	◎
	45℃	●	●	●	●	●	●					
	50℃	●	●	●	●	●	●					
萎凋病菌 F.oxysporum	25℃	◎	◎	◎	◎	◎	◎	◎	◎	◎		
	40℃	◎	◎	◎	◎	◎	◎	◎	◎	◎		
	45℃	◎	◎	◎	●	◎	●					
	50℃	●	●	●	●	●	●					
立枯れ病菌 P.ultimum	25℃	◎	◎	◎	◎	◎	◎	◎	◎	◎	◎	◎
	40℃	◎	◎	◎	●	◎	◎	●	●	●	●	●
	45℃	●	●	●	●	●	●					
	50℃	●	●	●	●	●	●					
立枯れ病菌 P.aphanidermatum	25℃	◎	◎	◎	◎	◎	◎	◎	◎	◎	◎	◎
	40℃	◎	◎	◎	◎	◎	◎	◎	◎	◎	◎	◎
	45℃	◎	●	●	●	●	●					
	50℃	●	●	●	●	●	●					

注1：◎は生存，●は死滅。
　2：各処理温度で12時間，残りの12時間は15℃の変温処理とした（25℃は終日）。

表2 太陽熱消毒期間と地温の高温遭遇時間，糸状菌，フザリウム胞子数および雑草発生の関係
（富山野菜花き試，1994）

処理日数	処理期間	地温40℃以上の時間	糸状菌	フザリウム	雑草本数（本/m²）
20日	6月21日～7月11日	85	5.1×10^4	0	105
40日	6月 1日～7月11日	224	1.6×10^3	0	0
60日	5月12日～7月11日	353	3.0×10^3	8.1×10	49
80日	4月22日～7月11日	414	1.9×10^3	0	15
無処理		0	4.1×10^4	2.4×10^3	598

注：地温はうね面下10cmの地温。糸状菌，フザリウムは乾土100g当たりの換算胞子数。

表3 キュウリのネコブセンチュウに対する密閉処理効果　（茨城農試，1978）

処　　理	透明マルチ区		断　熱　区	
	寄生株率(%)	指　数	寄生株率(%)	指　数
稲わら	0	0(0)	100	47.7(1.9)
稲わら・石灰窒素	0	0(0)	77.8	58.3(2.3)
石灰窒素	0	0(0)	88.9	27.8(1.1)
バーク堆肥	0	0(0)	100	83.3(3.3)
スミリンユーキデルマ	0	0(0)	100	82.1(3.3)
無施用	0	0(0)	100	75.0(3.0)

注：各区12株調査。（　）内は株別ゴール形成指数の平均値。

表4　太陽熱利用による土壌消毒がキュウリの生育，収量に及ぼす影響　（茨城農試，1978）

月日	9月13日		11月10日			
項目 処理	草丈(cm)	葉数(枚)	草丈(cm)	葉数(枚)	分岐数(本)	1株当たり収穫量(g)
無施用	26.7	5.2	268.9	24.8	9.8	783.8
石灰窒素・稲わら	40.1	6.3	239.2	21.3	10.2	1,047.8
石灰窒素	23.8	4.8	248.7	22.6	11.0	882.8
稲わら	42.5	6.3	270.0	24.4	9.7	880.3
バーク堆肥	29.6	5.3	301.8	26.3	10.9	767.3

注：11月10日の調査時には主づるは2m前後で摘心されている。草丈，葉数は主づる，ならびに最大伸長した子づるの先端ならびに展開葉までの値。収穫量は収穫始めから11月10日までの値。

表5　トマト遮根シート使用による太陽熱および石灰窒素併用処理効果　（茨城農試，1990）

	草丈(cm)	葉数(枚／株)	根重(g)	根の状態	褐色根腐病
無処理区	210.7	20.0	12.2	細根少ない 太根あり（褐色）	＋＋＋＋（茎）
処理区	218.6	21.0	13.0	細根多い 太根なし（白色）	－〜＋（無〜数）

注1：品種はスーパーファスト。
　2：太陽熱消毒は1989年7月21日〜8月20日の1カ月間。
　3：材料は麦わら750 kg/1,000 m²，石灰窒素60 kg/1,000 m²。

新しく開発された太陽熱土壌消毒

　最近開発された技術に，土壌還元消毒法，露地太陽熱土壌消毒法があります。

　土壌還元消毒法は，フスマを作土層に均一に混和後，透明ビニールで被覆し，灌水チューブなどで灌水する方法です。土壌にフスマを混ぜると，これらを栄養分として土壌微生物が急激に増殖します。このとき，土壌が十分に水分を含んでいると，微生物による酸素の消費によって土壌は急激に還元状態になります。多くの土壌病害虫は酸素を必要とするため，死滅したり，増殖が抑えられたりします。図2に示すように，臭化メチル剤とほぼ同等の高い防除効果が得られます。

　また，露地太陽熱土壌消毒は，夏季の高温を利用して7月中旬〜8月にかけて透明ビニールなどでマルチし，太陽熱を利用して土壌消毒する方法です。有機質資材の同時施用により，地力の維持・増強ができます。主に露地の土壌病害対策として行なわれます。表6に適用病害虫と処理期間の1例を示します。

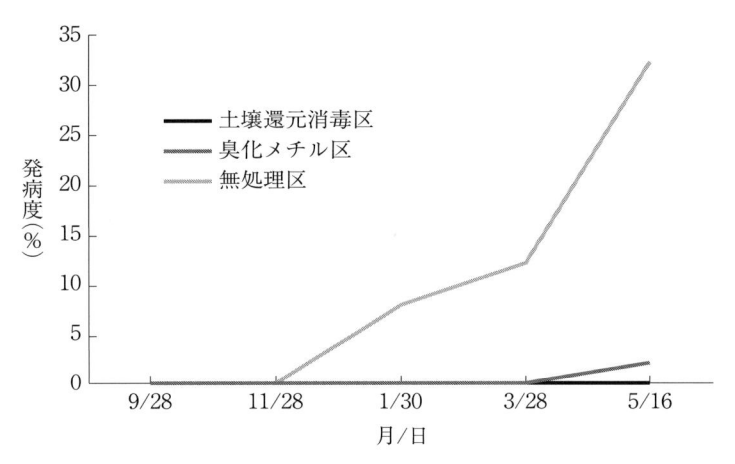

図2 イチゴ萎黄病の発生状況 　　　　　　　　　（栃木農試, 2005）

表6 露地太陽熱土壌消毒の適用病害虫と処理期間 （京都府農林水産技術センター, 2008）

病害虫名	処理期間（日）	防除効果
苗立枯れ病（リゾクトニア菌, ピシウム菌）	5～10	◎
根こぶ病	30～50	○
ホウレンソウ萎凋病	30～50	○
キュウリつる割れ病	30～50	△
ダイコン萎黄病	30～50	△
土壌線虫（ネコブセンチュウ, ネグサレセンチュウ）	30～50	○

◎：効果が高い　　○：一重被覆で防除可能　　△：一重被覆で困難で二重被覆で防除可能

第1章 土壌改良，土壌管理　施　設　27　土壌還元による消毒法

27 土壌還元による消毒法

　土壌消毒の方法には，薬剤処理，太陽熱消毒，蒸気消毒および熱湯消毒などが用いられてきました。ここで紹介する方法は，土壌にフスマ，米ぬかなどの有機物を混和して，土壌水分状態を高めたのちにビニールで被覆して土壌の還元を進める方法です。酸素が消費された還元状態になることで，酸素を必要とする土壌生物，雑草の種子などが死滅します。加える有機物には窒素成分が含まれ，分解にともなって窒素が無機化するので，土壌消毒後の施肥では，その量を考慮した減肥が必要になります。

■ 土壌還元消毒法の特徴

　太陽熱消毒ほど高くない30℃以上の地温で消毒効果があります。化学合成農薬によらない防除方法なので，住宅地に近接する圃場でも実施しやすく，環境に与える影響が小さい方法です。

　土壌還元消毒の効果が高い病害虫には，トマト褐色根腐れ病，ホウレンソウ萎凋病，ネギ根腐れ萎凋病，ウリ類ホモプシス根腐れ病，ナス半身萎凋病，ネコブセンチュウがあげられます。また，防除効果が不安定な病害虫には，トマト青枯れ病，トマト萎凋病などがあり，防除効果がみられないものには，ウリ類の黒点根腐れ病，モザイク病（TMV）があります。

■ 土壌還元消毒の方法

　土壌還元消毒の手順を図1に示しました。

　①土壌に10a当たり1tのフスマや米ぬかをよく混和して地温が30℃以上になると，微生物が，添加した有機物を養分として急速に増殖します。

　②このとき土壌を湛水状態にし，ビニールで表面をカバーすると，微生物による酸素の消費で無酸素状態

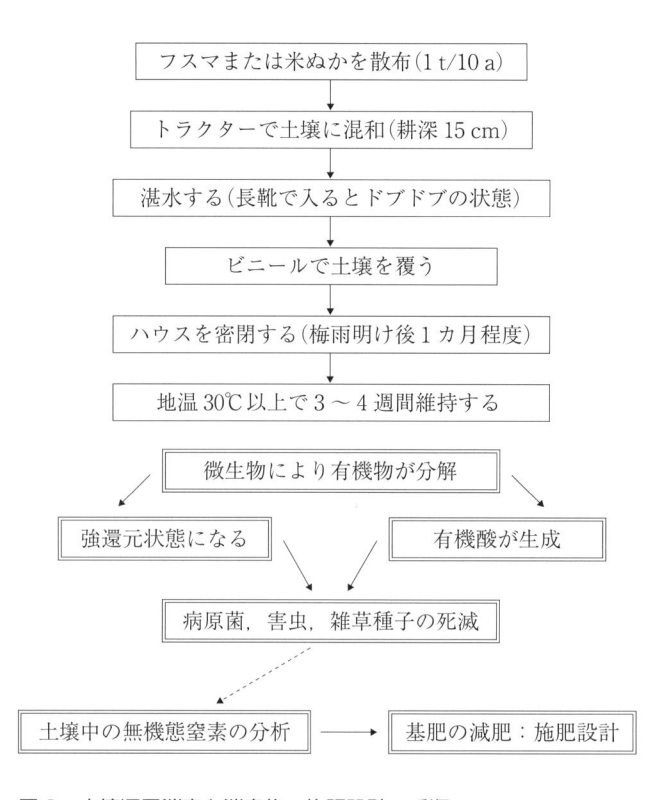

```
フスマまたは米ぬかを散布（1 t/10 a）
　　　　↓
トラクターで土壌に混和（耕深15 cm）
　　　　↓
湛水する（長靴で入るとドブドブの状態）
　　　　↓
ビニールで土壌を覆う
　　　　↓
ハウスを密閉する（梅雨明け後1カ月程度）
　　　　↓
地温30℃以上で3～4週間維持する
　　　　↓
微生物により有機物が分解
　↙　　　↓　　　↘
強還元状態になる　　有機酸が生成
　　　↘　↓　↙
病原菌，害虫，雑草種子の死滅
　　　　↓
土壌中の無機態窒素の分析　→　基肥の減肥：施肥設計
```

図1　土壌還元消毒と消毒後の施肥設計の手順

となり，土壌は強い還元状態になります。

③多くの土壌病害虫は酸素を必要とするため，還元状態になると死滅したり増殖が抑えられたりします。

④さらに，還元状態では有機物の分解過程で酢酸などの有機酸が生成し，殺菌・殺虫効果が期待されます。

⑤3〜4週間ハウスを締め切ったままにします。その後，ビニール被覆を外して土壌を乾燥させて耕起し，土壌を酸化状態にします。

土壌消毒以外の効果

圃場を湛水状態にすることによって，ハウスにこれまで集積した塩類が溶脱されます。

土壌から無機化される窒素の生成量と土壌診断方法

フスマ，米ぬかには，表1のような窒素成分が含まれます。10a当たり1tを施用すると，表2のように約24kgの窒素が投入されることになります。フスマなどの有機物を土壌に加えたあとの窒素の減少経過（分解の経過）を図2に示しました。1週間ほどで分解しやすい部分の分解が終わり，その後はゆっくりと分解が進みます。

土壌還元消毒が終了したときの土壌中の硝酸態窒素（NO_3-N），アンモニア態窒素（NH_4-N）は，表3のように還元消毒の処理前より増えます。還元消毒後，土壌を耕起して乾燥すると，アンモニア態窒素は硝

表1　土壌還元消毒に用いる資材の成分（現物） (斉藤，2007)

資材	土壌還元消毒に用いる資材の成分（現物％）							
	水分率	T-N	T-C	C/N	T-P_2O_5	T-K_2O	T-CaO	T-MgO
フスマ	7.1	2.4	40.0	16.4	2.07	1.30	0.1	0.6
米ぬか	10.0	2.4	43.1	18.0	4.77	1.76	0.1	1.6

注：Tは全量，Cはクエン酸可溶の意。

表2　土壌還元消毒で資材から供給される肥料成分量

	資材を1t/10a施用の場合の成分量（kg/10a）				
	窒素	リン酸	カリ	カルシウム	マグネシウム
フスマ	24	21	13	1	6
米ぬか	24	48	18	1	16

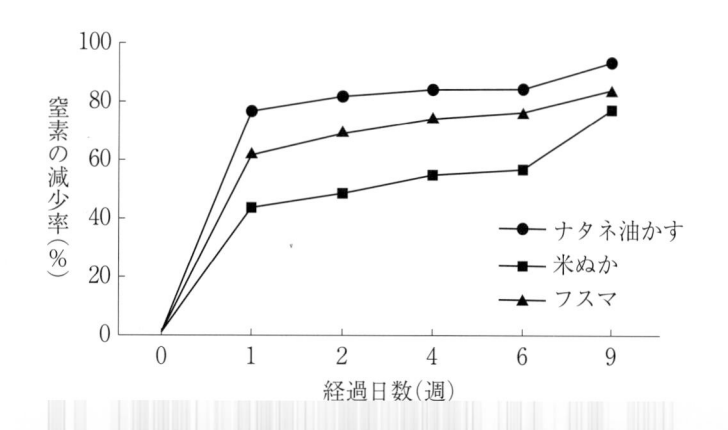

化されて硝酸態窒素に変わります。施肥基準の施肥窒素量から，土壌診断で求めた施肥前の土壌中の硝酸態窒素量を差し引いて基肥窒素量とします。表3の例では，減肥しても施肥規準の窒素を施用した区と同等の収量が得られました。減肥しないと過剰生育になることもあるので注意します。

表3 土壌還元消毒後の土壌中の無機態窒素含量と減肥の施肥設計　　　　　　　　　　　　　　　（内田ら，2008；岡本ら，2005）

資材	フスマ施用	施肥前の土壌中無機態窒素含量（mg/100 g）		施肥前残存窒素量（kg/10 a）	施肥設計	施肥窒素量（kg/10 a）	乾物重　フスマAの試験はg/株　フスマBの試験はg/m²			窒素吸収量（kg/10 a）
		NO₃-N	NH₄-N				茎葉	果実	総重	
フスマA	有	12.7	−	12.7	施肥基準	15.0	347	789	1,136	13.5
		15.6	−	15.6	減肥区	0.0	462	707	1,169	13.7
	無	4.7	−	4.7	施肥基準	15.0	400	662	1,062	12.8
		4.5	−	4.5	減肥区	10.5	455	743	1,198	12.0
フスマB	有	10.2	8.6	14.9	減肥	0.0	3,830	−	−	8.3
	無	4.2	0.2	3.2	減肥	9.8	3,260	−	−	7.8

注1：フスマAの施用量は1 t/10 a，供試作物はメロン，施肥基準は15 kg/10 a。
　2：フスマBの施用量は1 t/10 a，供試作物はコマツナ，施肥基準は13 kg/10 a。
　3：フスマ無施用区は太陽熱消毒を実施。
　4：施肥設計の減肥区は，施肥前の作土層（15 cm）の土壌中硝酸態窒素含量を10 a当たりに換算し，施肥基準から差し引いて施肥。

留意点

（1）透水性のよい砂質土壌や傾斜のある圃場では効果が劣ることがあります。還元状態にするには地温が30℃以上（ハウス内気温で40℃以上）が必要なため，地域によって実施期間が（6月中旬～9月）と限定されます。

（2）太陽熱を併用して効果を上げるので，年間でもっとも気温の上がる梅雨明け後の7～8月に実施します。

（3）消毒期間は常に湛水状態でなくてもよく，ハウス内の土壌温度が上昇していくときに湛水状態であればよいので，1日以上かかっても湛水状態になるまで灌水します。

（4）土壌を被覆する資材は空気を遮断するものなので，穴が塞いであれば古い資材でも大丈夫です。

（5）消毒後の圃場に別の圃場で用いたトラクタを入れる前に，汚染を防止するために洗浄します。また，ハウス支柱まわりなど消毒が不十分な場所は耕起しないようにします。

（6）塩類集積の進んだ圃場では，養分が土壌還元消毒で溶脱するため減少します。

（7）ECから硝酸態窒素濃度を推定する場合は，耕起後乾燥させてからアンモニア態窒素の硝化後に土壌を採取します。

28 アルコールによる土壌消毒法

土壌消毒の方法には，薬剤処理，太陽熱消毒，蒸気消毒および熱湯消毒などが用いられてきました。ここで紹介する方法は，低濃度のアルコールを灌水して土壌の消毒を行なう方法です。安全性が高く，低コストな消毒方法として注目されています。

技術開発の背景

土壌病害などの発生を防ぐ土壌くん蒸剤として広く用いられてきた臭化メチルは，オゾン層を破壊する物質であることから，当面代替する技術がない場合に認められる不可欠用途を除いて，2005年に生産・消費が全廃されました。日本では，土壌くん蒸用の不可欠用途専用臭化メチルは，①キュウリ，②ショウガ，③メロン，④トウガラシ類，⑤スイカについて認められています。

日本政府は，代替技術の確立と普及をすすめて，2013年には不可欠用途臭化メチルの全廃を目指しています。また，臭化メチルの代替技術があるとされた土壌病害の場合でも，代替技術の経済性に問題があったり，臭化メチルと比較して同等以上の消毒効果が得られなかったりしています。このため，臭化メチルに替わりうる新たな土壌消毒技術が求められているのです。紹介する新しい土壌消毒方法は，1〜2%程度の低濃度のエタノール（エチルアルコール）を用いる広範囲の土壌病害虫に防除効果のある土壌消毒技術です。エタノールは，有毒なメタノールと違い，お酒に含まれるアルコールなので取扱いはきわめて安全です。

処理方法

エタノールを液肥混入器を用いて1〜2v/v%程度に薄めた水溶液を，灌水チューブで灌水します。畑土壌が湛水状態になるまで灌水したあと，水とエタノールの蒸発を抑えるために農業用ポリエチレンフィルムで土壌表面を1週間以上覆います。このときの地温は15℃以上必要ですが，太陽熱消毒のように高温にする必要はなく，消毒効果が消毒期間の天候に左右されることがありません。また，灌水処理時に湛水状態とすることで，土壌消毒を意図する深さまで低濃度エタノールを行き渡らせることができます。ポリエチレンフィルムで覆ったあと，微生物によって有機物が分解されると土壌と表面の水が黒っぽくなり，どぶ臭くなるので，土壌還元の進行を確認できます。

土壌消毒に必要なエタノールの量は，土壌10kg当たり95v/v%のエタノール10〜200mℓで，水量は10kg当たり3000〜5000mℓがめやすです。土壌の種類や含水量などで変動します。アルコールは薄いのでプラスチック資材を劣化させることがありません。

なぜ薄いエタノールが効くのか

低濃度アルコール消毒は，これまでに細菌，糸状菌，センチュウ，土壌病害，雑草に至る広い範囲の土壌病害虫に対して防除効果があることがわかりました。なぜ薄いエタノールが効くのかについて細部の解析が進んでいます。これまでに以下のことがわかっています。
（1）薄いアルコールの直接的な防除効果はあまり期待できません。
（2）土壌環境が酸化的（好気的）な状態から，還元的（嫌気的）な状態に大きく変化すること（図1）と，

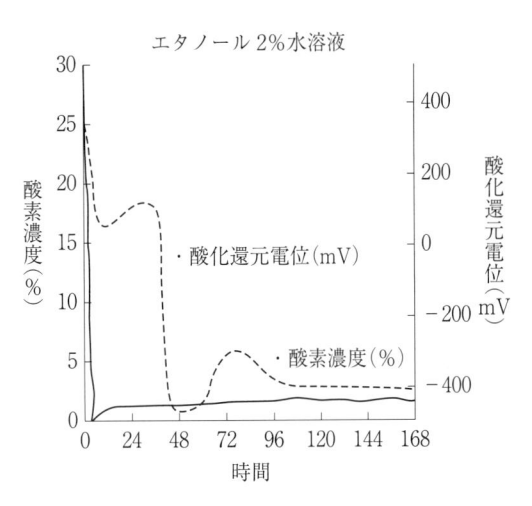

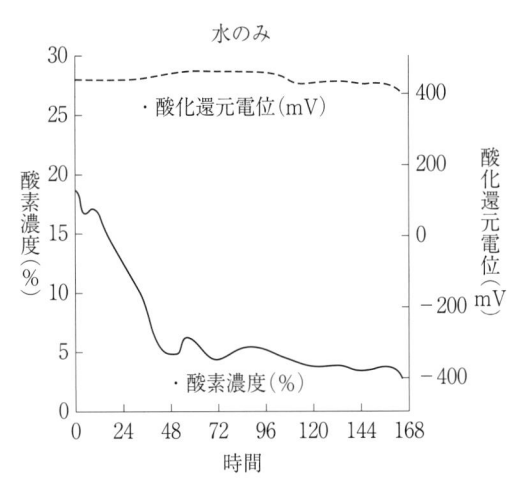

図1 エタノール2v／v％水溶液および水のみで処理した場合の土壌水中酸素濃度と酸化還元電位の推移（農業環境技術研究所内，黒ボク土）
（小原，2007）

生物が繁殖する際に，土壌の酸素を消費します。土壌表面がポリエチレンフィルムで被覆されているために酸素の流入が制限されて，酸素濃度が下がり還元状態になります。このため，低濃度アルコール消毒は土壌還元消毒の変化形の1つと考えられます。エタノールに感受性のない土壌生物でも酸素を必要とするものは，1週間程度で死滅します。このため，土壌伝染性の病害虫や雑草抑制に効果が得られます。また，処理後に酢酸などの有機酸の生成があるので，副次的な消毒効果もあります。

エタノールの環境への影響

エタノールは土壌中では数日で分解消失します。安全性が高く環境への負荷はほとんどありません。

コスト

原料アルコールは海外から年間約36万kℓが輸入されており，価格は50～60円/ℓと安く，原料アルコールの蒸留精製過程で生じる副生アルコールを有効利用することができます。10a当たり3万～6万円程度の資材費用がかかりますが，これまでの技術と比較して高コストにはなりません（表1）。

他の土壌還元消毒法との比較

フスマや糖蜜を用いた土壌還元消毒法に比較して，最適温度条件の制約，臭気などの問題点がなく，広く適用することができます。

マニュアルの提供

2008～11年の4年間，「新たな農林水産政策を推進する実用技術開発事業」により，農業環境技術研究所と5道県の研究機関が，プロジェクト研究を実施した結果をまとめて，地域条件に適合した新たな減農薬・防除技術マニュアル（「低濃度エタノールを利用した土壌還元作用による土壌消毒技術実施マニュアル」）を作成しました（農業技術環境研究所のホームページ）。エタノールによる土壌消毒を実施する場合は，このマニュアルを参考にしてください。

また，低濃度エタノールによる土壌消毒法では，エタノール水溶液自体の殺菌効果を主体にしていないので，農薬としてではなく，フスマなどと同じように土壌還元を進める資材として製品化が進められています。

表1 土壌病害虫防除効果と資材費用の比較 　　　　　　　　　　　　　　　　　　　　　　　　　　（小原，2007）

代替技術名		土壌病害虫防除効果						資材費用（円/10a）
		ウイルス	細菌	糸状菌	センチュウ	土壌害虫	雑草	
物理的・耕種的技術	低濃度エタノール	−	○	○	○	○	○	60,000*
	太陽熱消毒	×	○	○	○	○	△	
	熱水・蒸気消毒	×〜△	○	○	○	○	○〜△	80,000
	抵抗性品種（台木）	(○)	(○)	(○)	(○)	×	×	
	対抗植物	×	×	×	△	×	×	
化学的手法	ダゾメット剤	×	○	○	○	○	○	30,000
	カーバムNa剤	×	○	○	○	○	○	21,000〜31,500
	D−D剤	×	×	×	○	○	×	10,000
	クロルピクリン剤	×	○	○	○	○	△	30,000
	臭化メチル	○	○	○	○	○	○	65,000

注1：○は効果がある，△はやや効果がある，×は効果なし。(○)は一部作物（品種）に限られるか，すべてに有効でない。
　2：＊は原料アルコールの輸入価格（2006年通関統計実績），副生アルコールの利用でさらに費用低減が可能。

29 土壌の分類

土壌調査を行なって、土壌をその母材、堆積様式、断面形態によってグループ分けすることが土壌の分類です。ねらいは、土壌の形態や性質に合った管理をすることによって、農業生産に役立てるためです。

わが国の土壌分類の歴史

わが国における本格的な農耕地の土壌分類は、1959～79年にかけて都道府県農業試験場が行なった地力保全基本調査によるものです。このとき、土壌は表1に示す16種類に区分されました（農耕地土壌分類第2次案改定版）。地力保全基本調査時につくられた農耕地土壌図は、この分類法が用いられています。

さらに、1994年には新たに9種類の土壌を加えた農耕地土壌分類第3次案が提示され、現在に至っています。

表1 土壌群別、地目別耕地面積　　　　　　　　　　　　　（土壌保全調査事業全国協議会、1986）
（単位：100 ha、%）

土壌群名 \ 地目別	水田 実数	水田 割合	普通畑 実数	普通畑 割合	樹園地 実数	樹園地 割合	合計 実数	合計 割合
1) 岩屑土	0	0	71	<1	77	2	148	<1
2) 砂丘未熟土	0	0	223	1	19	<1	242	<1
3) 黒ボク土	171	<1	8,511	46	861	21	9,542	19
4) 多湿黒ボク土	2,743	9	722	4	25	<1	3,490	7
5) 黒ボクグライ土	508	2	10	<1	0	0	526	1
6) 褐色森林土	66	<1	2,875	16	1,490	37	4,431	9
7) 灰色台地土	792	3	719	4	64	2	1,575	3
8) グライ台地土	402	1	43	<1	0	0	446	<1
9) 赤色土	0	0	252	1	199	5	452	<1
10) 黄色土	1,443	5	1,056	5	760	19	3,259	6
11) 暗赤色土	18	<1	291	2	61	2	370	<1
12) 褐色低地土	1,418	5	2,311	13	353	9	4,081	8
13) 灰色低地土	10,566	37	751	4	101	3	11,417	22
14) グライ土	8,892	31	132	<1	21	<1	9,044	18
15) 黒泥土	759	3	17	<1	1	<1	778	2
16) 泥炭土	1,095	4	323	2	1	<1	1,419	3
計	28,874	100	18,315	100	4,033	100	51,222	100

農耕地土壌分類第2次案改定版で示された16種類の土壌

16種類の土壌の特徴は以下のとおりです。

1) 岩屑土　山地や丘陵地に分布する未熟な残積土（その場で堆積してできた土壌）。土層は浅く、30cm以内かられき層・岩盤が出てくる。腐植含量が少なく、養分の保持力が小さいので、有機物施用、塩基類（石灰、苦土、カリ）の補給、作土深および有効土層の確保、侵食防止に努める。

2) 砂丘未熟土　砂丘の砂を母材とした風積土（風によって運ばれて堆積してできた土壌）。下層まで砂のため、透水性過良で乾きやすく、腐植含量が少なく、養分の保持力が小さい。風食防止、畑地灌漑施設の導入、有機物施用、優良粘土の客土、塩基類および微量要素の補給などが必要である。

3) 黒ボク土　丘陵地、台地上に分布する火山灰風化物を母材とした風積土。わが国の畑土壌の半分近く

を占める。土壌が軽いので，一定容積に占める土の割合が20〜30％と小さい。腐植が多く，物理性は良好だが，アルミニウムを多く含むので，リン酸吸収係数が高く，リン酸を固定しやすい。養分の保持量は大きいが，酸性になると保持力は低下する。このため，作土深および有効土層の確保，リン酸や塩基類の補給に心がけるとともに，風食防止の対策を行なう。

4) **多湿黒ボク土** 灌漑水や地下水の影響によって鉄の斑紋（土層を水が移動するときに，水中の溶存酸素によって土壌表面の鉄が酸化されて沈着し，斑紋をつくる）をもつ黒ボク土。土壌の特性や改良対策は黒ボク土に準ずる。

5) **黒ボクグライ土** 丘陵地，台地上の排水不良地にあり，グライ層（水の影響で土壌中の鉄が還元されて二価鉄となり，青灰〜緑灰色を示す土層）をもつ黒ボク土。土壌の特性や改良対策は黒ボク土に準ずるが，地下水位の高いところでは暗渠排水を施工する。

6) **褐色森林土** 山地，丘陵，台地に分布するため，畑地利用が主である。温暖多雨の森林条件下で，落葉・落枝が腐植として蓄積されるが，塩基類が溶脱され，鉄やアルミニウムが残存する。このため，土壌の色は腐植や酸化鉄の影響を受けて褐色となる。斜面上部，尾根筋は残積土で，土壌は硬く，通気性，透水性が悪い。また，陽イオン類が溶脱し，養分含量が少なく，有機物の分解が不良で，強酸性を呈する。斜面下部，沢筋は上部で崩壊した土壌が堆積した崩積土で，通気性，透水性がよく，有機物の分解が促進され，腐植含量が多い。改良対策としては，作土深および有効土層の確保，有機物施用，塩基類の補給を行なう。

7) **灰色台地土** 台地上に分布しており，主として粘質でち密なため，やや還元的な灰色の土層をもつ。全般に作土が浅く，透水性が悪い。また，腐植および塩基含量が少ない。水田および畑地利用とも半々程度である。明渠・暗渠の施工，作土深の増大，有機物施用が主な対策である。

8) **グライ台地土** 台地上に分布するグライ層をもつ排水不良土壌。主に水田利用されている。養分状態は粘質土では高く，砂質土では低い。まずは排水対策を行ない，養分状態（塩基，リン酸，ケイ酸，鉄）を改善する。

9) **赤色土** 台地，丘陵地上に分布する残積土。生成年代は10万年以上前といわれ，長年にわたり風化を受けて鉄が酸化して赤色を呈する土壌。畑地や樹園地として利用されている。土性は主に粘質から強粘質で，ち密なため透水性はきわめて悪く，乾燥すると固まる。また，腐植含量に乏しく，保肥力，保水力に劣り，塩基の溶脱を受けて土壌は酸性を呈している。作土深および有効土層の確保，酸性矯正（微量要素の加用），塩基類の補給，有機物施用などの改良対策が必要である。

10) **黄色土** 赤色土に準ずるが，台地の高位に赤色土が，中位から下位に黄色土が分布し，同一地形面上では，水はけのよいところに赤色土，排水不良のところに黄色土が分布する傾向がある。土壌の色の違いは鉄化合物（赤色土ではヘマタイトが，黄色土ではゲーサイトが多く含まれる）による。

11) **暗赤色土** 石灰岩，塩基性岩（蛇紋岩，かんらん岩，玄武岩，安山岩，はんれい岩など）を母材とする台地・丘陵地上に分布する残積土。一般に強粘質で，腐植含量が低い。石灰岩に由来する土壌ではpHが高く，塩基含量が高いものが多い。畑地や樹園地として利用されている。作土深および有効土層の確保，有機物の適正施用，リン酸資材の施用，水食防止，防風林の設置（沖縄，奄美大島は台風対策）などが必要である。

12) **褐色低地土** この1万年（沖積世）に水の営力により堆積し，土壌化した水積土。河川により上流

第1章 土壌改良，土壌管理　共　通　29　土壌の分類

畑地や樹園地利用が主であるが，水田としても利用されている。一般に透水性は良好で，保肥力，養分状態とも中程度である。改良対策としては，作土深の確保，有機物施用，ケイ酸・塩基類の補給，優良粘土の客入（砂質土）などがあげられる。

13) 灰色低地土　土壌生成は褐色低地土と同じ。水田利用が主で，地下水や灌漑水によって土壌が還元化し，灰色の土層をもち，鉄やマンガンの斑紋・結核がみられる。落水時の地下水位は80cm以下と低い。土性によって理化学性が異なり，粘質の土壌では透水性がやや不良であるが，保肥力は大きい。砂質から壌質の土壌では透水性が高いが，保肥力は中庸〜小である。改良対策としては，褐色低地土と同様，作土深の確保，有機物施用，ケイ酸・塩基類の補給，優良粘土の客入（砂質土）などがあげられる。田畑輪換を行なっているところでは暗渠，心土破砕，弾丸暗渠などの排水対策が必須である。

14) グライ土　土壌生成は褐色低地土と同じ。排水不良な低地に分布し，落水時の地下水位は80cm以内にあり，グライ層（還元状態が発達し，灰色ないし青灰色を呈している土層）をもつ。透水性は悪いが，還元的環境下にあり，有機物の分解が抑制されるので，腐植含量が高く潜在的な窒素供給量が多い。また，養分の流亡が少ないので，養分富化の傾向にある。この土壌の基本的な対策は排水改良であるが，地域的な圃場整備のなかで実施するのが望ましい。さらに，土壌の養分状態に応じて，リン酸，ケイ酸，塩基類の補給，有機物施用などを行なう。

15) 黒泥土　低温で湿潤な条件のもとで，長い年月を通じて蓄積した沼沢性植物や湿地を好む木本類がもとになってできた集積土。低湿地に分布するため，ほとんどが水田利用である。構成植物の形が肉眼で判別できないほどに分解が進んでいるものを黒泥といい，後出の泥炭土よりも乾いている環境にみられる。母材が植物のため軽くて，有機物に富み，腐植含量は10％を超える。無機養分は少なく，とくにカリ，ケイ酸，リン酸含量が低い。改良対策は養分補給，排水改良，客土（とくに鉄を多く含む山土）などである。

16) 泥炭土　土壌生成および土地利用は黒泥土と同じ。泥炭土は黒泥土より湿った環境下にあり，分解が進まず，構成植物の形が肉眼でみられる。構成植物によって低位泥炭（ヨシ，スゲ類など），中間泥炭（ヌマガヤ，ワタスゲなど），高位泥炭（ミズコケ類，ツルコケモモなど）に区分される。泥炭の堆積速度は年間0.6〜1.0mmといわれている。低湿地にあるため，地耐力が小さく，酸性であることに加えて，黒泥土と同様の特性をもつ。この土壌の根本的な改良対策は客土（沖積土，山土）と排水改良である。

農耕地土壌分類第3次案改定版で示された追加の9種類の土壌

第3次案で新設された9種類の土壌は以下のとおりです。本分類はキーアウト方式（ある基準で一群の土壌を切り取り，残りの土壌に対して第二の基準によってそれに当てはまる一群の土壌を切り取る，というように順次切り取っていき，最後に残ったものを一群の土壌とする方式）を採用しています。なお，ここで用いた番号は，第3次案で24種類の土壌に与えられたものです。

1) 造成土　自然には起こり得ない異質な土壌物質が35cm以上盛り土された土壌。土壌物質によって理化学性が異なるので，それに応じた改良対策を行なう。

4) ポドゾル　山地，丘陵地に分布する。落葉・落枝などが厚く堆積した有機物層では酸性の水溶性有機物が生成し，土壌中の鉄やアルミニウムを溶出させる。これらは有機物とともに下層に移動し，ケイ酸が表層に残り，灰白色の層が形成される（漂白層）。下層では移動した有機物や鉄が再び沈積して集積層ができる。この一連の作用を受けた土壌をポドゾルという。改良の基本は漂白層と集積層の混層耕による有機物および養分補給である。

6) 火山放出物未熟土 未風化の火山放出物が表層 50 cm 以内に 25 cm 以上ある土壌。第 2 次案では黒ボク土に含まれていた。土性は砂壌土かそれより粗く，保水力・保肥力とも小さく，養分含量は低い。改良対策は第 2 次案の砂丘未熟土に準ずる。

9) 森林黒ボク土 天然森林下の黒ボク土は，腐植含量が高くても黒色にならないのが普通である。その理由は，フルボ酸が腐植酸よりも圧倒的に多く，かつ腐植酸が A 型でないためである。基本的な特性および改良対策は第 2 次案の黒ボク土に準ずる。

10) 非アロフェン質黒ボク土 黒ボク土のなかには，結晶性粘土鉱物を主体とし，強酸性の土壌があることが判明し，新たに非アロフェン質黒ボク土として分類された。分布面積は東北，中部，山陰地方を中心とした 195 万 ha で，全黒ボク土の約 30％を占める。土壌の特性上，酸性改良に石灰質資材を施用するのが第一である。とくに下層に本土壌が存在する場合があるので，下層土壌を含めた改良も視野に入れる。リン酸の固定力は従来の黒ボク土（アロフェン質）に比べれば低いが，基本的な改良対策は第 2 次案の黒ボク土に準ずる。

12) 低地水田土 灌漑水の影響で発達する水田土壌を，地下水による湿性をもつ水田土壌と区分して新たに分類した土壌。土壌の特性および改良対策は第 2 次案の褐色低地土あるいは灰色低地土に準ずる。

13) グライ低地土 ほぼ周年にわたって地下水の影響を受けて，グライ層が地表下 50 cm 以内に現れる低地の土壌。第 2 次案ではグライ層の出現位置を 80 cm 以内としていたが，より厳密になった。土壌の特性および改良対策は第 2 次案のグライ土に準ずる。

15) 未熟低地土 未風化の砕屑物が堆積したままの低地土壌で，現在あるいは過去の河床にみられ，多くは畑地として利用される。一般に砂質または砂れき質であり，透水性はよいが，保肥力は低く，養分含量は少ない。第 2 次案の砂丘未熟土に準じた改良対策を行なう。

20) 陸成未熟土 山地，丘陵地，台地に分布する風化の進まない土壌で，マサ（中国地方に分布する花崗岩由来の土壌），ジャーガル（沖縄地方に分布する泥灰岩由来の土壌）などが含まれる。第 2 次案の陸成未熟土に準じた改良対策を行なう。

第 3 次案には上記のほか，2) 泥炭土，3) 黒泥土，5) 砂丘未熟土，7) 黒ボクグライ土，8) 多湿黒ボク土，11) 黒ボク土，14) 灰色低地土，16) 褐色低地土，17) グライ台地土，18) 灰色台地土，19) 岩屑土，21) 暗赤色土，22) 赤色土，23) 黄色土，24) 褐色森林土，の 15 種類があります。これらの土壌については第 2 次案を参照してください。

30 土壌断面調査の方法

　これまで土壌断面調査は，深さ1mを調査対象として，土壌の基本的な性質（母材〈＝土壌のもとになる岩石や有機物〉），土色，土性，れき含量，ち密度（＝硬さ），湿りの程度，地下水位，斑鉄（＝土壌表面にみられる褐色の鉄の紋様），腐植含量などを調べ，併せて土壌を採取して理化学性を分析し，土壌分類を行なう手段として行なわれてきました。その結果，各地で土壌分類が提示され，土壌の特性や理化学性，改善対策が明らかになっています。

　これからの土壌断面調査は，農業現場に直結した技術という観点から行なうのが有効です。圃場の土壌断面はその農家の営農・肥培管理を反映しています。調査の際には農家も立ち会い，農家が今までに実施した耕うん方法，排水対策，客土，施肥（資材施用）などの土壌・土層改良や作物の生育などの情報を踏まえて，農家と指導機関とのやり取りのなかで今後の土壌管理の方向を決めていきます。

■ 調査場所の選定および土壌断面のつくり方

　土壌断面調査は場所の選定から始まります。通常は管理ムラが小さい圃場の中央部とし，スコップで縦・横50〜100cm，深さ40〜50cm程度まで掘り，垂直の土壌面（断面）をつくります。圃場造成による切り土・盛り土，暗渠の位置，深耕の有無などがわかる場合は，そうした条件をおさえたうえで調査場所を決めます。その際，検土杖（ボーリングステッキ）があれば，何カ所かを調べて適当な場所を決めることができます。

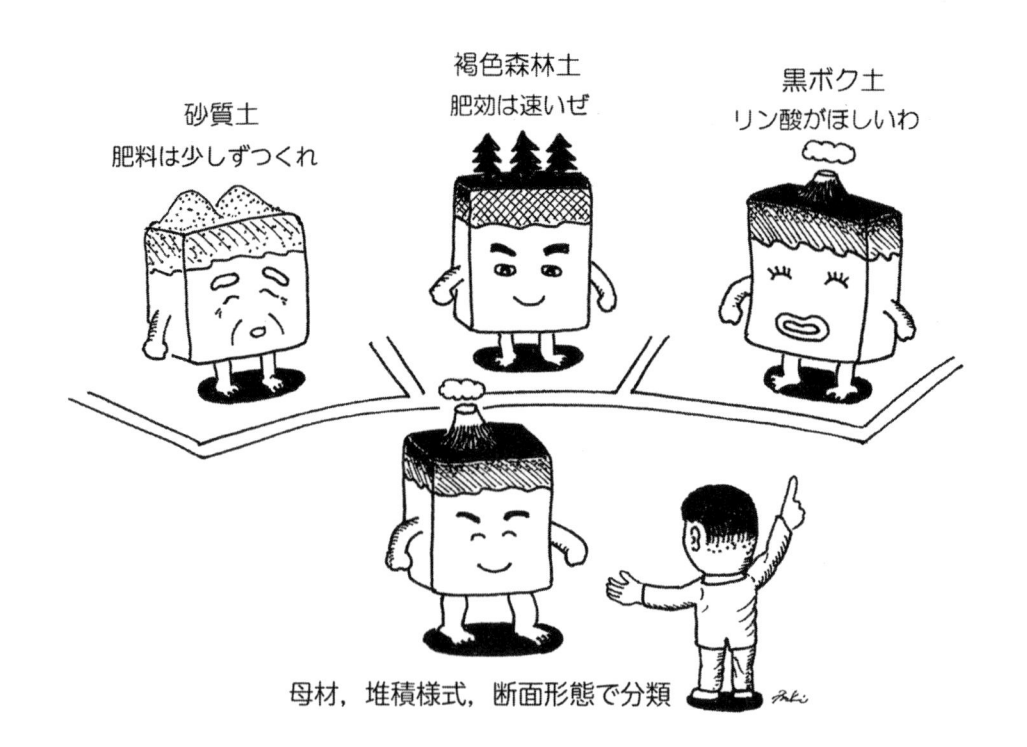

土壌断面調査に必要な用具

農業現場で実施できる調査を前提にしますので，用具は必要最小限とします。
　断面の調査：剣先スコップ，移植ゴテ，スケール，硬度計（山中式）
　土壌の採取：ビニール袋（18×25cm程度），マジックインキ，輪ゴム（袋を縛る）
　観察記録用：筆記用具，調査ノート
　上記のほか，検土杖，土色帳，カメラ，貫入式土壌硬度計，ジピリジル液（水田調査時）などがあると，さらに詳細な調査が可能です。

土壌断面の調査項目

作物の根張りの程度

作物の生育の良し悪しを知るため，どのくらいの深さまで，どのくらいの量の根が入っているかを見ます。根張りの制限要因としては，①土壌が硬い，②土壌が過湿である，ことがあげられます。

作土の深さ

断面に軽く手を押しつけて，耕うんしてある深さを判定します。

深さ別の土壌の硬さ

山中式硬度計で深さ10，20，30cm……というように，10cmごとに測定していきます。明らかに硬いと判断できる部位は，深さに関係なく測定します。測定部位は3回程度の反復が望ましいです。また，貫入式土壌硬度計があれば，穴を掘らなくても土壌の硬さを測定することができます。

作物の根張りと土壌の硬さとの関係は図1～3に示したとおりです。

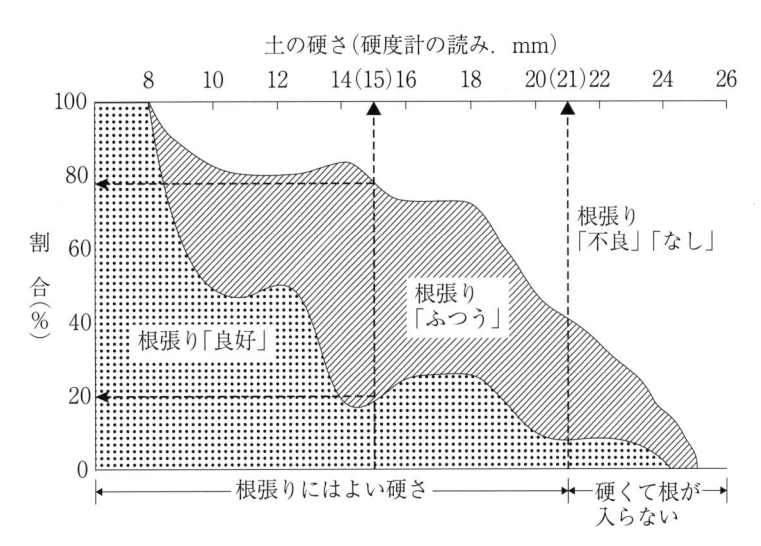

図1　ナシの根張りと土壌の硬さ　　　　　　　　　（安西，1983）
注：土壌の硬さが21mmでナシの根張りが悪くなり，24mmでは入らなくなる。

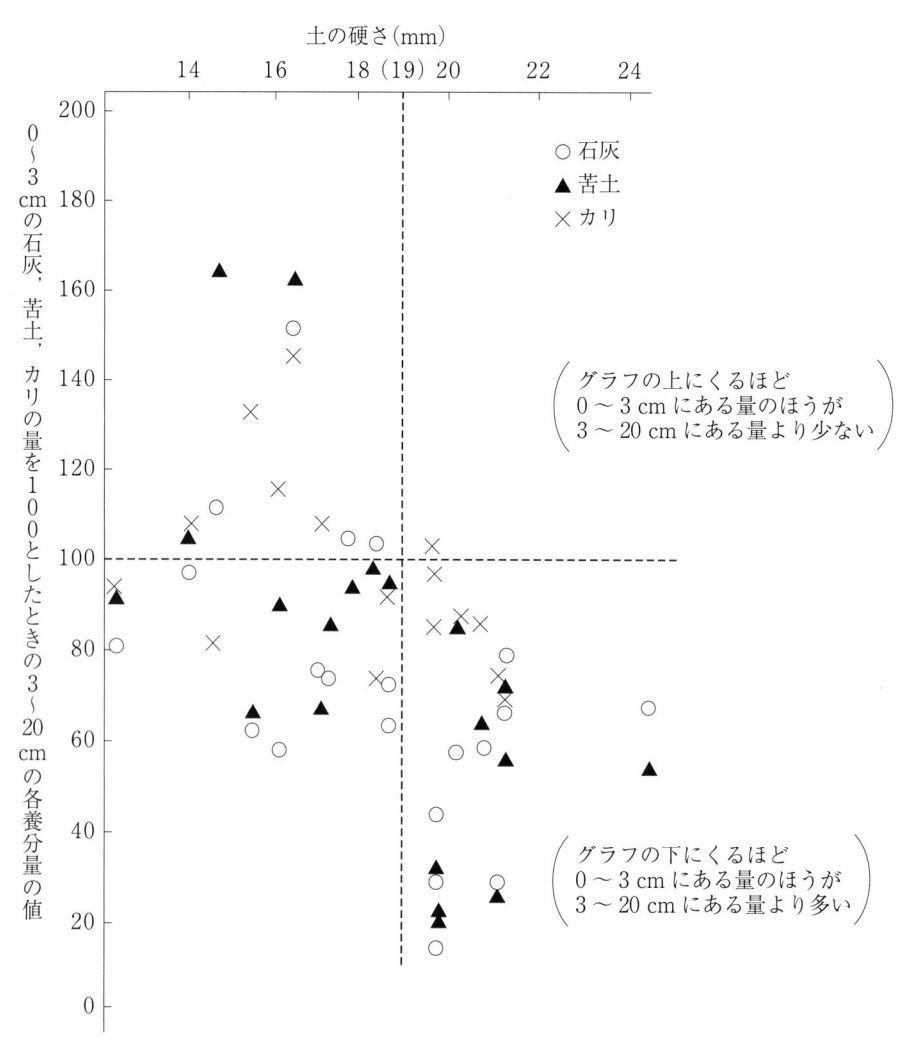

第1章 土壌改良，土壌管理　共通　30　土壌断面調査の方法

図2　ナシの根張りと土壌の硬さ　　　　　　　　　　　　　　　　　　　　　（安西，1982）
注：土壌の硬さと養分の動き方．土壌の硬さが19mm以上では養分の動きが悪くなる．

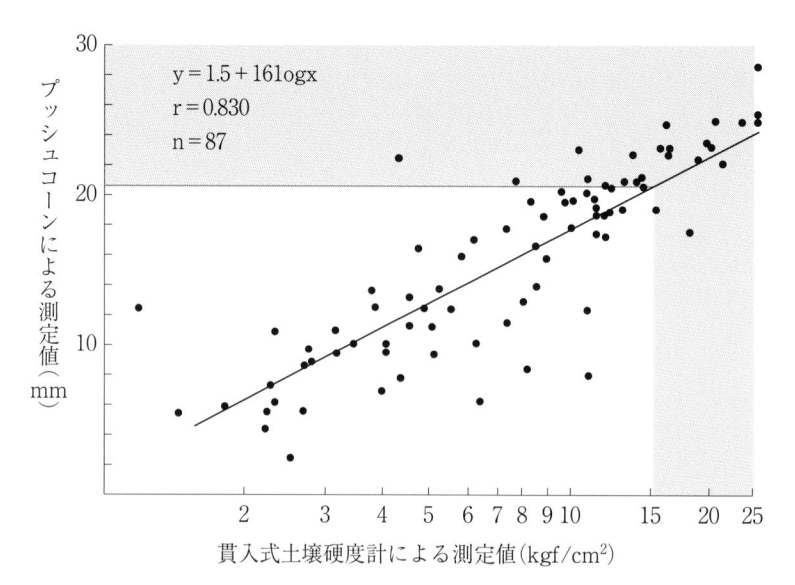

図3　貫入式土壌硬度計とプッシュコーンによる測定値との関係（渡辺，1992）
注：根張りが不良になる硬さは，プッシュコーン（山中式硬度計）21mm≒貫入式土壌硬度計15kgf/cm²

土壌の乾湿

土塊を手に取り，表1にしたがい，土壌の乾湿の程度（湿り具合）を調べて，保水性・透水性（通気性）の良し悪しを判定します。また，土の色からも判定が可能です（褐色系：乾いている，灰色系：湿っている）。

土壌表面に褐色の鉄の斑紋が観察されることがあります。これは，水（灌漑水，地下水）の影響で還元的環境にあった土壌が乾いたときに，根の跡や土壌の亀裂面にある鉄が酸化してできたものです。このような形状の斑紋を糸根状，膜状といいます。ほかにも管状，雲状，糸状，不定形などがあります。

さらに，水田ではグライ層（土層が飽水条件下では土壌が還元状態になり，2価鉄が生成して土の色が灰色〜ねず灰〜青灰になる）の出現する深さを確認します。深さ50cm以内にみられない場合は乾田と判定できます。

表1 土壌の乾湿の判定法

区分	基準（土塊を握りしめる）
乾	湿りを感じない
半乾	湿りを感じる
湿	手のひらが濡れる
潤	指の間から水滴が落ちる

土壌の団粒化，亀裂の発達状況

手のひらに土塊を乗せて，軽く力を入れて崩したときの形状（土壌の構造）から，団粒化の程度を判定します。

　　　構造なし：バラバラ（単粒状），ノッペリ（連結状）

　　　構造あり：コロコロ（粒状），塊り（塊状，柱状）

亀裂や大きな穴は土層内の通気性（酸素の供給）や透水性に関係するので，チェックします。

土性の判定

図4に示した要領で，砂土，砂壌土，壌土，埴壌土，埴土の5種類を判定します。土性は表2の土壌の特性に関係します。

粘土と砂との割合の感じ方	ザラザラとほとんど砂だけの感じ	大部分(70〜80%)が砂の感じで，わずかに粘土を感じる	砂と粘土が半々の感じ	大部分は粘土で，一部(20〜30%)砂を感じる	ほとんど砂を感じないで，ヌルヌルした粘土の感じが強い
分析による粘土	12.5%以下	12.5〜25.0%	25.0〜37.5%	37.5〜50.0%	50%以上
記号	S	SL	L	CL	C
区分	砂土	砂壌土	壌土	埴壌土	埴土
簡易的な判定法	棒にも箸にもならない 	棒にはできない 	鉛筆くらいの太さにできる 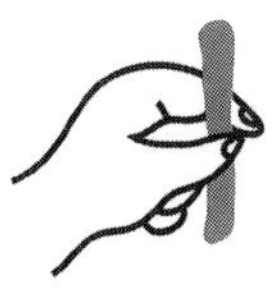	マッチ棒くらいの太さにできる 	こよりのように細長くなる 

図4 現場での土性の簡易判定法　　　　　　　　　　　　　　　（前田・松尾，1974を一部改変）
注：土を少量の水でこねて土性を判定する。

表2 土性別にみた土壌の特性

土性	土壌の重さ（仮比重）	保肥力	緩衝能	保水力	透水性	通気性	耕うんのしやすさ
砂土	重い	小さい	小さい	小さい	かなり大きい	大きい	少ししにくい
壌土	中位	中位	中位	中位	中位	中位	しやすい
埴土	重い	大きい	大きい	大きい	小さい	小さい	かなりしにくい

腐植含量の判定

腐植は土壌に黒い色を与えますので、土色から判定します。そのめやすは以下のとおりです。

黒色：腐植に富む（5％以上），褐色：腐植を含む（2〜5％），褐白色：腐植なし（2％以下）

分析土壌の採取

土壌の化学性（pH，EC，硝酸態窒素，リン酸，塩基類など）を知りたいときは，移植ゴテを用い，断面に沿って採土します。採土のしかたを図5に示します。通常は作土部（深さをチェックしておく）を採土します。その場合，ごく表面の雑多な物の影響を除くため，土壌表面を軽く削り取ったのち，作土最下部まで一定の厚さで採土します。作土下層の養分状態を知りたい場合は，目的とする深さまで採土します。とくに樹園地では深さ20〜40cmに根が多く分布しますので，この部位まで採土するようにします。

既存の土壌図から調査場所の土壌の種類，特性などを知る

都道府県で実施した地力保全基本調査（1959〜78年，水田および畑地土壌生産性分級図）や国土調査（1971年〜現在，土地分類基本調査・土壌図）などから，土壌の特性や土壌改良対策を知ることができます。

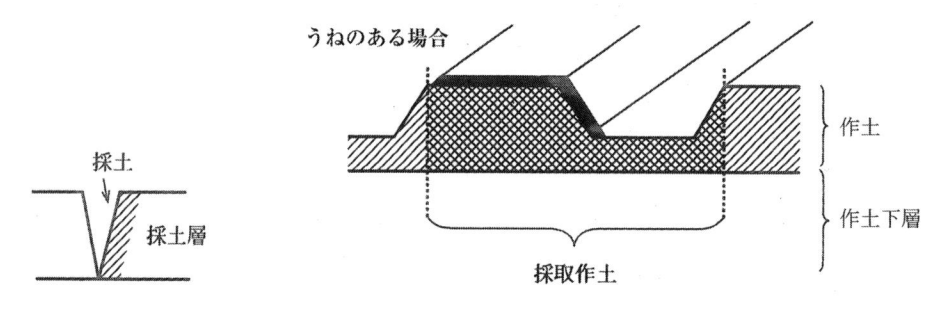

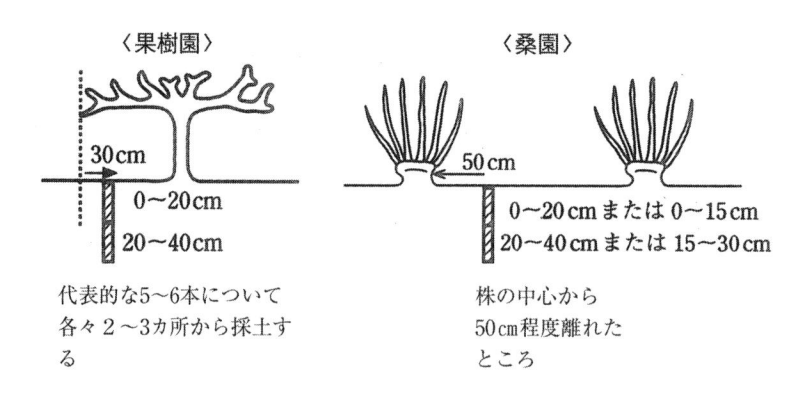

図5 採土のしかた

土壌断面調査項目における基準値などのめやす

記述した断面調査項目における基準値および土壌の特性の判定のめやすを表3および表4に掲げましたので，土壌改良対策の際の参考にしてください。

表3 断面調査項目における基準値のめやす

項　目		基準値	備　考
根張りの程度 (cm)	根張り良好	40以上	果樹類60以上，長根菜類80以上
	根張り不良	30以下	－
作土の深さ (cm) (畑の場合)	深い	25以上	水田の場合は15以上を目標とする
	中位	15～25	
	浅い	15以下	
硬さ (mm)	根張り良好	15以下	山中式硬度計，プッシュコーン
	養分移動抑制	19以上	
	根張り不良	21以上	
硬さ (Mpa)	根張り不良	1.5～2.0	貫入式土壌硬度計
グライ層 (地下水位) (cm)	水稲，野菜類	50以下	根菜類60以下，果樹類70～100
腐植含量 (%)	黒色	5以上	黒ボク土，黒泥土，泥炭土
	褐色	2～5	上記および下記以外の土壌
	褐白色	2以下	未熟土，土性が砂質の土壌

表4 断面調査項目における土壌の特性の判定めやす

項　目		土壌の特性	備　考
土壌の乾湿	乾～半乾	透水性　大	灌漑施設の要否検討
	湿～潤	透水性　小	不透水層の確認
鉄の斑紋 (主に水田利用)	斑紋あり	透水性　大	乾田
	斑紋なし	透水性　小	湿田
土壌の団粒化	構造あり	保水性，透水性， 保肥力　大～中	－
	構造なし	備考参照	埴土；透水性　小 砂土；保水性　小 　　　保肥力　小
亀裂の発達	亀裂あり，大穴あり	透水性・通気性　大	作土層以深における発達状況

第1章 土壌改良，土壌管理　共通　31 土壌の種類に応じた施肥法

31 土壌の種類に応じた施肥法

　土壌の特性に応じた効率的な施肥を行なうことは，肥効を高め，作物の高品質・安定生産を図るうえで大切です。また，無駄な施肥をしないことで，施肥コストが低減されるとともに，環境負荷の軽減に結びつくため，環境保全型農業の推進に大いに貢献します。

■ 保肥力と肥効に関係する土壌要因

　保肥力と肥効は，土壌の水分状態，土性，CEC（陽イオン交換容量），土壌の微生物活性，およびこれらを包含する土壌の種類などと深い関係があります。

　土壌水分は，土壌の硝化作用を支配し，窒素の肥効に大きな影響を及ぼします。そのため窒素の肥効は適湿の場合に大きく，過湿または過乾の状態では小さくなります。

　土性は，養分の保肥力に大きく影響し，砂土で小さく，壌土で中程度，埴土（粘土）で大きくなります。肥効の持続性も保肥力の関係と同じです。しかし，施肥直後の肥効発現は砂土で大きく，そのほかは中程度となります。

■ 土壌の種類と肥効特性

　土壌の種類によって水分特性（透水・保水性），土性，保肥力，肥効特性などは異なります。その関係は表1のとおりです。主な土壌の肥効特性を以下に示します。

　岩屑土，砂丘未熟土　保水力・保肥力とも劣るため，多雨時の窒素流亡や乾燥時の濃度障害の発生が問題となります。そのため，窒素の分施や有機質肥料，緩効性肥料，被覆肥料など，肥効が持続する肥料を使用することが有効です。

　黒ボク土　保水力・保肥力ともに比較的大きいのですが，養分が流亡しやすく肥効の持続性がやや劣るので，長期栽培の作物では分施や緩効性肥料の使用が有効です。しかし，この土壌はリン酸固定力が大きいので，リン酸の肥効が劣ることが最大の欠点です。よって，施肥リン酸の肥効を高めるため，く溶性リン酸肥料の使用や有機物との併用および土壌反応（土壌pH）の適正化などに留意することが必要です。

砂質土	火山灰土	褐色森林土
保肥力小 窒素の分施	リンの肥効劣る リン酸多施用	肥効発現が容易 適正施肥

表1 主要な土壌における土壌特性と肥効特性

土壌の種類	土壌水分	主要土性	腐植	陽イオン交換容量 (me/100g)	肥効特性 窒素	肥効特性 リン酸
岩屑土 砂丘未熟土	過乾	砂土	なし～含む (1～2%)	小 (5前後)	多雨時：流亡 過乾時：濃度障害	肥効 大 (固定力 小)
黒ボク土	適湿～過乾	壌土	富む～すこぶる富む (5～15%)	中～大 (25～40)	肥効 大 (硝化作用順調)	肥効 小 (固定力 大)
褐色森林土 褐色低地土 灰色低地土	適湿～過乾	壌土	含む (2～5%)	中 (15～25)	肥効 大 (硝化作用順調)	肥効 大 (固定力 中)
赤色土 黄色土 暗赤色土	多湿	埴土（粘土）	含む (2～5%)	中 (10～25)	肥効 中 (硝化作用やや劣る)	肥効 大 (固定力 中)

注：リン酸固定力は，小（リン酸吸収係数700以下），中（700～1,500），大（1,500以上）。

褐色森林土，褐色低地土，灰色低地土 保肥力はやや小さいものの窒素の肥効は早めに発現し，リン酸の肥効も大きいので，適正施肥量に努め過剰施肥とならないように留意します。

赤色土，黄色土，暗赤色土 粘質なため透水性・通気性が悪く，したがって硝化作用が劣り，肥効発現が遅れます。排水改良を行ない，有機物施用や深耕によって土壌を膨軟にすることが基本的な改善対策になります。

土壌の種類を考慮した施肥基準の例

上記のように，土壌の種類によって保水力や保肥力が異なるので，地域の土壌特性に応じた施肥が大切です。なお，各地域の土壌特性は，地力保全基本調査（1959～78年）の成果として「水田および畑地土壌生産性分級図」や「農耕地土壌の実態と改良対策新訂版」（博友社，1991）にまとめられているので参考にしてください。また，地域の土壌特性に応じた施肥のめやすとして，農作物ごとの施肥基準が各都道府県で策定されています。以下に具体的な事例として，水稲コシヒカリと促成および抑制トマトの施肥基準例を紹介します（表2，3）。

表2 水稲コシヒカリの地域別施肥のめやす　　　（新潟県農林水産部，2005）
（単位：kg/10a）

		基肥 窒素	基肥 リン酸	基肥 カリ	穂肥 カリ	穂肥 カリ
下越北部	（壌質）	3～4	8	8	2～3	3
平坦部	（粘質）	2～3	7	6	1～3	2
	（砂質）	3～4	8	8	1～3	3
山間地	（黒ボク）	4	10	8	2～3	3
	（粘質）	2～3	10	6	1～3	3
佐渡	（粘質）	3	8	6	2～3	3

表3 作型別・土壌別トマトの施肥基準 (千葉県, 2009)

ハウス促成長期栽培（褐色低地土） (単位：kg/10a)

	施用時期	窒素	リン酸	カリ	対応
基肥	9月下旬	24	29	24	有機質肥料, 緩効性肥料
追肥	11月中旬から30日ごとに6月中旬まで（計8回）	2×8	1×8	2×8	高度化成, 液肥
	計	40	37	40	

ハウス抑制栽培（黒ボク土） (単位：kg/10a)

	施用時期	窒素	リン酸	カリ	対応
基肥	7月上旬	10	15	10	有機質肥料, 緩効性肥料
追肥	8月中旬	2	1	2	高度化成, 液肥
	8月下旬	2	1	2	高度化成, 液肥
	9月中旬	2	1	2	高度化成, 液肥
	計	16	18	16	

32 黒ボク土の改善法

　火山から噴出した火山灰を母材とする土壌を黒ボク土といいます。黒ボク土は，弱酸的な性質をもつアロフェン質黒ボク土と，結晶性粘土鉱物が主体で強酸的な性質をもつ非アロフェン質黒ボク土に区分されますが，ここでは分布面積の多いアロフェン質黒ボク土を中心に記述します。

黒ボク土の特性

（1）腐植含量に富んでいるので（通常5％以上），表土は黒色を呈しています。

（2）仮比重は0.6～0.8程度と小さいので，乾くと風に飛ばされやすくなります。

（3）土壌の骨格をつくっている粘土鉱物の主体が非結晶性のアロフェンから成り，活性アルミニウムを多く含んでいるため，これがリン酸と結合して難溶性の化合物となります。このため，リン酸の固定力が強い土壌となります（土壌分類ではリン酸吸収係数が1500以上の土壌を黒ボク土としています）。

（4）腐植含量が高く，アロフェンを多く含むので，土壌は多くの陰荷電を帯びており，陽イオン交換容量（CEC）が30～40me/100g程度と大きく，養分含量が高いです。

（5）一方で，アロフェンは低いpHで陽荷電を帯びる性質があり，塩基類などの吸着力が弱いので，これらの養分が流れやすく，土壌は酸性になりやすい傾向があります。

（6）孔隙（土粒子間のすき間）が多いため，保水力が大きく透水性もよい土壌です。

作物栽培にあたっての土壌管理

堆肥の施用

　堆肥の施用は，土壌の化学性改良ばかりでなく，土壌の物理性，生物性の悪い面を総合的に改善するのに役立ちます。また，堆肥に含まれる腐植物質は土壌中のアルミニウムと結びつく性質があります。よって，とくに活性アルミニウムが多くリン酸固定力の大きい黒ボク土では，堆肥と一緒にリン酸肥料を施用する

と，施肥リン酸が効果的に作物に吸収されます。

リン酸の施用

リン酸が欠乏しやすいので，リン酸の増施を心がけます。めやすは，乾土100g当たり有効態リン酸含量を水田，普通畑，樹園地で10mg以上，野菜畑で20mg以上とします。なお，水田，樹園地で30mg以上，普通畑で50mg以上，野菜畑で100mg以上のときは作物によっては施肥効果が期待できないので，減肥することも可能です。

石灰の施用

土壌が酸性になりやすいので，石灰を施用して作物の生育適正pHに改良します。この場合のpH（水浸出）のめやすは，水田や普通畑では6.0〜6.5，樹園地では5.5〜6.5とします。とくに，非アロフェン質黒ボク土は強酸性であるため，石灰の施用による酸性改良は必須です。

塩基や微量要素の施用

カリやマグネシウムのほか，ホウ素，マンガン，モリブデン，鉄などの微量要素が欠乏しやすいので，土壌診断を行なうとともに，作物に生理障害がみられないか注意し，必要があれば資材を施用します。

深耕

本土壌は仮比重が小さく容積当たりの土量が少ないため，作土の浅いところや作土直下に硬いち密層が形成されやすいので（図1），そのようなところでは深耕します。

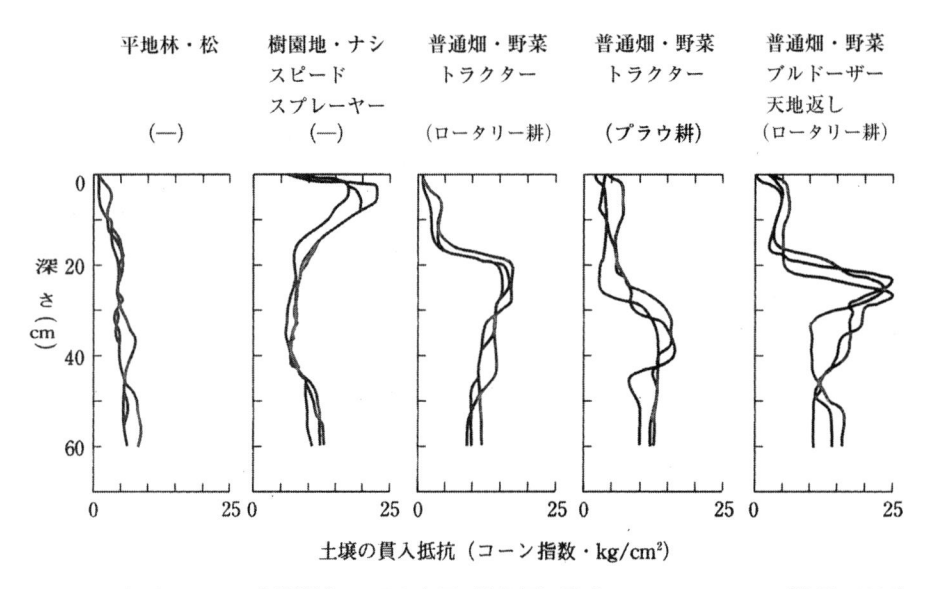

図1　黒ボク土における農業機械によるち密層（耕盤層）形成　　　　（渡辺，1992）

緑肥作物の導入

連作障害の回避や塩基のアンバランスなど土壌悪化の解消に役立ちます。

各種資材による改善対策

図2に示すように，ホウレンソウの収量は堆肥の施用で増加しますが，安定して収量を得るためには2t/10a程度，さらに高収をめざすには5t/10a程度の施用が必要です。また，黒ボク土ではリン酸資材の施用効果が高いことから，堆肥2t/10a＋熔リン175kg/10aの施用で堆肥5t/10a並みの収量が得られています。このように，黒ボク土の改善対策は単独で実施するよりも総合的に行なうことが効果的です。

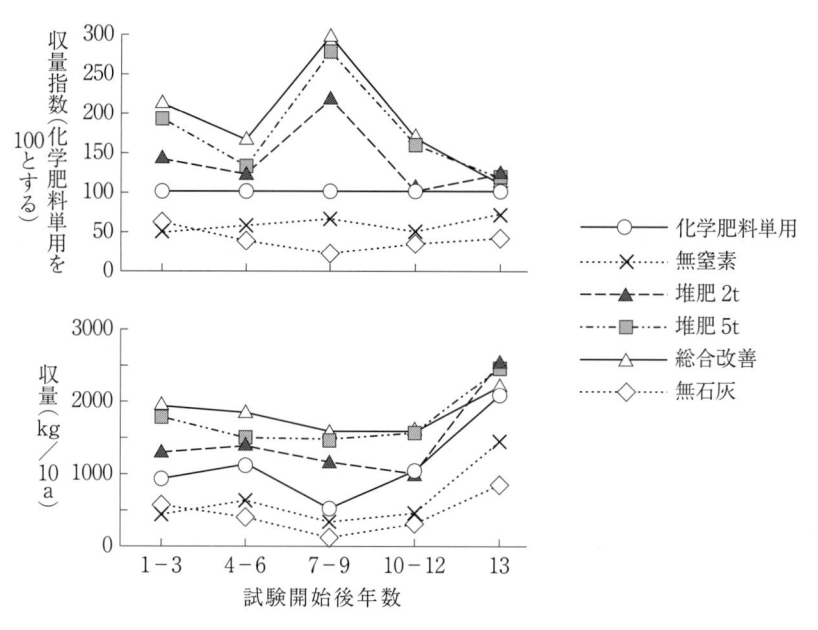

図2 黒ボク土におけるホウレンソウ収量の推移 (家壽多ら，2003)

注：堆肥施用量は10a当たり，堆肥材料は稲わら。総合改善区は堆肥2t/10a＋熔リン175kg/10a。

33 マルチ栽培土壌の特徴

　土壌の表面を各種の資材で覆って土壌を管理するマルチ栽培が，野菜類を中心に広く利用されています。土壌表面にマルチングを行なうと，土壌水分や地温は無被覆の場合と比べて大きく異なります。

　マルチの効果としては，地温の上昇，土壌水分保持，土壌の固結防止，肥料の節減などがあげられます。さらにフィルムの種類を選択すると，雑草の防除，病害虫の防除，地温上昇の抑制などの効果が期待できます。

地温の調節

　フィルムマルチによる地温の上昇は，透明＞緑色＞黒色の順に効果があり，早まき・早植えや高冷地など栽培地域の拡大に大きく貢献しました。

　冬季の地温上昇には透明マルチ，夏季の地温上昇抑制には白，シルバーが効果的です。夏季の高温下では地温が高くなりすぎ，高温障害が問題となるため，現在は白黒，銀黒ダブルなどの2層フィルムが開発されています。これらは表面が白〜銀色，裏面が黒色で光が透過しないため，地温の上昇が抑制されます。透明や黒色のフィルムに比べて，白黒ダブルでは最高地温で5.5〜6.5℃，銀黒ダブルでは4〜5℃低くなります。

土壌水分と窒素の動態

　マルチ土壌では水分状態が良好に保てます。表1にマルチの有無による土壌水分の変化を示しました。5月16日〜7月11日までは降雨が多かったので，土壌水分含量に処理の差はありませんでした。しかし，降雨がほとんどなかった7月25日〜8月8日は全般的に土壌水分は低くなりましたが，マルチ区は無マルチ区より高い値を示しました。これはマルチにより蒸発がさまたげられたためであり，マルチが乾期の土壌水分保持に有効であることを示しています。

　土壌溶液中の硝酸態窒素濃度は，初期には各区の差は明確ではありませんでした（図1）。しかし，10月23日〜11月6日の間に降雨があったため無マルチ区は急激に硝酸態窒素濃度が低くなったのに，マルチ区はあまり低下しませんでした。このことから，マルチは硝酸態窒素の溶脱を抑制することがわかります。

表1　ビニールマルチおよび作付けの有無と土壌水分の変化　　　（嶋田ら）

処理区	調査月日	5月16日	5月30日	6月13日	6月27日	7月11日	7月25日	8月8日
土壌水分(%)	マルチ作付け	17.29	17.06	20.19	17.48	16.69	13.74	15.00
	マルチ無作付け	17.81	16.69	17.95	16.49	16.09	15.24	15.19
	無マルチ作付け	16.69	15.96	20.81	16.18	15.97	12.48	13.38
	無マルチ無作付け	18.21	16.62	21.26	16.64	16.52	15.02	14.13
測定前1週間の降水量(mm)		80.6	28.7	166.6	79.4	42.3	0	0.6

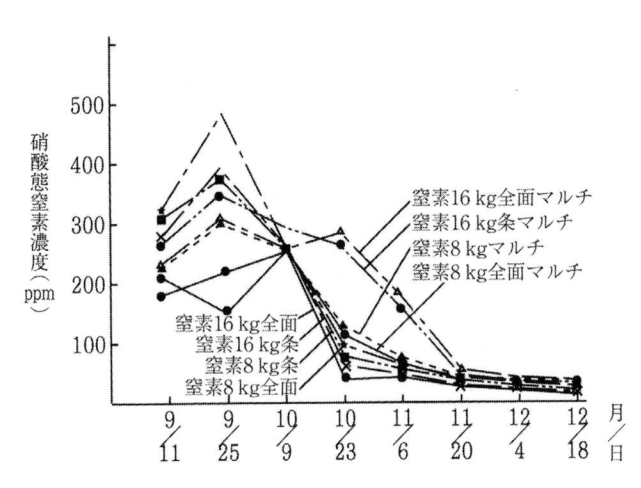

図1 施肥法，施肥量および土壌被覆の差異による土壌溶液中の硝酸態窒素の消長　　（嶋田ら）

土壌物理性

　栽培跡地では，マルチ区は無マルチ区に比べて固相が少なく，気相が大きく，土壌硬度が小さくなりました（表2）。このことから，マルチは土壌を膨軟に保つことができます。

　以上のことをまとめると，マルチの効果は次のようになります。
(1) 昼間の地温が上がりやすく，夜間の地温も高く保てます。夏季には高温になることがあります。
(2) 干ばつや晴天が続く時期でも土壌水分が保たれ，土壌水分の変化が少なくなります。
(3) 栽培後期でも，土壌構造は耕うん時に比較的近い状態に保てます。
(4) 土壌養分は流亡による損失が少なく，比較的高い含有量を示します。

　このようなことが相まって作物の生育が早まり，増収や高品質生産につながります。その効果はマルチの使い方によっても異なります（表3）。最近出回っている資材とその特徴を示したので（表4），よく把握して使用してください。

表2　マルチ栽培跡地土壌の物理性　（嶋田ら）

処理区		マルチ	無マルチ
土壌の三相(%)	気相	43.4	39.3
	液相	17.9	17.2
	固相	38.7	43.5
土壌硬度(kg/cm²)		0.005	0.73

表3　ビニールマルチがキャベツの収量に及ぼす影響　（嶋田ら）

	処　理　区		窒素施用量(kg/10a)	全　重(kg)	可食部重(kg)
1	無マルチ	条施用	8	75.0	53.1
2			16	86.7	56.9
3		全面施用	8	76.6	54.0
4			16	85.3	56.4
5	マルチ	条施用	8	85.4	62.1
6			16	99.2	71.2
7		全面施用	8	95.7	70.5
8			16	111.6	89.0

表4 マルチの作用・効果と対応する資材　　　　　　　　　　　　　（阿江）

資材作用・効果	資材の特徴など
地温上昇	透明ポリフィルム（厚さ 0.015～0.02 mm）
雑草防止	黒色ポリフィルム（厚さ 0.02～0.03 mm）
地温上昇＋雑草防止	グリーンマルチ プロメトリン混入フィルム エナイド混入フィルム 二色マルチ（中央透明で両側黒色）
反射光利用 地温上昇抑制＋防虫	アルミ蒸着フィルム 三層構造シルバーフィルム 白黒・銀黒マルチ
地温上昇抑制	白／黒　多重構造
反射光利用 防虫	銀線印刷フィルム（地色は黒色と透明の2種類）
植え穴設定	有孔マルチ，作物別各種規格あり
光崩壊性マルチ （廃棄省力）	紫外線で分解する
生分解性マルチ （廃棄省力）	微生物で分解する。部分的な崩壊は1～3カ月で始まり，土中では2～6カ月で分解

マルチ栽培上の留意点

（1）土壌水分が不均一になるので，フィルムと土壌表面との間に空間ができないように被覆資材を広げて張る。風に飛ばされないように，まわりを土でしっかり押さえます。

（2）さまざまな規格の有孔マルチがあるので，栽培する野菜の種類や株間に適した規格の資材を選択します。

（3）大規模栽培では，マルチを張るのにマルチャーやシーダーマルチャーなどを利用して省力化を図ります。

34 地力窒素の測定に基づく施肥法

窒素肥沃度の高い条件下で作物を栽培する場合，事前に地力窒素を測定し，その結果を施肥量に反映させて施肥の適性化を図る必要があります。窒素肥沃度の測定方法は種々検討されていますが，まだ十分に技術が確立されていません。ここでは，茨城県で行なった可給態窒素の簡易測定法を紹介します。

具体的な測定法

測定法は図1の測定フローに示しましたが，その概要は次のとおりです。

風乾土20gにpH7.0リン酸緩衝液を100mℓ加え，1時間振とう後，濾紙No.6で濾過し，この抽出液を分光光度計（波長420nm）で測定します。吸光度の値とリン酸緩衝液抽出による抽出窒素量（mg/100g）の回帰式 $y = 0.6 + 15.4x$（図2）を利用して窒素量を求め，これに容積重より算出した土量から面積当たりの可給態窒素量（短期間に無機化できる有機態窒素のこと）を求めます。

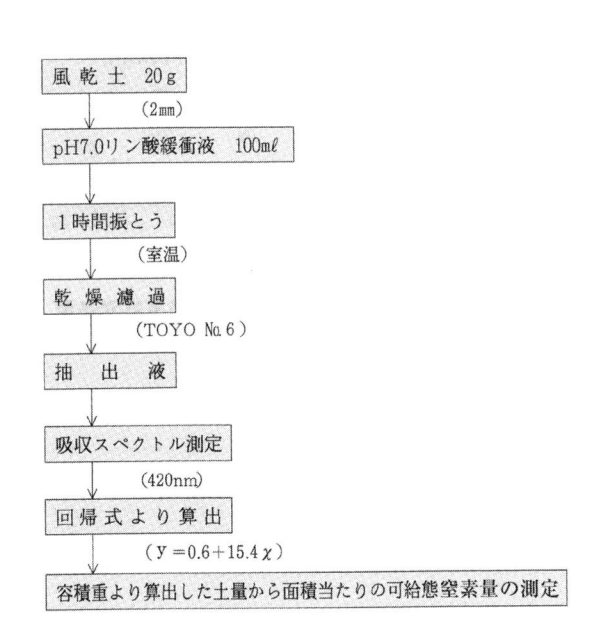

図1 pH7.0リン酸緩衝液抽出法による抽出窒素の測定フロー　　　　（小川ら，1989）

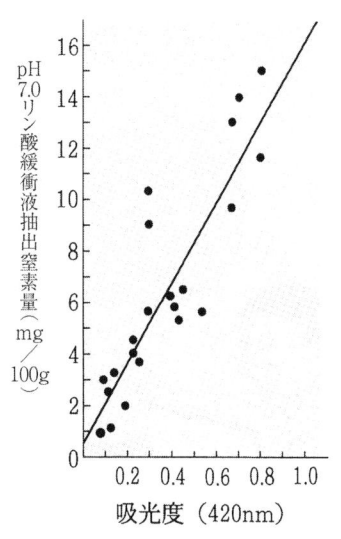

図2 pH7.0リン酸緩衝液抽出窒素量と吸光度の関係　　　　（小川ら，1989）

地力の把握に基づいた転換畑コムギの施肥事例

表1は，肥沃度の異なる土壌において，基肥窒素量を変えて栽培したコムギ（農林61号）の収量です。これより土壌別の最適基肥窒素量を求め，それに前述した可給態窒素測定法から求めた窒素量を対応させたのが図3です。

可給態窒素量と最適基肥窒素量は，ほぼ直線関係なので，これを利用して可給態窒素量の測定値から最適基肥窒素量を求めることができます。

この場合，作付け前に土壌の可給態窒素の分析と作土の深さ，仮比重を測定しておくことが必要です。

第 1 章　土壌改良，土壌管理　　共　通　　34　地力窒素の測定に基づく施肥法

表 1　肥沃度の異なる土壌における窒素の施肥量とコムギ収量　　　　　　　　　　　　　　　　（茨城農試, 1989）
（単位：kg/10 a）

年度	土壌型　基肥窒素量／追肥窒素量	表層腐植質多湿黒ボク土		細粒灰色低地土		中粗粒グライ土		細粒グライ土		泥炭土	
		6	8	4	6	8	10	6	8	4	6
1986	2	520	▲595			372	452	457	574	507	498
	4	560	▲597			389	489	598	▲596	555	▲474
1987	2	458	511	537	▲522	478	547	422	475		
	4	537	▲468	567	▲524	565	576	443	502		

注：□ は窒素施肥適量，▲は倒伏程度 3 を超えるもの。

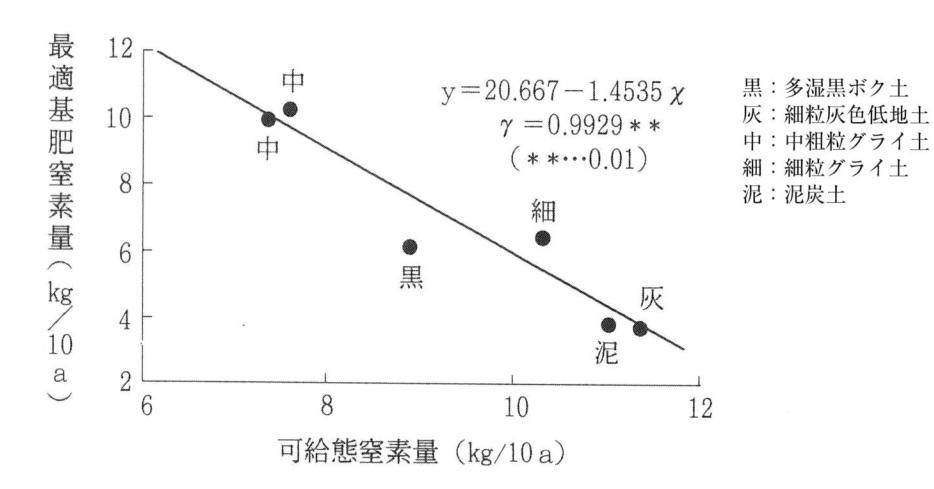

$y = 20.667 - 1.4535 x$
$r = 0.9929 **$
$(**\cdots 0.01)$

黒：多湿黒ボク土
灰：細粒灰色低地土
中：中粗粒グライ土
細：細粒グライ土
泥：泥炭土

図 3　可給態窒素量と最適基肥窒素量　　　　　　（茨城農試, 1989）

35 客土の適否判定法

　地下水位の高い強湿田や半湿田は土壌の物理性が悪いため，現状では畑転換が難しく，客土や暗渠施工など土木的な改良工事が必要です。

　しかし，客土は材料の性質によって作土の理化学性が変化し，作物の生育に大きな影響を与えることがあり，その選定にあたって十分注意する必要があります。たとえば，見かけ上は肥沃な土壌であっても，実際に客土してみると作物の生育が悪く，障害が発生することがあります。また，比較的入手しやすい材料として建設残土がありますが，なかにはコンクリート塊・瓦れきなどが混入しているもの，重金属類や有害な有機化合物で汚染されているものもあり，注意が必要です。

■ 客土の品質基準

　国土交通省は，植栽用土壌として使う客土に対して品質基準を設けています（表1）。

表1　客土の品質基準　　　　　　　　　　　　　　　　　（国土交通省，2009）

項　目	基　準	
土性	砂壌土・壌土・埴壌土	
粒径分布	粘土含量	15％以上
	砂含量	0～45％
	シルト含量	30～85％
	れき（径2～20mm）	50％以下
構造	ある程度団粒構造が認められるもの	
透水係数	10^{-5} m/s 以上	
有効水分	80 ℓ/m³	
土壌酸度（pH：H_2O）	pH5.5～7.0程度	
腐植含量	30 g/kg 以上	
塩基置換容量	6 cmol(+)/kg	
リン酸吸収係数	15,000 mg/kg 以下	
その他	雑草・石れきのほか植物の生育に有害な物質を含んで	

黒ボク土を客土した場合の留意点

重粘土水田などの改良対策として赤土と呼ばれる黒ボク土の下層土や砂を客土しますが，赤土は可給態リン酸や塩基，腐植含量に乏しく，また普通のロータリー耕では作土下部が硬くなる傾向があります。したがって，客土造成畑の熟畑化を進めるには，土壌の化学性，物理性の改善が必要です。とくに，黒ボク土はリン酸の吸収力が強いので，リン酸資材による土壌改良が有効です（表2）。

深耕ロータリーは，深さ50cm程度まで土壌を膨軟にし，下層土の養分補給効果も期待できますが，上位層の土壌養分濃度が低下する恐れがあるので，深耕を行なうときは土壌の性質を調べたうえでリン酸の補給と塩基バランスの改善を行なう必要があります（表3）。

表2 客土畑における堆肥，リン酸施用の効果　　　（東京農試，1984）
（単位：百分比）

区　名	コマツナ	ベカナ	シュンギク	ホウレンソウ	サラダナ	インゲン
無肥料区	6	6	3	5	1	63
化学肥料区	100	100	100	100	100	100
堆肥区	120	128	293	189	890	303
リン酸多肥区	168	181	601	484	3,951	922
リン酸多肥・堆肥区	217	195	759	683	4,724	1,231

注1：客土は赤土（黒ボク土），堆肥は乾物当たり500 kg/10 a，リン酸はP_2O_5 200 kg/10 a加用。

表3 客土造成畑における深耕，心土破砕，リン酸の施用効果　　（千葉農試，1989）
（単位：kg/10 a, g）

区　名	茎葉重	さや重	子実重 上実	子実重 下実	子実重 屑実	収量指数	上実100粒重
慣行区	224	381	177	63	2.3	100	75.8
心土破砕区	214	317	163	60	4.0	93	69.6
深耕区	187	287	163	49	2.1	88	70.0
リン酸区	194	331	216	29	2.4	102	81.4
心土破砕・リン酸区	194	284	177	31	1.7	87	75.2
深耕・リン酸区	225	294	176	35	2.2	88	75.1

注：供試作物は落花生（アズマユタカ）。客土資材は第三系シルト質泥岩と洪積世山砂（成田層）。

河川の浚渫土を客土した場合の留意点

河川の改修工事にともなって搬出される浚渫土を水田へ客土する場合，浚渫土は土中で還元状態におかれていた硫黄が酸化されて硫酸になり，「酸性障害」を引き起こすことがあります。また，河口付近の海水の影響を受け多量の塩基を含んでいる浚渫土の場合は，「アルカリ障害」が発生する恐れがあります。

したがって，作付けする前には土壌診断を行ない，施肥法や施肥量を決定します。とくに，貝殻を多く含んだ土が客土されている水田では追肥に重点をおき，酸性肥料を施用します。

また，酸性障害の発生した水田ではアルカリ資材を投与して，土壌pHを矯正します。

36 生育に好適な土壌の塩基バランス

陽イオン交換容量が 20 me 以上の土壌の場合，適正な塩基飽和度は 75～80% であり，石灰飽和度は 50～60%，苦土飽和度は 16%，カリ飽和度は 6%，塩基バランスは Ca/Mg が 3.1～3.8，Mg/K が 2.7 となります。土壌の塩基含量やバランスを適正に維持することが大切であり，そのためには定期的に土壌診断を実施する必要があります。

陽イオン交換容量と塩基

土壌粒子は一般にマイナスの電気を帯びていることがわかっています。このマイナスの電気の数を土壌 100g の単位で表したときの量を陽イオン交換容量と呼び，単位はミリグラム当量（me）で表します。陽イオン交換容量の大きさは，たとえば火山灰土壌で 30～40 me を示すのが普通です。

そのため，土壌粒子の周囲には，プラスの電気をもった陽イオンが引きつけられて吸着されます。

土壌に吸着されている陽イオンの量は，カルシウム＞マグネシウム＞カリウム＞ナトリウムの順になっているのが普通です。ナトリウムは海水の影響を受けた土壌で多くなることがありますが，農業上，普通は少量のため無視できます。そして，これらの陽イオンを土壌の塩基と呼んでいます。

塩基バランスとは

土壌の陽イオン交換容量はあまり変化しませんが，土壌に吸着される塩基は作物に吸収されたり，微生物に利用されたりします。そのうえ，水に溶けて流亡するので常にその量や割合が変わります。この土壌中におけるカルシウム，マグネシウム，カリウムの存在割合を塩基バランスと呼んでいます。

作物がよく生育するには，塩基の量が十分で，かつバランスがよくなければなりません。表1のように，最適な塩基バランスは，陽イオン交換容量が 40 me 程度のとき，カルシウム（Ca）：マグネシウム（Mg）：カリウム（K）の含量が陽イオン交換容量の 80% を占め，しかもこの当量比が 48：20：12 であることがよいとされています。このとき，2要素の割合は Ca/Mg = 48/20 = 2.4, Ca/K = 48/12 = 4.0, Mg/K = 20/12 = 1.7 となります。また表2のように，基本的に3段階に分けて考えると都合がよいとされています。

表1 土壌養分のバランス　　　（鎌田）

飽和度（%）		当量比	
塩基	80	−	
Ca	48	Ca/Mg	2.4
Mg	20	Ca/K	4.0
K	12	Mg/K	1.7

表2 塩基バランスの中心概念　　　（鎌田）

項目 \ 要因強度	1（理想土壌）	2（理想土壌下限）	3（欠乏および過剰土壌）
交換性 Ca	飽和度 50%	飽和度 40%	飽和度 39%以下 / 〃 51%以上
交換性 Mg	飽和度 20%	飽和度 15%	飽和度 14%以下 / 〃 21%以上
交換性 K	飽和度 10%	飽和度 5%	100g 当たり 15 mg 以下 / 飽和度 11%以上
塩基飽和度	80%	60%	

す。これは、飽和度を満たしても土壌の容量が小さいと、植物にとって必要な塩基の量が不足するためです。陽イオン交換容量の大きさに対応した適正な塩基飽和度とバランスは、表3のとおりです。また、塩基組成は表4のように作物の種類によって影響の度合が異なるので、適正幅の小さい作物はより細かな土壌管理が必要です。

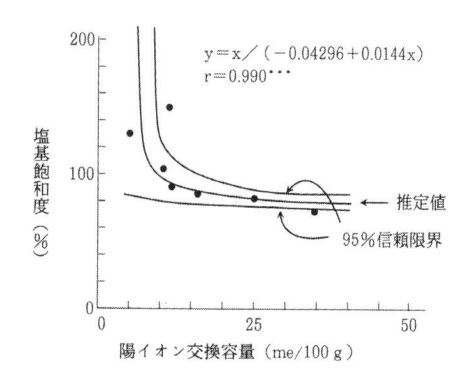

図1 陽イオン交換容量と推定適性塩基飽和度 (細谷ら、1987)

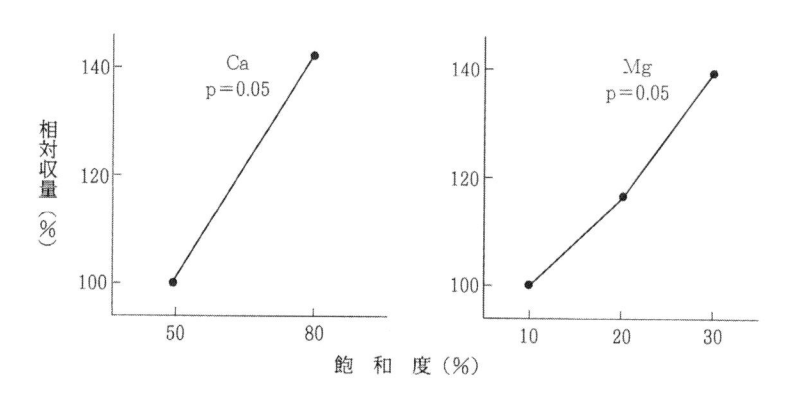

図2 各塩基飽和度とホウレンソウの収量の関係 (本田ら、1987)

表3 陽イオン交換容量と適正飽和度 (関東土壌保全・養分基準検討会、1987)

陽イオン交換容量 (me/100 g)	塩基飽和度 (%)	飽和度 (%)		
		石灰	苦土	カリ
10 以下	170〜100	150〜80	16	6
10〜20	100〜80	80〜60	16	6
20 以上	80〜75	60〜50	16	6

表4 塩基組成適正値幅に対する作物間差異 (関東土壌保全・養分基準検討会、1987)

塩基組成適正値幅	作物名
小	レタス、ホウレンソウ
中	キュウリ、トマト、ハクサイ、ダイコン、ジャガイモ
大	ニンジン、キャベツ、コカブ、コムギ、トウモロコシ、ダイズ

土壌の塩基バランスが悪いと…

適正な塩基飽和度とバランス

以上のことから、陽イオン交換容量が20me以上の土壌の場合、適正な塩基飽和度は75〜80%であり、石灰飽和度は50〜60%、苦土飽和度は16%、カリ飽和度は6%となります。このときの塩基バランスは、Ca/Mgは3.1〜3.8、Mg/Kは2.7となります。

土壌は塩基含量が少なくなると酸性の方向に近づき、多くなるとアルカリ性に傾きます。

作物に望ましい生育を期待するには、土壌の塩基含量やバランスを適正に維持することが大切であり、そのためには定期的に土壌診断を実施する必要があります。

37 高pH土壌の改良方法

作物にはそれぞれの生育に適するpHの領域があり（好適pH領域），この範囲内で土壌管理を行なうことが，作物の良好な生育を確保するための基本となります。

しかし，施設野菜などの集約栽培が行なわれている圃場では，土壌のアルカリ化が目立ってきており，それにともない鉄，ホウ素，マンガンなどの微量要素欠乏が発生しています。また，高pH土壌は，同時にカルシウムなどの塩類が過剰に蓄積していることが多く，濃度障害や塩基のアンバランスによる生育障害も問題となっています。

このような問題に対処するには，基本的には土壌診断に基づく適正な土壌改良資材の施用に心がけるべきです。しかし，すでにアルカリ化してしまった土壌は，硫安などの生理的酸性肥料を用いたり，石灰の使用を中止したり，リン酸質資材は過リン酸石灰などを用いたりして，土壌のpHを好適な範囲に下げる必要があります。

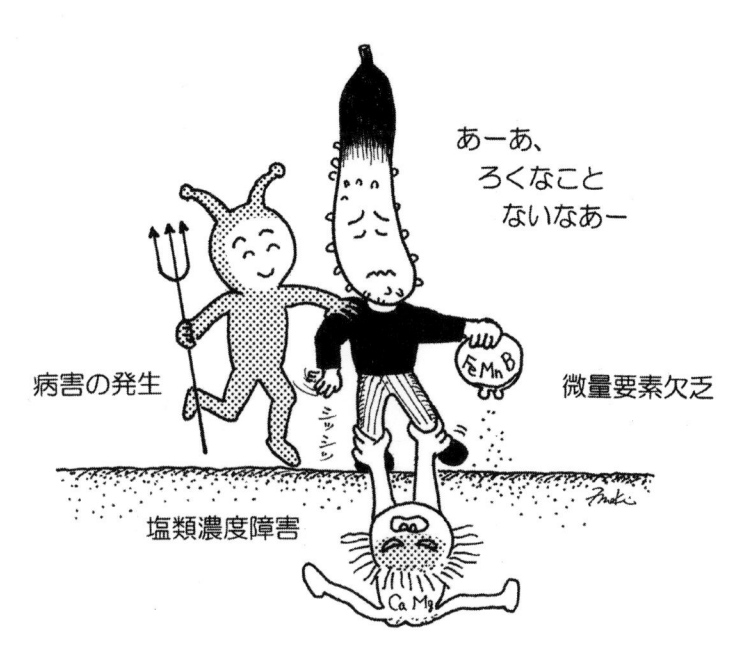

■ 硫酸や硫黄華によるpH低下

濃硫酸は毒劇物に指定されているので，保管などは法令にしたがう必要があります。また，強酸性の液体で危険がともなうので，取扱いには細心の注意が必要です。硫酸の希釈液をつくるには，ポリ容器に多量の水（180倍程度に薄めるに要する量）を用意しておき，これに表1を参考に，所定の濃硫酸液を静かに注いで薄めてから，ジョーロなどで均一に散布し，土壌とよく混和します。施用後しばらくしてからpHを確認してください。

表1 pHを1下げるために要する硫黄華および硫酸の量
（風乾土100kg当たり）

	硫黄華（g）	濃硫酸（ml）
埴土	80	240

硫黄華を用いる場合は，表1を参考に所定の硫黄華を均一に散布し，土壌とよく混和します。硫黄華は，硫黄が酸化されて硫酸になってから反応し，pHが低下します。効果の発現には春から夏の期間でも2～3カ月を要するので，計画的な施用が必要です。

いずれの場合も，目的のpHに矯正するには，対象の土壌に段階的に資材を添加し，緩衝曲線法によって必要な資材量を算出するのが安全です。

しかし，硫酸の場合は危険がともなうことや耕うん機の保守の面から，またピートモス（表2）は価格の面から圃場への施用はすすめにくく，むしろ培養土の調整などに用いるのが適当といえます。

表2 ピートモス施用による腐植質黒ボク土の化学性の変化 (加藤，1992)

土壌に対するピートモスの施用割合（容量%）		pH (H_2O)	pH (KCl)	EC (ms/cm)	CEC (me/100g)	交換性塩基 (mg/100g)				塩基飽和度 (%)
						CaO	MgO	K_2O	Na_2O	
腐植質黒ボク土		6.21	5.92	2.86	30.1	467	213	139	17	102
ピートモス	5	6.20	5.91	2.82	31.1	482	221	142	16	102
ピートモス	10	6.18	5.89	2.77	31.2	481	224	141	17	102
ピートモス	20	6.14	5.85	2.66	31.9	471	223	142	18	99
ピートモス	30	6.05	5.76	2.61	34.3	496	239	140	18	97
ピートモス	50	5.83	5.60	2.31	38.1	485	245	133	18	87

pH調整剤による水稲育苗用土のpH調整

水稲育苗用土の適正pHは4.5～5.5の範囲にあり，これよりpHが高い場合は苗立枯れやムレ苗の発生が問題となります。したがって，健苗育成のため適正pHに矯正する必要があります。上記の硫酸や硫黄華によって調整することもできますが，市販のpH調整剤（ペーハーやサンドセットなど）も普及しており，これを活用することもできます。

なお，施用量などについては，各資材ごとに使用基準が示されているので，これを参考にしてください。

38 土壌分析のためのサンプリング方法

土壌の分析において適切な土壌採取は非常に重要です。不適切な土壌の採取は分析結果の信頼性を下げ、誤った診断につながります。平均的な場所で均一なサンプルを取ることが正確な土壌養分の評価につながります。

採取場所

採取地点は、日陰、河川、道路などの影響を受けている場所を除外します（図1）。
採土方法は、土層の上下で厚さが違わないように、どの層も平均的に採取する必要があります（図2）。

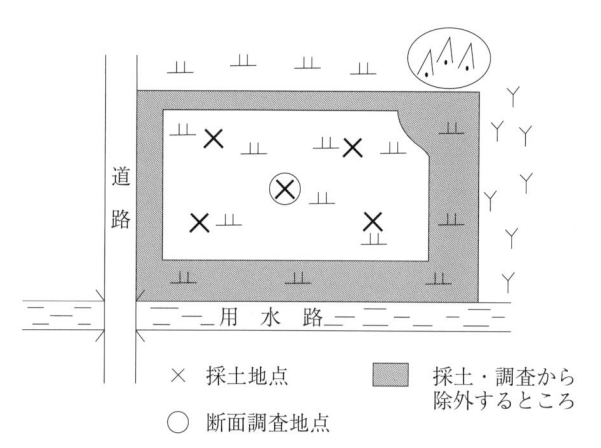

図1 採土地点の決め方

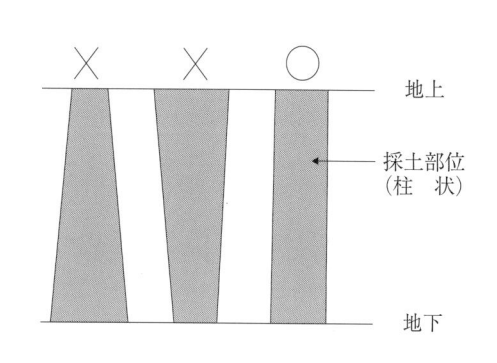

図2 採土方法

平坦地の場合

無作為採土法、等間隔採土法、対角線採土法などがあります（図3）が、一般的には対角線採土法がよく用いられています。各採土地点において地表を移植ゴテなどで削り捨て（図5参照）、作土層の土を取ります。5カ所以上から生土を500gずつ採取し、それをよく混合したのち500～1000gを試料とします。

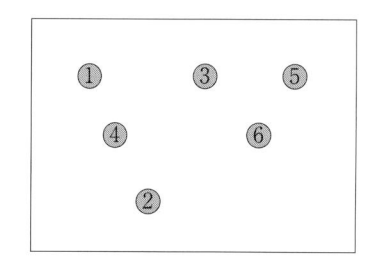

無作為採土法
（ランダムに数地点採取する）

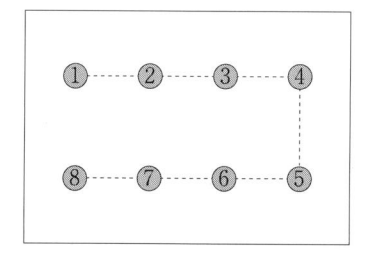

等間隔採土法
（一定の間隔で数地点採取する）

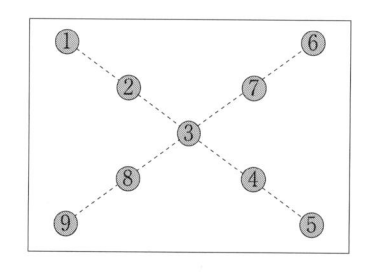

対角線採土法
（対角線上に数地点採取する）

図3 平坦地における土壌採取位置

1章 土壌改良、土壌管理

共通

傾斜地の場合

傾斜に応じて上部，中部，下部に分けて，各3～4カ所から採土し（図4），それをよく混合したのち500～1000gを分析試料とします。

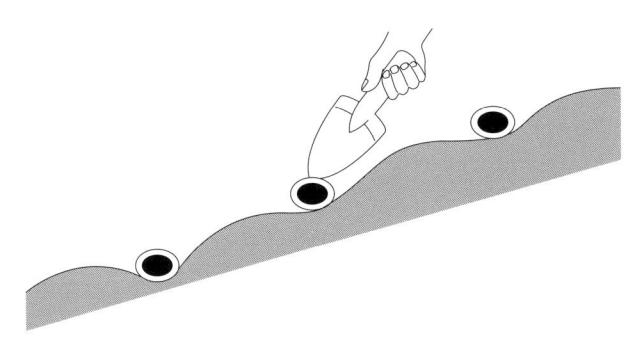

図4 傾斜地における土壌採取位置

圃場別採取法

水　田

水田土壌は収穫後に採土するのが一般的です。

水田では肥料が全面散布されていることが多いので，比較的土壌中に均一に養分が分布しています。対角線採土法などで採土位置を決定し，土壌採取を行ないます（図5）。なお，収量調査をした場合は，その場所について採土するのが理想的です。

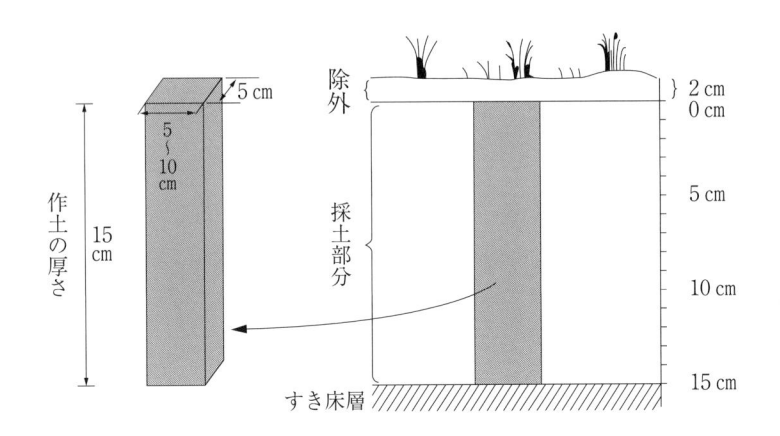

図5 水田土壌の採土法

畑（露地）

畑土壌の場合，栽培期間中に土壌調査をするときは，土壌の影響が作物の生育収量に反映する時期に行なうのが理想的です。また，次作の施肥設計のために採土する場合は，後作物の作付け前まで（とくに耕起，砕土の終わった時期）が適しています。

畑土壌においては条施肥や局所施肥をする場合が多く，粗大有機物（堆廏肥など）についても条施肥の形をとる場合があります。そのため，水田に比べて肥料成分が偏っていることが予想されます。また，平うね，高うね，マルチ，灌水などの栽培管理により不均一性が増すので，採土にはとくに注意を払う必要があります。

対角線法で採土位置を決定したのち，うね立ての有無や栽培方法などに応じて土壌を採取します（図6）。なお，うね立て時は株を中心にうね全体から採取するのがベストですが，労力がかかるため，株間の土壌を移植ゴテで深さ15～30cmまで採取するのがよいでしょう。この場合は土壌の不均一性を考慮し，施肥部などの養分が突出している場所を避けるなどの注意が必要となります。

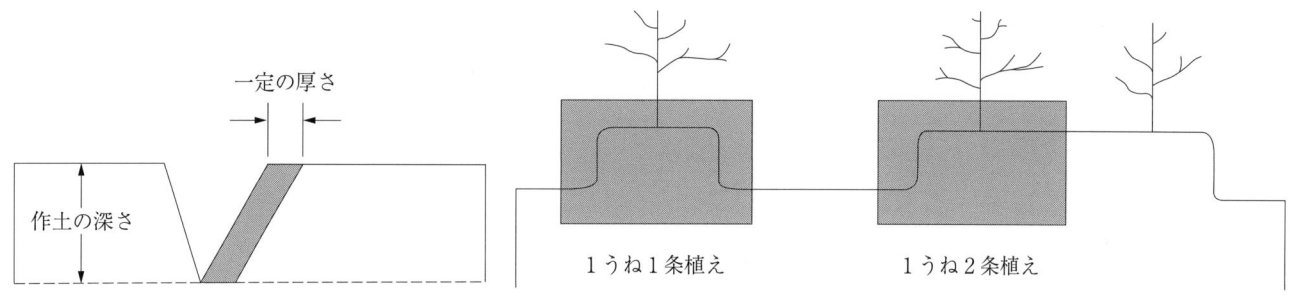

図6　畑土壌の採取方法（左：通常，右：うね立て時）

ハウス

ハウス土壌は，基本的には畑土壌（露地）と同じ考え方で行ないます。ただし，ハウス土壌は露地に比較して集約的な栽培管理が行なわれ，かつ降雨の影響を受けないために，下記のように土壌の採取位置，土壌のサンプリング点数などに気をつける必要があります。

（1）出入り口，窓付近を避け，中央側の土壌を採土します。
（2）ハウスの手前側から奥側まで5～6カ所から採土を行ないます。

果樹園

果樹園の採取時期は，肥料や土づくり資材の施用前が最適です。

土壌採取地点は，園の中で平均的な樹を5～6本選定することで決定します。土壌の採取方法は，それぞれの樹の樹幹先端から30cmくらい内側の3～5カ所について，地表の枯れ葉などを除いて，主要根群域（30～40cmまで）を上下に2等分して採土し（図7），各層ごとに混合します。

施肥診断などを目的とした場合は，表層の0～2cmの部分は除いて採取します。また，園が傾斜地の場合は図4のように上中下に分けて採取し，各層で明らかに土性が異なる場合は土性ごとに分けて採取します。

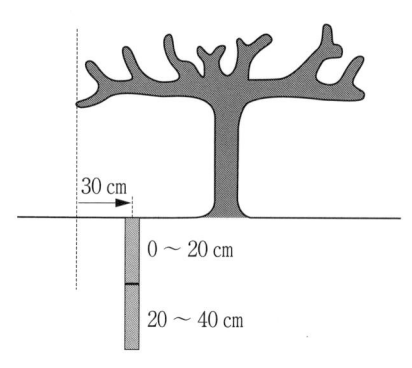

図7　果樹園における採土法

茶園

茶園の採取時期は，年間の収穫が終了した秋肥施用前が適当です。

土壌採取地点は対角線法などにより決定します。土壌の採取方法は，マルチ資材などの未分解有機物を取り除いたのち，深さ15～20cmまでの部分，あるいは作土層を混合して採取します。

草地

草地は一般的に面積が広く，自然立地条件は畑土壌などよりも複雑ですから，採取位置の選定には注意を

第1章　土壌改良，土壌管理　共通　38　土壌分析のためのサンプリング方法

　採土の深さは地表面の枯れ草などを除去し，0～5cm層とその下の層を5～10cm採取します。造成・更新予定地では耕起される深さまで採取し，放牧されている場合は直接糞尿の影響がないところを採取します。

土壌の調整

（1）圃場の数カ所から採取した土壌をよく混合したのち，500～1000gを取り出します。

（2）草木の根，枯れ草，粗大有機物，石，れきなどを取り除きます。また，土の塊は軽く押しつぶし，肥料の塊がある場合は細かく砕き，土になじませます。

（3）再びよく混合後，4mmのふるいで分けます。

（4）ほこりがない風通しのよい日陰で，きれいな紙あるいはビニールフィルム上に薄くひろげ，1週間ほど乾燥させます。

（5）乾燥させた土壌を1～2mmのふるいに通し，風乾土として200～300g程度を紙袋や封筒などに入れます。なお，土壌分析センターなどで専用の紙袋や封筒がある場合は，それを使用してください。

39 土壌診断の進め方とデータの読み方

　土壌診断は，土壌の水分，養分状態を知り，これに応じた土壌，肥培管理を行なうために実施します。最近は養分の富化傾向が進み，診断基準の適正範囲を超える土壌が増えています。過剰施肥による土壌養分の過剰集積，アンバランスを未然に防ぐだけでなく，施肥による環境への負荷を低減するうえでも，土壌診断はきわめて重要です。

土壌診断の進め方

　土壌診断は，作物の生育不良の原因を明らかにする場合と，産地における圃場間の平準化，品質向上のため計画的に実施する場合があります。土壌診断というと化学分析が中心で，現地での観察や聞き取りが軽視されがちですが，過去の栽培歴，管理方法の聞き取りをしたり，土色を見たり，手で触れたりして，異常の原因やその程度がわかることもあります。とくに，定期的に行なう土壌診断では，室内で機械的に分析するケースが多く，重要な診断項目を見落とすことにもなりかねません。より的確な診断を行なうためには，診断項目に現地での有効根群域の深さや，ち密度の測定などを加えることが必要です。

土壌診断の手順

　土壌診断は，次のような手順で行ないます。
①既存のデータや土壌の特性の把握
②生育状況の観察，栽培歴，管理方法などの聞き取り
③現地調査結果，情報の整理
④サンプルの採取
⑤分析項目の決定，サンプルの理化学分析
⑥処方箋の作成，データの保存
⑦効果の確認

主な土壌診断項目

物理性

　主な診断項目として，作土の厚さ，有効土層，三相分布，土壌の硬さ，仮比重，粗孔隙，易有効水分（植物が容易に吸収できる土壌水分）保持能，透水性，地下水位などがあります。なかでも，透水性は水田だけでなく，復元田や転換畑では重要な診断項目となります。

化学性

　主な項目は，土壌pH，電気伝導度（EC），陽イオン交換容量（CEC），交換性塩基含量とそのバランス，有効態リン酸，有効態ケイ酸や腐植などです。腐植は炭素含有量から推定しますが，土壌の物理性，化学性，微生物性を左右する作物生産にとって重要な項目です。

pHの測定による土壌改善

　土壌診断の目的の1つは、作物の生育に適したpHを維持することです。pHが低すぎると水素イオンそのものの害、石灰や苦土の欠乏、リン酸の不可給化、アルミニウムやマンガンの過剰害などによる生育障害の発生を招き、高すぎると微量要素の不可給化による生理障害が発生します。

　土壌pH（H_2O）を測定した結果、診断基準の下限値を下回る場合は、石灰質資材を施用します（p.151参照）。上限値を上回る場合は、アルカリ度の強い石灰質資材、リン酸質資材、石灰を多量に含む有機物の施用を中止し、石灰、リン酸の補給には硫酸カルシウムや過リン酸石灰、重焼リンなどに切り換えます。土壌pHが基準値の範囲内にあるときは、現状のpHを維持するために、苦土カルなどを60～80kg/10a程度施用します。

陽イオン交換容量と塩基飽和度

　陽イオン交換容量（CEC）は、作物に有効なカルシウム（石灰）、マグネシウム（苦土）およびカリウムイオンなどの陽イオン（塩基）が一定量の土壌にどれだけ保持されているかを示しています。陽イオン交換容量が大きい土壌ほど塩基を多量に保持でき、水素イオン以外の陽イオンの占める割合が大きいほど、塩基を多く保持している土壌といえます。また、陽イオン交換容量に対する石灰、苦土、カリウムなど塩基の含量によって土壌pHが変わります。土壌は塩基含量が少なければ酸性に、多ければアルカリ性になります（p.109参照）。

　塩基飽和度は、陽イオン交換容量の大きさによってその割合が変わります。たとえば、石灰含量505g/100gをme（ミリグラム当量）で表すと、CaO1me＝28.04mgですので、505g/28.04＝18meとなります。したがって、陽イオン交換容量が30meの土壌は、石灰飽和度が18/30＝60%で適正飽和度の範囲内の土壌ですが、20meの場合は石灰飽和度が90%となり、上限値を上回ることになります。

　塩基飽和度を算出するには陽イオン交換容量の測定が必要ですが、すべての土壌の交換容量を測定するには時間がかかるので、便宜上、土壌図や土性などから推定した陽イオン交換容量を使用すると便利です。

塩基バランスと土壌改善

　石灰、苦土、カリウムなどの塩基が作物の根に吸収されるとき、相互に拮抗作用を示すので、塩基間の量的バランスが重要な診断項目となります。塩基バランスの基本的診断基準は、石灰、苦土およびカリウムの当量比が［65～75］:［20～25］:［2～10］で、水田、普通畑などにおける石灰／苦土、苦土／カリの当量比は、表1のとおりです。

表1　土地利用区分と塩基バランス（当量比）
（荒川 1996）

土地利用区分	石灰／苦土	苦土／カリ
水　田	2.5～6	3.3～20
普通畑	4.0～10	1.7～10
野菜畑	2.7～4	2.5～6.7
樹園地	3.3～5	2.0～7.5

施設土壌のように養分が過剰に集積している土壌では，石灰・苦土・カリ含量を合計すると塩基飽和度が100%を超えたり，塩基間のバランスが崩れたりしていることがあります。このような場合は，過剰集積した塩基の施用を中断し，塩基飽和度が100%以下になってからバランスの改善をします。

また，石灰など塩基含量が多いにもかかわらず，土壌pHが低い土壌があります。このような土壌をpHによって改善しようとすると，塩基が過剰になる恐れがあります。そのため，土壌pHだけでなく，陽イオン交換容量に対する石灰，苦土，カリの飽和度および塩基間のバランスを改善する必要があります（p.110 表3参照）。

電気伝導度（EC）

家畜糞堆肥や汚泥堆肥などを連続施用すると，石灰やカリが集積し，ECだけでなく土壌pHも高くなることがあります。このような場合は，石灰やカリなどを多量に含む肥料や有機物の施用を中止します。

ECが高く土壌pHが低い場合は，硝酸態窒素以外に硫化物や塩化物の集積も考えられるので，過去に施用した肥料や有機物の種類や量などを調査したうえで，硝酸態窒素の分析を行ない，基肥窒素の減肥などの対策を考えます。

可給態リン酸の上限

従来の土壌診断は下限値に対する改善が中心でしたが，野菜など多肥作物の作付けや施設栽培が増えるにしたがい，乾土100g当たりの可給態リン酸含量が100mgを超す土壌もめずらしくありません。

有効態リン酸の適正範囲は，土壌や作物の種類によって違います。腐植に富む黒ボク土ではダイコンおよびキャベツは5〜30mg，ホウレンソウなどの野菜は20〜50mg（図1），ダイズなどの普通作物は10〜50mgで，100mg以上含んでいる場合はリン酸の減肥が必要です。

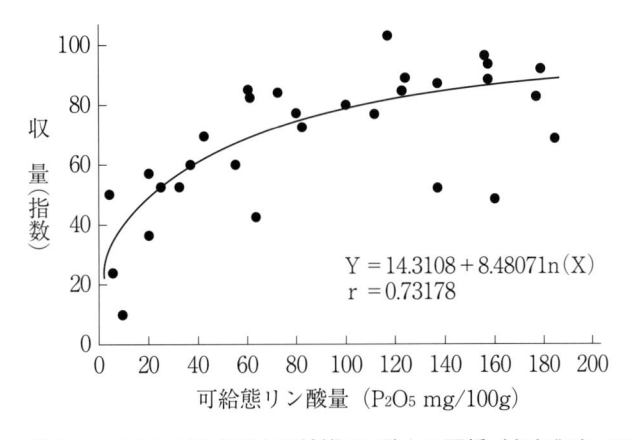

図1 ホウレンソウ収量と可給態リン酸との関係（東京農試，1994）

$Y = 14.3108 + 8.4807 \ln(X)$
$r = 0.73178$

40 土壌水分の測定と効果的灌水

適切な灌水は作物の種類や生育ステージ，土壌の種類などにより異なるため，テンシオメーターなど測定機器を用いて的確に測定して，作物や土壌に合った水分管理を行なうことが重要です。

テンシオメーターによる測定法

土壌の水分状態を連続して測定するには，テンシオメーターを利用する方法があります。最近はさまざまなタイプのテンシオメーターが開発されていますが，ここでは圧力読み取りにデジタルマノメーターを使用したものの例を図1に示しました。ポーラスカップ（素焼きのカップ）は水を容易に通す性質をもっていて，土壌が乾燥するとポーラスカップ内の水が土に吸引される結果，カップ内が減圧されます。逆に土壌が湿潤になると土壌の水がポーラスカップ内へ移動し加圧されます。この圧力（P）の変化により土壌の水ポテンシャル（ψ：水分張力）を測定することができます。

$$\psi = P + (L - a)$$

P：計器の測定圧力。L，aは図1の注参照

一般に，植物が利用しやすい土壌水分をpF値で表すと1.8～2.7となります。

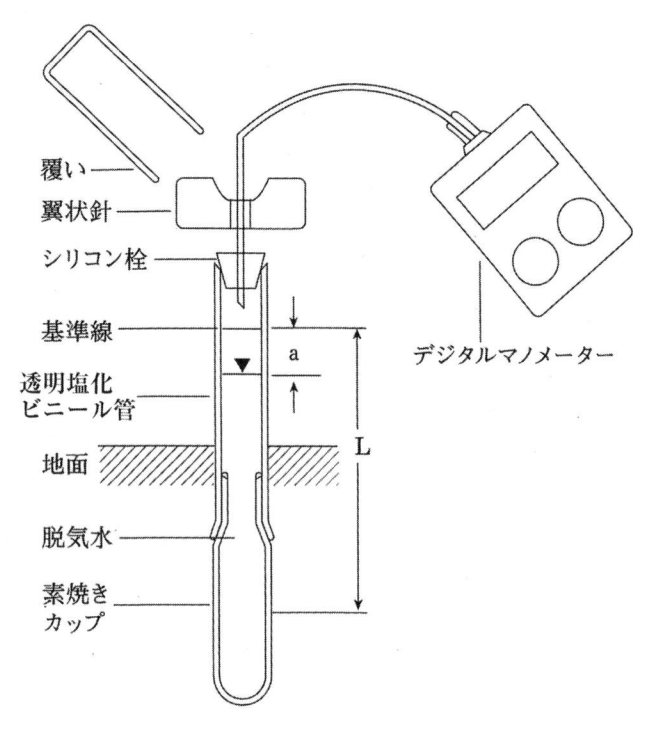

図1 テンシオメーターの構造と操作方法
（『土壌肥料用語辞典』第2版，2010）
注：Lは素焼きカップ中心から基準線までの長さ（cm），aは基準線から管内水面までの距離（cm）。

その他測定法

今では，孔径の異なる複数個の多孔質セラミックを装着した水分センサーを用いて，水を使わない機器や電気的に水分状態を記録する機器も販売されています。また最近では，熱伝導率測定方式で連続的に測定してパソコン処理をする方法もあります。これらの測定機器と連動させた自動灌水を取り入れている例もあります。

最適な灌水開始点

望ましい水分状態は，作物の種類や生育ステージ，土壌の種類などにより異なります。主な作物の灌水開始点のめやすは次のとおりです。

ムギ，ダイズなどの一般作物はpF2.7～2.9，一般露地野菜はpF2.5～2.7，ハウスキュウリはpF2.0～2.5，ショウガはpF2.0～2.3，サトイモはpF2.3～2.7，リンゴの生育中期はpF2.1～2.4で成熟期はpF2.8です。

花き，ミカンおよび野菜は表1～3を参考にしてください。

表1　花きの灌水点
（『花き園芸大辞典』1984，『花卉の栄養生理と施肥』1995）

バラ	pF 1.8	促成アイリス	pF 2.0
カーネーション	pF 1.6	フリージア	pF 2.0
キンギョソウ	pF 1.5	シクラメン	pF 2.0
キンギョソウ前期	pF 2.3〜2.0	シネラリア	pF 2.0
後期	2.0〜1.8	促成チューリップ	pF 1.5〜2.0
キク	pF 1.5		

表2　ウンシュウミカンの灌水指標
（『果樹園の土壌管理と施肥技術』1982）

生育ステージ	要灌水点	1回灌水量
発芽期〜果実発育前期	pF 3.0	TRAM（有効水分量）相当量
果実発育後期〜成熟期		
8月	pF 3.3	
9月	pF 3.5	TRAM×0.7
10月〜収穫期	pF 3.8	
生長休止期	pF 3.0	TRAM 相当量

注：要灌水点は主根域層の水分。

表3　野菜の種類・土壌別の適灌水点
（「静岡県土壌肥料ハンドブック」1992）

作物名	栽培条件	作型	品種	土壌	灌水点・pF値
セルリー	露地	年内どり（11月中旬〜12月中旬）	コーネル619	細粒黄色土　中粗粒灰色低地土	株張り期　5〜6日1回灌水　pF 2.0〜2.2　節間伸長期　3〜4日1回灌水　pF 1.8〜1.9　仕上げ期　2〜3日1回灌水　pF 1.7〜1.8
セルリー	露地	春どり2期作	コーネル619	細粒黄色土　中粗粒灰色低地土	活着期　十分に　pF 1.8〜1.9　節間伸長期　間断灌水　pF 2.0　収穫前20日　多目に　pF 1.7〜1.8
イチゴ	ビニールハウス	半促成	女峰	淡色多湿黒ボク土	栽培期間を通じて　pF 1.5〜2.0　収量および可溶性固形物含量に対し土壌水分 pF 2.0〜2.5が優れ，pF 1.5〜2.0が劣った
トマト	ガラス室	促成	ハウス桃太郎	赤黄色土	前期（第3花房開花するまで第1果房ピンポン玉くらいの大きさ）　pF 2.7（灌水量 25±5mm/回）　後期　pF 2.5（灌水量 20±5mm/回）　多肥栽培では灌水点を低めにするとよいが，あまり多灌水にすると，過繁茂，空洞化，すじ腐れ果が多発する。また，少灌水で萎凋するようでは尻腐れ果が発生しやすい
メロン	ガラス室	5月中旬〜8月中旬	アールス系	細粒灰色低地土	交配前　pF 1.8〜2.0　交配後　pF 2.5〜2.6
レタス	ビニールトンネル	秋どり	ステディ	れき質灰色低地土　細粒灰色低地土	灌水点　pF 約2.0
ナス	ビニールハウス	促成	千両	黒ボク土	灌水点 pF 1.7〜2.0を目標とする。2.3以上になると曲がり果が多く，ぼけ果も出る

41 土壌硬度計の使い方とデータの見方

土が硬いと根の伸長や水の移動が限定され，作物の生育が不良になるため，土の硬さを的確に測定し，必要に応じて物理性の改善を図る必要があります。

土壌硬度計（プッシュコーン）の使い方

土壌の硬さを測るには一般にプッシュコーン（測定原理は山中式硬度計と同じ，図1）が使用されます。使用法は，平滑に整えた土壌断面に対して直角の方向に硬度計を押しあて，その円錐部のつばが土壌面に密着するまでゆっくり水平に押し込みます。同一の層位で場所を変え数回測定し，最大頻度の数値mmを代表値として記載します。実際には，プッシュコーンの後部に出た目盛り（mm）を読み取ります。山中式硬度計ではねじの動いた位置を測り取ります。地力増進法では基本的な改善目標として表1のような基準を示しているので，これ以下に管理することが大切です。

表1 主要根群域の最大ち密度

地目	硬度計の読み
水田	24 mm 以下
普通畑	22 mm 以下
樹園地	22 mm 以下

注：プッシュコーン（山中式硬度計）。

プッシュコーン：長さ22.5cm，直径4cm，重さ250g

山中式硬度計：長さ23cm，直径5cm，重さ650g
　内部に8kgバネが入っており，その縮みの程度（最大40mm）で硬さを測る

図1 プッシュコーンと山中式硬度計

貫入式土壌硬度計の使い方

貫入式土壌硬度計は，硬度計の円錐部分を圧力によって土層中に貫入し，これに要する力を円錐の単位面積当たりで表示するもので，穴を掘らないで下層土の硬さを知ることができます（図2）。また，最近はGPS付きのデジタルタイプのものも開発されています。

＜測定法＞

①おもりを先端（コーン）までゆっくり下ろします。

②記録紙の0点をドラムの赤マークに，ペン先を「SET」に合わせます。

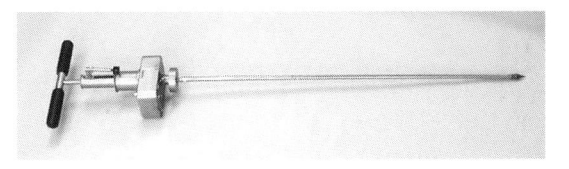

図2　貫入式土壌硬度計

③水準器を見ながら垂直に押し下げます。貫入速度は1cm/秒程度にしてください。
④記録紙上に各深さに対応した抵抗値が自動的に記録されます。
⑤同じ記録紙に重ねて測定すれば、貫入抵抗の分布が容易に把握できます。

貫入式土壌硬度計とプッシュコーン（山中式硬度計）の読み換え法

　貫入式土壌硬度計とプッシュコーン（山中式硬度計）の読み換えは、$y = 1.5 + 16\log x$（y：プッシュコーン mm、x：貫入式土壌硬度計 kg/cm^2）の式によって得られます。この式から、貫入式土壌硬度計で15kgf/cm^{2}のときのプッシュコーンの値は、概ね23mmと推定できます（図3）。

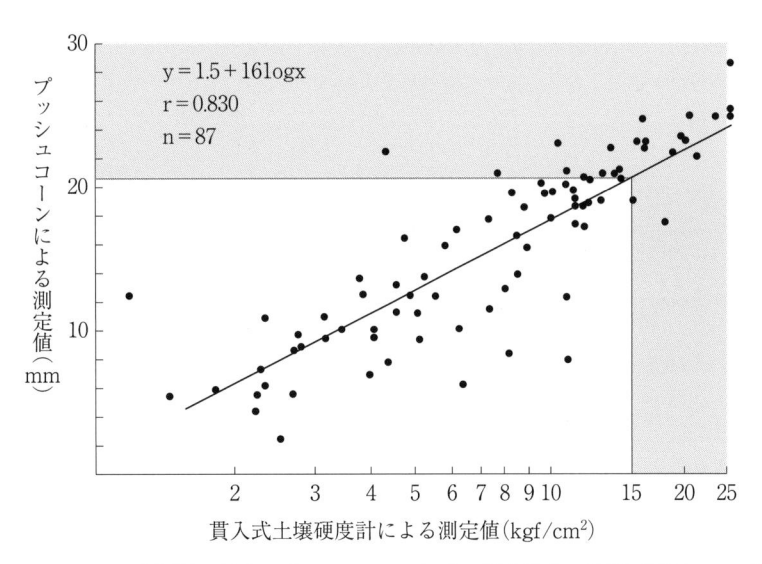

図3　貫入式土壌硬度計とプッシュコーンによる測定値との関係（渡辺, 1992）

第1章 土壌改良，土壌管理　共通　42　土壌の硬さと根の伸長の関係

42 土壌の硬さと根の伸長の関係

　主に水田に分布する多湿黒ボク土や灰色低地土は下層土のち密度が高い傾向にあり，地目別にみると水田，飼料畑およびクワ畑の下層土は概してち密度が高い傾向にあります。土壌や作物の特性に合わせて適切な土壌管理を行なう必要があります。

■ 土壌硬度と根の伸長との関係

　土壌が硬くなると根の伸長が阻害されたり，水の移動ができなくなったりして，作物の生育が不良となります（表1）。

　下層土が硬いリンゴ園では，表2のように，深耕により細根量が5倍になりました。

　飼料用トウモロコシ畑でも，深耕によりトウモロコシの根張りがしっかりして倒伏しにくくなります（表3）。

表1　土の硬さと根の伸び

ち密度	根張りと乾湿	親指による判定
10 mm 以下	干ばつの危険大	親指が自由に入る
10〜15 mm	ちょうどよい	親指に力を加えればもとまで入る
15〜22 mm	やや硬いが根は伸びる	親指に力を強く加えると，程度に応じてもとまでが半分ぐらい入る
22〜25 mm	根は少し入るが伸びが悪い	力を入れても親指が入らない
25 mm 以上	根が入りにくい，湿害が心配	

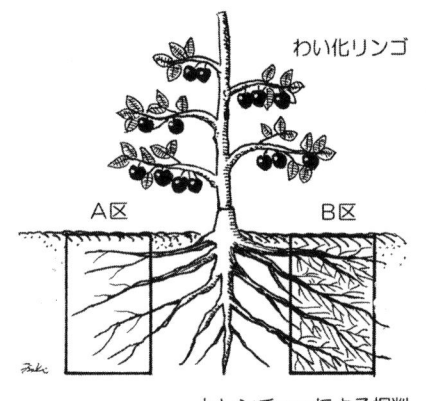

表2　リンゴ園の深耕2年後の細根量
（群馬農試，1988）

採根部位	ち密度	細根量（乾物）
A区（未耕起）	25 mm 以上	0.214 g/1,000 cm³
B区（深耕）	15〜23 mm	1.033 g/1,000 cm³

表3　深耕によるトウモロコシの根張りの増大
（群馬農試，1989）

処理区	深さ (cm)	ち密度 (mm)	引っ張り強度 (kg)
1　慣　行	20	17.8	12.9
	40	21.7	
	60	21.2	
2　深耕＋土壌改良	20	16.7	15.1
	40	19.6	
	60	16.1	

注：引っ張り強度は，F型プッシュ・プル計を使用し，地上30 cmの高さで水平に引っ張り，トウモロコシが30度傾いたときの引っ張り強度（kg）。

耕地土壌のち密度の実態

土壌の種類別にみると、主に水田に分布する多湿黒ボク土や灰色低地土は、下層土のち密度が高い傾向にあります。また、地目別にみると、水田、飼料畑およびクワ畑の下層土は概してち密度が高い傾向にあります（表4）。

表4 土壌の種類別、地目別の土壌ち密度　　　　　　　　　　　　　　　　　　　（群馬農試、1989〜92）

土壌の種類別　　　　　　　　　　　　　　　　　　　　　　　　　　　　　　　　　（単位：mm）

層位	黒ボク土	多湿黒ボク土	褐色森林土	褐色低地土	灰色低地土
作土	11.4	13.7	8.7	12.1	11.8
次層	19.5	22.8	18.2	20.0	22.0

地目別　　　　　　　　　　　　　　　　　　　　　　　　　　　　　　　　　　　　（単位：mm）

層位	水田	コンニャク畑	飼料畑	畑全体	クワ畑	果樹園	施設
作土	11.8	8.9	15.0	10.7	13.8	15.6	8.9
次層	21.5	18.1	20.3	18.5	24.6	18.9	17.7

注：土壌環境基礎調査の資料による。

43 地力増進作物の導入方法

　地力増進作物は，1987年度から始まった水田農業確立対策において地力の増進に寄与する目的で選定されたものです。水田の高度利用にともなう地力の消耗や連作障害を回避し，稲作と転作作物の合理的な作付体系のなかで，水田の地力を増進し，高収安定の水田農業を展開するため，転作対象作物とされました。

地力増進作物で有機物や窒素を増強する

地力増進作物の種類

　地力増進作物（緑化作物）の種類は水田の地力増強に寄与するものとして選定されたものですが，一般に青刈り作物として対象となるのはイネ科とマメ科作物です。イネ科では夏季にはソルガム類，トウモロコシ，スーダングラス，青刈りヒエ，冬季にはムギ類（オオムギ，ライムギ，エンバクなど），イタリアンライグラスなどがあり，マメ科ではレンゲ，クローバー，青刈りダイズなどがあります。

　導入にあたっては次のことが条件となります。①栽培が容易で，短期間の収量が多いこと，②土壌中で有機物としての改良効果が持続すること，③前後作の作物と同じ科のものにしないこと，④共通の病害虫が少ないこと，⑤施設で除塩を目的とする場合には吸肥力が強いこと，⑥種子が安価で入手しやすいこと，などです。

地力増進作物の効果

　地力増進作物を導入すると，次のことが期待できます。

イネ科作物の効果

　イネ科作物は炭素率が高いため，すき込むことにより分解はやや遅れますが，繊維質が多く，また茎葉をすき込まない場合でも残存する根量が多いなど，地力増進効果は大きくなります。土壌の有機物の増加により，土壌の物理性，化学性および生物性が改善されます。

　有機物が土壌微生物によって分解される過程で生成する多糖類などが，土壌の団粒化を促進します。その結果，土壌の孔隙や易有効水分（植物が容易に吸収できる土壌水分）保持能が増大するなど，土壌物理性が改善されます（表1）。保水性も改善され，耕うんが容易になります。また，有機物の分解により，腐植物質も増え，陽イオン交換容量も増大します。

　このように，イネ科作物のすき込みによって，作物の収量が向上します（表2，図1）。

表1 青刈り作物すき込みと土壌の三相分布　　　　　　　　　　　　　　　　（岡部ら, 1978）

処理区・層位 (cm)		固相 (%)	液相 (%)	気相 (%)	孔隙率 (%)
無処理	0～5	20.8	34.8	44.4	79.2
	10～15	22.7	39.3	38.0	77.3
堆肥	0～5	18.5	33.0	48.5	81.5
	10～15	22.3	38.0	39.8	77.7
青刈りトウモロコシ	0～5	17.6	31.5	50.9	82.4
	10～15	19.5	36.8	43.7	80.5
青刈りオオムギ	0～5	18.0	34.5	47.5	82.0
	10～15	20.6	44.3	35.1	79.4

表2 ムギ作導入がレタスの収量に及ぼす影響　　　　　　　　　　　　　　　（竹村ら, 1983）

処理	年次	1球重 (g)	収穫株率 (%)	個数	上物収量 (kg/a)	上物収量標準比 (%)
連作（レタス―レタス）	1977	402	93	598	134	100
	1978	300	1	7	2	100
	1979	291	55	189	64	100
	1980	358	75	372	149	100
麦作（ムギ―レタス）	1977	402	93	598	134	100
	1978	355	4	28	10	471
	1979	440	81	500	228	354
	1980	415	93	495	223	150

注：上物収量は1球重300g以上。

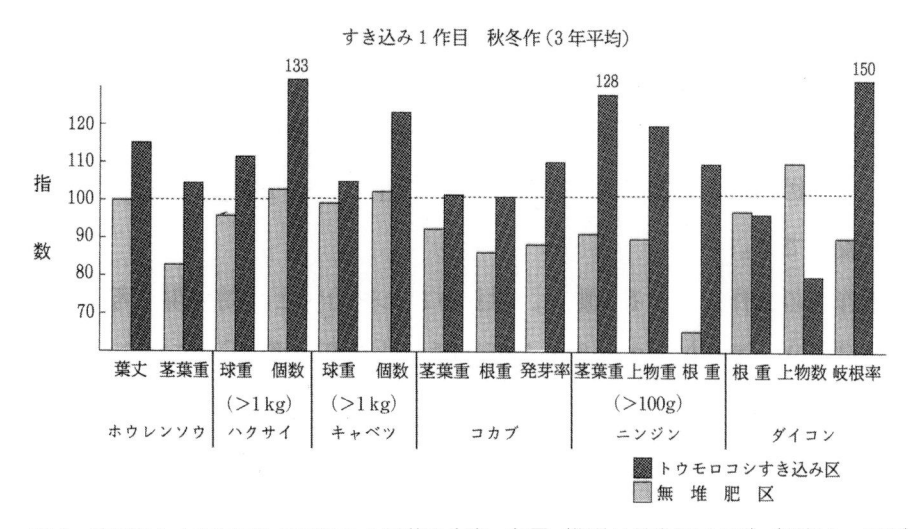

図1 青刈りトウモロコシすき込みと野菜の生育・収量（指数は対堆肥区100）（岡部ら, 1978）

マメ科作物の効果

　マメ科作物は窒素含量が高く，炭素率が低いので，すき込むことにより土壌中で容易に，すみやかに分解され，速効性の窒素質肥料と同じような効果が期待されます。根粒菌の働きにより空気中の窒素を固定し，利用する作物なので，窒素肥料を施用する必要がなく経済的です。マメ科作物は，一般に深根性で，土壌の

養分過剰と透水性の改善

　田畑輪換が困難で畑作物に連作障害が発生した場合に，地力増進作物を輪作体系のなかに組み込んだり，クリーニングクロップとして作付けして過剰に蓄積した養分を吸収させ，その収穫物を圃場外に持ち出したりすることによって，土壌塩類濃度の低下を図ることもできます（図2）。

　細粒質土壌で透水性が不良な場合には，地力増進作物の根の伸長にともない土壌の透水性が改善されます。また，圃場整備などの土地改良工事による土壌の攪乱や下層土の露出などによって地力が不均一になった場合は，作物生産の安定化に役立ちます。

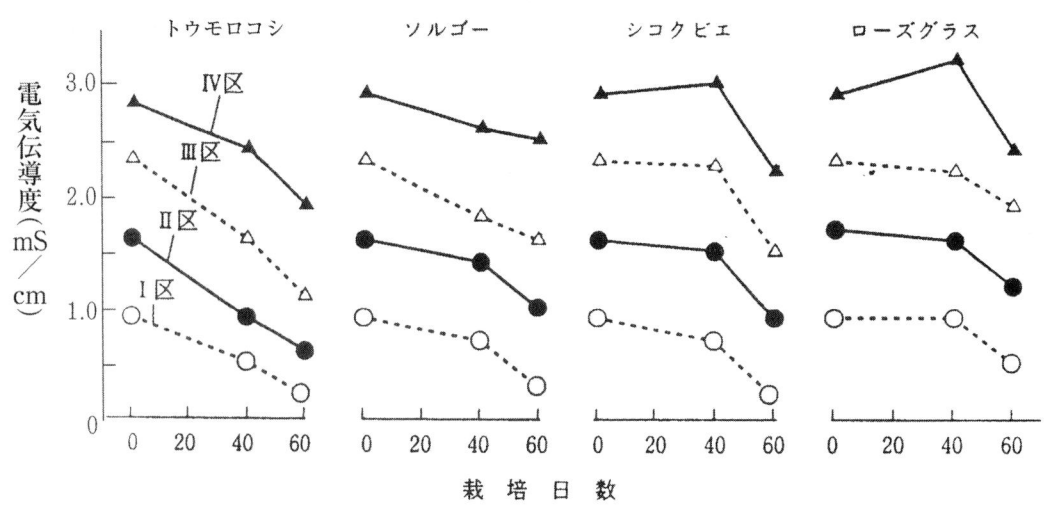

図2　各種青刈り用飼料作物を栽培した場合の土壌塩類濃度の変化　　　（大泉ら）
注：原土ECは，Ⅰ区0.87，Ⅱ区1.64，Ⅲ区2.29，Ⅳ区2.84。

後作の管理

　地力増進作物はそのまますき込むのが普通です。すき込み後の分解は，作物の種類，時期，土壌条件などによって異なります。一般に，すき込んでから1カ月間は急速に分解が進み，40～60％が分解します。その後の分解はゆるやかになり，1年以上の長期にわたります。

　すき込み後，次作までの期間が短いと発芽や生育障害を生じるので，十分な放置期間が必要です。とくに，排水の悪い土壌に多量の有機物をすき込むと異常分解し，障害を起こす恐れがあるので，すき込み後の水管理には注意が必要です。一般に，播種や定植はすき込み後，露地では1カ月以上，施設では2～3週間以上経過すればほぼ安全です。

　地力増進作物の後作に対する施肥では，供給された養分量と肥効発現を考慮すべきです。一応のめやすは，ムギ作付けでは2～5割減肥，秋野菜（葉菜）ではやや減肥，水稲では2～5割減肥して間断灌漑を早めるなど水管理に注意します。春野菜（果菜）では通常の施肥管理でよいでしょう。

　地力増進作物は，地域の状況に応じて多様な導入方法があると思われます。積極的に取り組み，適切な管理により地力増進を図ることが大切です。

　なお，施設導入に適する青刈り作物の種類と特性を表3に示しましたので，参考にしてください。

表3 施設導入に適する青刈り作物の種類と特性 (酒井, 1996)

作物名	出穂までの期間ならびに生態その他の特性	栽培時期	収量のめやす (kg/10 a)	養分吸収量 (kg/10 a)
ソルガム類	品種により出穂までの日数に変動が少ない（60〜70日）。ハイブリッドソルゴーで収量が高い。スダックスはソルゴーに比較して分げつがおう盛。耐高温性が著しい。青刈すき込み容易，分解やや難，窒素取り込み強。根群発達中庸，耐塩性強い	5〜9月	生重 5,000〜7,000 乾重 1,000〜3,000	窒素 20前後 リン酸 3〜5 カリ 30〜70
青刈り用ヒエ	品種により出穂までの日数に変動が大きい（45〜80日）。中晩生品種で収量性よく，雑草化の危険少ない。8〜9月以降は出穂までの期間短く実用性はない。初期生育がよく，短期栽培に向く。青刈りすき込み容易，分解容易，窒素取り込み中庸。根群発達大，耐塩性中庸	5〜7月	生重 5,000〜7,000 乾重 600〜1,000	窒素 10〜25 リン酸 1〜3 カリ 30〜50
デントコーン	品種により出穂までの日数に変動やや大（60〜80日）。中晩生品種で収量が高い。5〜6月播種では出穂遅く，収量少ない。稈が太く長いため青刈すき込み作業難。窒素取り込み強。根群発達小，耐塩性強い	5〜9月	生重 5,000〜7,000 乾重 800〜1,400	窒素 20〜30 リン酸 3〜5 カリ 50〜90
エンバク	出穂は3月以降。初期生育はライムギに劣る。収量高い。耐寒性はライムギに劣る（11月上旬までに播種）。青刈りすき込み容易，分解容易，窒素取り込み少〜中。根群発達中庸	10〜3月	生重 3,000〜6,000 乾重 450〜750	窒素 10〜20 リン酸 2〜4 カリ 20〜50
ライムギ	出穂は3月以降（エンバクよりやや早い）。初期生育おう盛。発芽やや不安定な品種あり。耐寒性強い（11月中旬以降の播種に向く）。青刈りすき込み容易，分解容易，窒素取り込み少〜中。根群発達中庸	10〜3月	生重 3,000〜6,000 乾重 500〜600	窒素 10〜20 リン酸 2〜4 カリ 30〜40
イタリアンライグラス	出穂は4月以降。初期生育はエンバク，ライムギにやや劣る。耐寒性強い。青刈りすき込み難，分解容易，窒素取り込み少〜中。根群発達極大，耕うんしにくい	10〜3月	生重 3,000〜6,000 乾重 400〜600	窒素 10〜20 リン酸 1〜4 カリ 20〜40

44 緑肥の効果と利用法

緑肥とは，腐らせずに，そのまま土壌中にすき込んで分解させ，土づくり効果（土壌の化学性，物理性や生物性の改善），クリーニングクロップ効果，景観保全などを目的に作付ける作物です。主な緑肥作物としてソルゴー，トウモロコシ，アカクローバー，レンゲ，ギニアグラス，ヘアリーベッチ，クロタラリアなどがあります。

緑肥の歴史

ヨーロッパでは，すでに紀元前300年頃のギリシャ・ローマ時代にマメ科植物を緑肥としてすき込むことが行なわれていました。アメリカでは，ダイズ生産が本格的になされたのは1940年代後半からですが，最初のダイズ栽培の目的はコムギ・トウモロコシ栽培でやせた土壌の回復のためで，緑肥としてダイズをそのまま土壌にすき込んでいました。

日本でも，戦後に硫安，尿素などの窒素肥料が安く大量生産されるまでは，クローバー，ルピナス，ウマゴヤシ，レンゲソウなどの緑肥は作物の窒素栄養源の貴重な肥料として使われていました。安価な化学肥料の出現により，換金効率の悪い緑肥作物への関心は低くなっていきましたが，環境保全型農業などの持続性の高い農業への関心が高くなるにしたがい，単なる作物への養分供給としての緑肥だけでなく，土壌の総合的改善のための土づくり資材として導入がなされています。

緑肥の多様な効果と緑肥作物

緑肥の効果は土壌の物理性，化学性，生物性に分けて考えられます（表1）。

物理性，化学性の改善

物理性では土壌構造（団粒構造）の形成，透水性，下層土改良の改善があります。すき込まれた有機物が土壌の粘土などと結びつき土壌構造を形成することは，気相（孔隙）を増やします。また，深根性緑肥は排水性改善や下層土の改良に効果があります。

化学性では，養分供給の増大と養分保持能の増大があります。すき込まれた緑肥は土壌微生物の働きで分

表1 緑肥の効果と緑肥作物の例　　　　　　　　　　　　　　　　　　（橋爪，1995を一部改変）

改善項目	効果	作物の例
物理性	土壌構造形成	トウモロコシ，ソルゴー，エンバク野生種
	透水性改善	アカクローバー，セスバニア，シロカラシ
	下層土改良	クロタラリア
化学性	養分保持能の増大	すべての緑肥
	養分供給の増大	すべての緑肥，窒素の供給増大ではクロタラリアなどのマメ科作物
	過剰養分の除去	ソルゴー，ギニアグラス
生物性	土壌微生物相の改善	すべての緑肥
	土壌菌根菌の増大	ヒマワリ，トウモロコシは後作のダイズのリン酸吸収を増大
	キタネグサレセンチュウ抑制	ダイコン，ニンジンなどでのエンバク野生種，マリーゴールド
	ミナミネグサレセンチュウ抑制	トマト，キュウリなどでクロタラリア，ギニアグラス
	雑草抑制	ヘアリーベッチ
景観保全	景観形成	レンゲ，クローバー，ナタネ

解され，作物養分である窒素，リン酸，カリなどを作物に供給します。とくにマメ科の緑肥作物では窒素の供給量が多くなります。また，緑肥は分解されると最後には腐植となり，養分保持能である陽イオン交換容量（CEC）を増大させます。ハウス土壌に蓄積した過剰養分のクリーニングクロップとしての効果もあります。

生物性の改善

緑肥作物にとくに期待される効果に生物性の改善があります。緑肥はすき込まれると土壌微生物のすみかや食料となり，土壌微生物相を豊かにし，有機物の分解をすみやかにして作物養分の循環をスムーズにします。また，ヒマワリ，トウモロコシなどは菌根菌と共生するので，土壌に蓄積したリン酸の後作での吸収を容易にします。連作障害防止のための輪作作物が緑肥としてすき込まれた場合，今まで述べてきた効果も期待できます。

有害センチュウ対策

緑肥は有害センチュウ対策としても使用されています。ダイコン，ニンジンなどで問題となるキタネグサレセンチュウ対策にはエンバク野生種，マリーゴールドなどが，トマト，キュウリなどで問題となるミナミネグサレセンチュウにはクロタラリア，ギニアグラスなどが有効です。

雑草抑制と景観作物としての利用

ヘアリーベッチなどはアレロパシーによる雑草抑制に効果があります。さらに，景観作物としてレンゲやクローバーが利用されています。

緑肥作物の栽培

土壌の物理性改善に効果の高いソルゴーと，養分供給に効果の高いクロタラリアでの栽培の概要を示します。播種は6〜7月，播種量はソルゴーでは4〜5kg/10a，クロタラリアでは5〜6kg/10a程度で，ソルゴーではカリを0〜8kg/10a程度基肥として施肥します。すき込みはソルゴーでは草丈で1.5〜2.0m（出穂期〜穂揃期で播種後60〜70日），クロタラリアでは開花始期（播種後65〜85日）がめやすです。すき込みはロータリー耕が一般的で，腐熟期間は3〜4週間程度です。

緑肥利用での注意

緑肥をすき込んだ場合，土壌中での分解は緑肥の種類，生育期間により大きな差あります。分解は，マメ科では開花期まで，イネ科では出穂期程度までで，この期間を過ぎるとC/N比が高まり，リグニンが増大して分解が遅れます。C/N比が15以上の緑肥では窒素飢餓が起こり，とくに30以上では起こり方が著しいとされます。しかし，刈取りが早すぎると乾物量が少なくなるので，C/N比と乾物量との兼ね合いからすき込み時期が決められます。このように，すき込みは，後作が窒素飢餓を起こさないように，すき込みから後作物の播種や定植まで十分な期間をとる必要がありますが，もっとも重要なのは，前後に栽培する作物の生育期間と緑肥作物の生育とすき込み期間との関係です。なお，分解によりすき込んだ作物から供給される無機態窒素を考慮し追肥量を決める必要があります。

45 薬剤による土壌消毒と土壌管理

　施設や露地の野菜栽培では，連作障害，土壌病虫害防止のための薬剤による土壌消毒が高い効果を示します。しかし，微生物相に影響があり，土壌消毒を行なったあとの土壌管理には注意が必要です。また，土壌消毒は作物の養分の動態や養分吸収に影響します。

　なお，有機物施用は土壌消毒後の土壌微生物相の回復に役立ちます。

土壌消毒と微生物相

　土壌消毒により土壌微生物の種類や生息数が影響を受け，激減します。しかし，完全には死滅しないで復活します。図1～4は土壌消毒をしたあとの土壌微生物の消長を調べたものです。土壌病原菌や害虫を対象とするクロルピクリン剤（CP）による土壌消毒によって，細菌，糸状菌，放線菌などは，殺センチュウ剤のD-D剤に比べて著しく減少します。最初に復活するのは細菌で（図3），グラム染色で染まらない細菌であるグラム陰性菌（図4）も細菌のような傾向を示します。糸状菌と放線菌は抑制期間が長くなります。

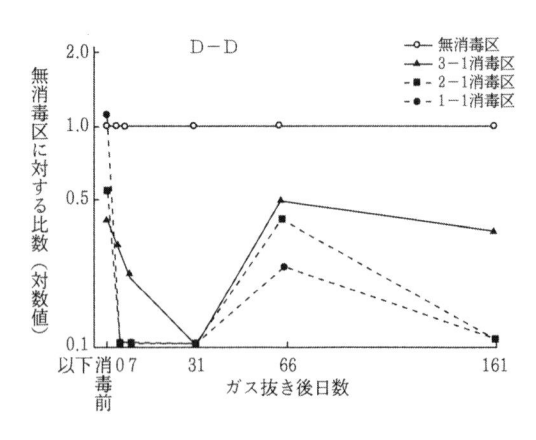

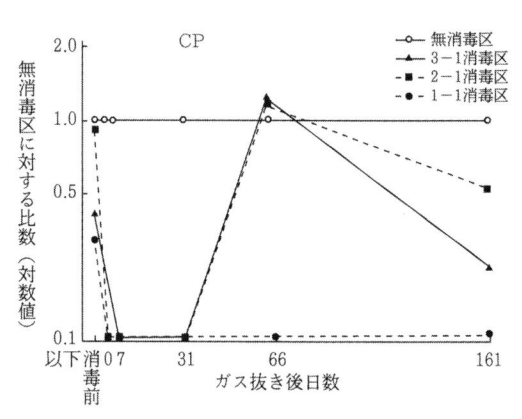

図1　消毒歴と糸状菌の推移　　　　　　　　　　　　　　　　　　　　　　　（浅野ら，1983）
注1：菌数の比較は無消毒区を1として表示した。
　2：3年間に6作して，その間の消毒回数を変えた。3-1消毒区は3作に1回，計2回消毒。2-1消毒区は2作に1回，計3回消毒。1-1消毒区は毎作，計6回消毒。

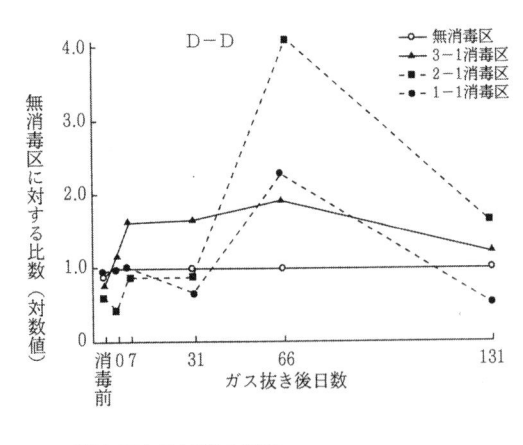

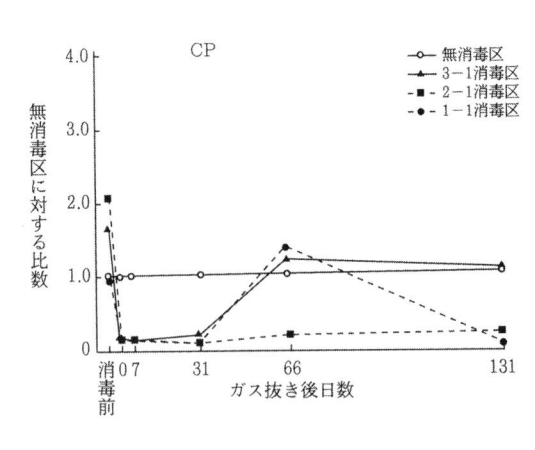

図2　消毒歴と放線菌の推移　　　　　　　　　　　　　　　　　　　　　　　（浅野ら，1983）
　　注：図1に同じ。

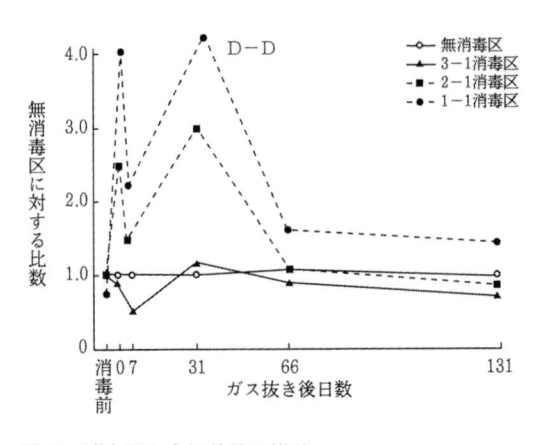

図3　消毒歴と全細菌数の推移　　　　　　　　　　　　　　　　　　　　　　（浅野ら，1983）
注：図1に同じ。

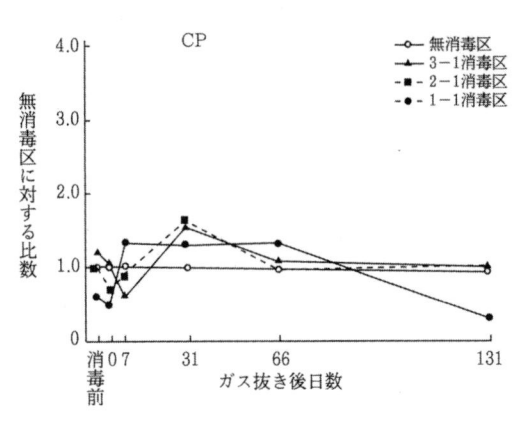

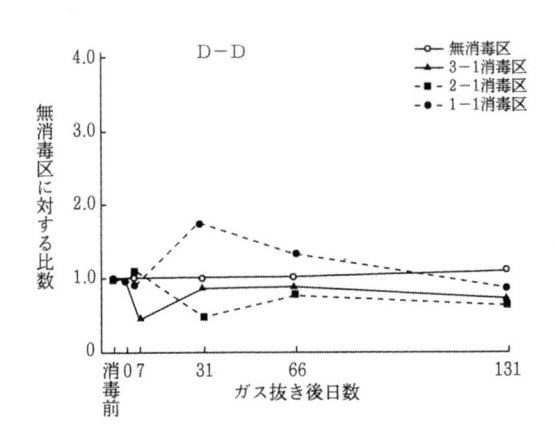

図4　消毒歴とグラム陰性菌（CV耐性菌）の推移　　　　　　　　　　　　　（浅野ら，1983）
注：図1に同じ。

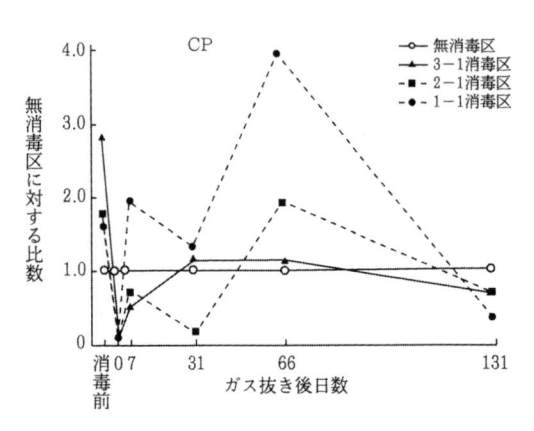

土壌消毒と養分動態

　土壌消毒により土壌養分も影響を受けます。土壌微生物が影響を受けると，土壌窒素の発現に影響します。図5は蒸気消毒区，CP区，MB区（臭化メチル区），D－D区の土壌消毒薬剤と無機態窒素の動態を調査したものです。土壌消毒による硝化作用の抑制は著しく，4週間後まで続きます。その後ゆるやかに回復しますが，8週間後まで影響が残ります。硝酸化成が遅れると，カルシウムやマグネシウムなどの塩基類も欠乏しやすくなり，作物の養分吸収にも影響します。

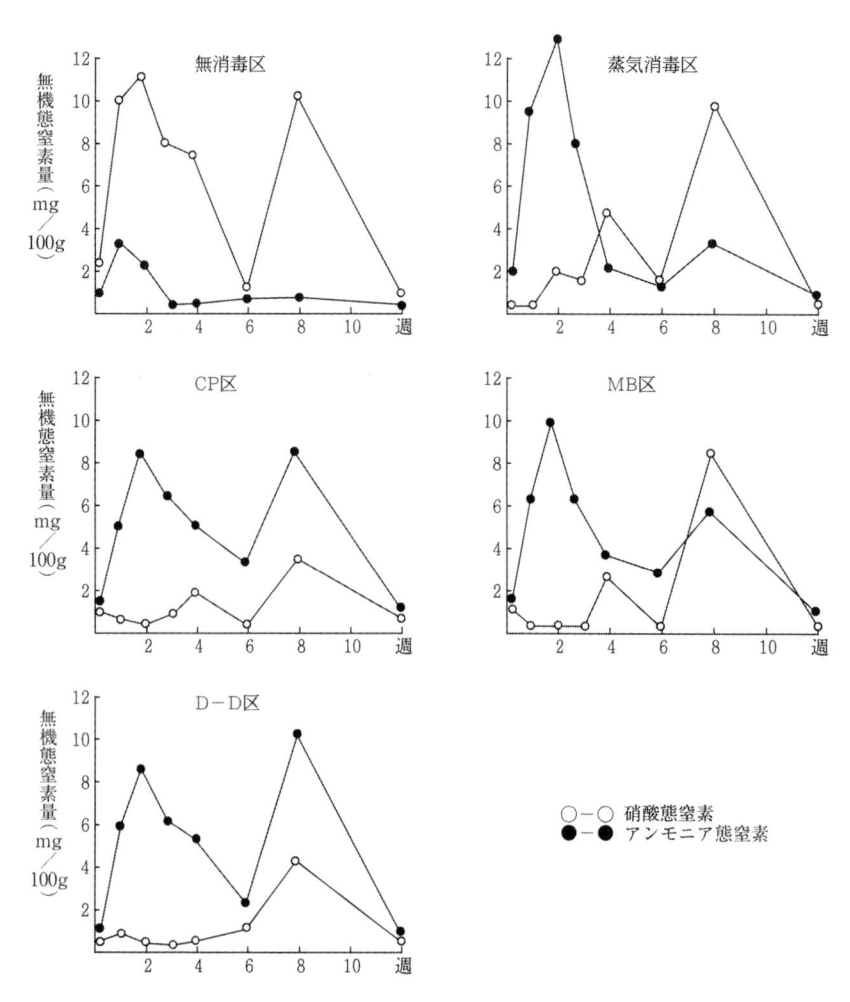

図5 土壌消毒と塩化カリウム（KCl）浸出無機態窒素の働き　（有沢・加藤，1982）

土壌消毒と養分吸収

　土壌消毒により作物の養分吸収も影響を受けます。表1はトマトの無機成分の吸収量です。土壌消毒によって，窒素（N），リン酸（P_2O_5），カリ（K_2O），マンガン（Mn），亜鉛（Zn）の吸収量が増加し，カルシウム（CaO）とマグネシウム（MgO）の吸収量は減少しました。土壌溶液中では，硝酸態窒素（NO_3-N）がカルシウムやマグネシウムの溶解を助けており，土壌消毒により硝酸態窒素の生成が抑制されることが，トマトのカルシウムやマグネシウム吸収が低下する一因になっています。

　また，基肥窒素に硝酸態窒素を30〜50％加えることにより，表2のようにトマトの生育と収量は無施用区より増加しました。土壌消毒後に熟成堆肥を施用し硝酸化成能が回復した場合には，硝酸態窒素の施用効果は小さくなります。

表1　トマトの養分吸収量　　　　　　　　　　　　　　　　　　　　　　　　　　　　　（有沢・加藤，1982）

区名	N (g)	P_2O_5 (g)	K_2O (g)	CaO (g)	MgO (g)	Mn (mg)	Zn (mg)
無消毒区	4.96	1.86	8.08	5.99	1.91	24.2	11.0
蒸気消毒区	5.04	1.80	7.98	4.99	1.74	79.3	13.9
CP区	4.97	1.73	7.89	4.45	1.56	29.7	13.2
MB区	4.96	1.79	8.03	5.34	1.81	33.4	15.6
D-D区	5.23	1.96	8.30	5.08	1.76	32.7	14.9

注：1株当たりの吸収量

表2　硝酸態窒素の施用割合とトマトの生育収量　　　　　　　　　　　　　　　　　　　　　　　　　　　　　　（加藤ら，1984）

堆肥		NO$_3$-N 施用割合（%）	4月18日		5月9日			収量（10株当たり）				果実品質	
			草丈(cm)	茎径(mm)	草丈(cm)	茎径(mm)	葉色	可販果(kg)	奇形果(kg)	合計(kg)	個数	糖度	酸含量(%)
無施用系列	1. 無消毒	0	103	11.8	150	12.6	1.77	33.1	4.7	37.8	246	5.6	0.61
	2. CP消毒	0	98	11.3	159	12.7	1.89	35.1	4.2	39.3	240	5.2	0.58
	3. CP消毒	15	99	11.3	159	14.1	1.88	36.8	3.8	40.6	252	5.1	0.55
	4. CP消毒	30	106	11.4	166	14.7	1.92	39.9	3.3	43.2	255	5.3	0.55
	5. CP消毒	50	106	11.5	164	14.1	1.88	38.4	2.7	41.1	248	5.4	0.59
施用系列	1. 無消毒	0	104	11.4	159	12.7	1.81	36.8	2.5	39.3	244	5.1	0.58
	2. CP消毒	0	104	11.6	165	14.0	1.86	39.0	2.1	41.1	238	4.9	0.54
	3. CP消毒	15	106	11.7	163	13.0	1.87	37.8	3.6	41.4	248	5.3	0.59
	4. CP消毒	30	107	11.5	163	13.6	1.86	38.5	3.0	41.5	243	5.2	0.58
	5. CP消毒	50	105	11.8	165	13.8	1.89	38.6	3.3	41.9	249	5.0	0.56

注：堆肥は500kg/10a施用，茎径は第1果房上と第4果房上，葉色はグリーンメーター示度，果実品質は第1果房を調査した。

土壌消毒後の有機物施用と硝酸化成能の回復

　薬剤による土壌消毒後，硝酸化成能を回復するのに効果の認められた有機質資材は，腐熟させた稲わら堆肥，牛糞堆肥，微生物活性堆肥などでした。堆肥の施用量は標準的な施用量である1～5t/10aで十分で，500t/10aでも一定の効果が認められました（表3）。

　土壌消毒を行なった場合には，良質な堆肥を施用して微生物を補給し，すみやかに微生物相を回復することが重要となります。

表3　有機物の種類と硝酸化成能の回復　　　　　　　　　　　　　　　　　　　　　　　　　　　　　　　　　（加藤，1992）

有機物の種類	1週間後			3週間後		
	NH$_4$-N (mg/100g)	NO$_3$-N (mg/100g)	硝化率(%)	NH$_4$-N (mg/100g)	NO$_3$-N (mg/100g)	硝化率(%)
わら堆肥	4.1	5.3	56	0.9	8.9	91
牛糞堆肥	5.8	5.1	47	1.7	9.3	89
おがくず混合豚糞堆肥	5.4	6.3	54	2.9	10.8	76
微生物活性バーク堆肥	3.5	5.5	61	1.3	8.3	86
バーク堆肥	6.0	2.6	30	3.1	8.1	72
ピートモス	7.6	tr	0	9.4	tr	0
稲わら	8.8	tr	0	8.9	0.8	8
無施用	9.3	tr	0	11.2	tr	0

注1：NO$_3$-N/無機態N×100を硝化率とした。
　2：ピートモスは300ℓ/a，稲わらは100kg/a，その他300kg/a施用。
　3：trは検出下限以下。

第 1 章　土壌改良，土壌管理　共　通　46　耕作放棄地を田畑に戻す場合の留意点

46　耕作放棄地を田畑に戻す場合の留意点

　耕作放棄地を再び田畑に戻すには，耕作放棄後も耕うんと除草を励行し，雑草を生やさないことが肝要です。耕作放棄年数は 3～5 年を限度とします。この期間内ならば，耕作放棄の影響は主として土壌表層部の養分（窒素）富化に限られるので，田畑に戻した当年は減肥を基本とし，作物の生育状況によって追肥を行ないます。2 年目は多くの場合，慣行施肥に戻すことができます。

耕作放棄にともなう問題点

　耕作放棄を続けると田畑にはたちまち雑草が茂り，土の性質が変わり，荒廃化します。それに加えて，隣接地への雑草の侵入や虫害の発生などの問題も生じます。そこで，耕作放棄中といえども土壌管理を徹底することが重要であり，適切な管理によって短期間に田畑に戻すことが可能になります。

耕作放棄による雑草の発生と耕作放棄年数の限度

耕作放棄田

　図 1 に示したように，平野部（低地）の耕作放棄田では休耕して 1～4 年でノビエ，ミズガヤツリなどの水田雑草が優占し，湿田の場合は 2～3 年で畦畔や水路の周辺からガマ，ヨシなどの大型多年生雑草が侵入

立地	地域	休耕年数	雑草の種類（優占する雑草＞その他の雑草）	雑草の重量 (kg/a)
	千葉	13	ヨシ，スギナ＞セイタカ，ガマ	
	九十九里	11	ヨシ，ヨモギ＞ガマ，オオイヌタデほか	
	市原	10	ヨシ	
	千葉	8	セイタカ，スギナ，ヨシ	
平野部	千葉	6	ミズガヤツリ＞ノビエ	
	丸山	5	ノビエ，コブナグサ＞ミズガヤツリ，ミゾソバ	
	市原	5	ガマ，ミズガヤツリ＞ヨシ，ノビエ	
	八日市場	5	セイタカ，ヨシ，ガマ	
	九十九里	5	アゼガヤツリ＞ガマ，オオアレチノギク	
	八日市場	4	ノビエ	測定不能（焼却）
	八日市場	4	ヨシ＞ノビエ	
	干潟	3	ミズガヤツリ，ノビエ	
	市原	3	ノビエ＞ミズガヤツリ，コブナグサ	
	八日市場	2	ノビエ	
	市原	1	イガガヤツリ，ミズガヤツリ，ノビエ	
	九十九里	1	ミズガヤツリ，マツバイ＞ノビエ，サナエタデ	
	九十九里	1	ノビエ，マツバイ＞コアゼガヤツリ，メヒシバほか	
山間部	丸山	10	セイタカ，ヨシ，ススキ＞スイカズラ，チガヤ	
	君津	9	カナムグラ，カモジグサ，セリ＞ヨモギほか	
	丸山	8	チカラシバ＞セリ，オオチドメ	
	君津	5	ヨシ，コブナグサ＞クズ，イガガヤツリ，ヨモギ	
	丸山	3	コブナグサ，ミゾソバ＞ガマ，セリ，オオチドメ	
	丸山	2	ヨシ＞アシボソ，ミゾソバ	
	君津	1	スズメノカタビラ，ノミノフスマ，タネツケバナほか	

図 1　耕作放棄田（休耕田）における雑草の種類と重量　　　　　　　　　　　　　　　　　　（安西，1988）
注 1：雑草の重量は，☐ 風乾重，☐ 新鮮重。
　 2：セイタカはセイタカアワダチソウ。
　 3：一部の地点については省略した。

し始め，5年以上で優占状態となります。一方，乾田では乾燥地を好むセイタカアワダチソウが3～5年で目立ってきます。山間部の耕作放棄田では，3～5年でガマ，ヨシ，セイタカアワダチソウが侵入し，さらに年数が増すとクズ，カナムグラなどの山野草が繁茂してきます。

このように耕作放棄田では3年目頃から大型多年生雑草や山野草が侵入し，5年で目立つようになり，10年以上で完全に優占し群落化する経過をたどります。雑草の重量は秋～初冬の調査によると，耕作放棄3年で38～74kg/aであり，稲わら生産量にほぼ匹敵します。

これらのことから，耕作放棄田を水田に戻すならば，耕作放棄年数は大型多年生雑草や山野草が侵入・繁茂するまでの3年以内を目標にし，5年を限度とします。

耕作放棄畑

畑地においても休閑中の土壌管理に関する試験（表1）によれば，作付け再開後の雑草発生量は，①3年放任（耕作放棄）では3年後でも減少しない，②3年ロータリー耕管理では作付け1年目は多かったが，3年目は抑制できたことがわかります。

このことから，畑地でも3年が耕作放棄の限度であり，雑草の発生抑制の観点からは緑肥導入や少なくとも耕うんを続ける効果が高いといえます。

表1　3年間の畑地管理の違いと作付け再開後の雑草の発生量
（白木ら，2005を改変）
（単位：g/m²）

試験区	作付け1年目	作付け3年目
対照（慣行輪作）	11.7	10.8
3年緑肥導入	11.7	9.9
3年ロータリー耕	53.9	5.6
隔年ロータリー耕	10.4	16.7
3年放任	39.4	37.8

耕作放棄にともなう水田土壌の乾湿変化向

表2によれば，平野部の耕作放棄田は水稲連作田（対照）に比べて湿田方向にある地点が多いことがわかります。耕作放棄は土壌あるいは栽培などの条件が悪いところで行なわれるので，必然的に用排水設備が十分でない湿田がその対象となります。こうした地点では，中干しや水稲収穫機械の導入のための落水などをしなくなるために，土壌が常に低湿な状態におかれます。

一方，山間部の水田の用水は天水あるいは小さな溜池に頼っていますが，耕作放棄すると全く水管理がなされないので，水の出入りは自然状態に任されることになります。このような場合，最上位の耕作放棄田は山からのしぼれ水の影響できわめて低湿となりますが，中位～下位の耕作放棄田は用水の供給がなくなり，乾いてきます。

このように，耕作放棄田の土壌の乾湿状態は休耕後の水の出入りに左右されますが，一般的には乾田であった地点はさらに乾く方向に，湿田であった地点はさらに湿る方向に変化していきます。こうした土壌変化は耕作放棄して3年以降から顕著になります。

表2　耕作放棄田における土壌の乾湿の変化　　（安西，1988）

立地	乾湿の変化	調査点数	該当地点の耕作放棄年数
平野部	乾田方向	2	1, 4
	湿田方向	9	1, 3, 3, 4, 5, 5, 10, 10, 10
	変化なし	17	―
山間部	乾田方向	2	1, 8
	湿田方向	2	2, 10
	変化なし	6	―

注1：耕作放棄田と水稲連作田のグライ層あるいは斑鉄の生成部位の差が20cm以内の場合を変化なしとした。
　2：変化なしの地点は省略した。

耕作放棄による土壌の養分含量の変化

耕作放棄年数にともなう雑草の集積によって，耕作放棄田における土壌の炭素，窒素，カリ含量は直線的に増加します。これら養分の増加量は5年で，炭素1.3倍，窒素1.1倍，カリ2.0倍になり，これは1作で生産される稲わら（炭素40％，窒素0.65％，カリ1.4％含有とする）の全量を，炭素とカリは3年間，窒素は5年間連用した場合にほぼ匹敵する計算になります。すなわち，耕作放棄は毎年稲わらを全量施用するほどの影響を土壌に与えていると考えることができます。

耕作放棄による土壌の窒素発現量の増大

図1に記した地点のうち，雑草の集積がもっとも顕著だった粘質土と砂質土の耕作放棄田を選び，雑草の集積部位（有機物集積層）とその直下層の無機態窒素（作物が吸収利用できるタイプの窒素で，アンモニア態窒素と硝酸態窒素のことをいう）発現量を調べた結果を図2に示します。

図からわかるように，有機物集積層の窒素発現量は格段に高いのに対して，その直下層と対照水田の窒素発現量はほとんど変わりません。このことから，窒素を含めた土壌の養分含量に対する耕作放棄の影響は表層部に限られると判断できます。

それでは，実際にはどのくらいの窒素が発現してくるのでしょう。表3に示したように，基肥施肥前に採取した土壌の窒素発現量は復元1年目水田では水稲連作田の2倍にも達しますが，収穫時ではほとんど差がなくなっています。一方，復元2年目水田の基肥施肥前の土壌窒素発現量は連作田に比べてやや高い程度であり，収穫時はほとんど同じになっています。これは耕作放棄中に富化した窒素の多くが分解されやすい雑草によるものであり，水稲作1年目でほぼ消費されることを示しています。

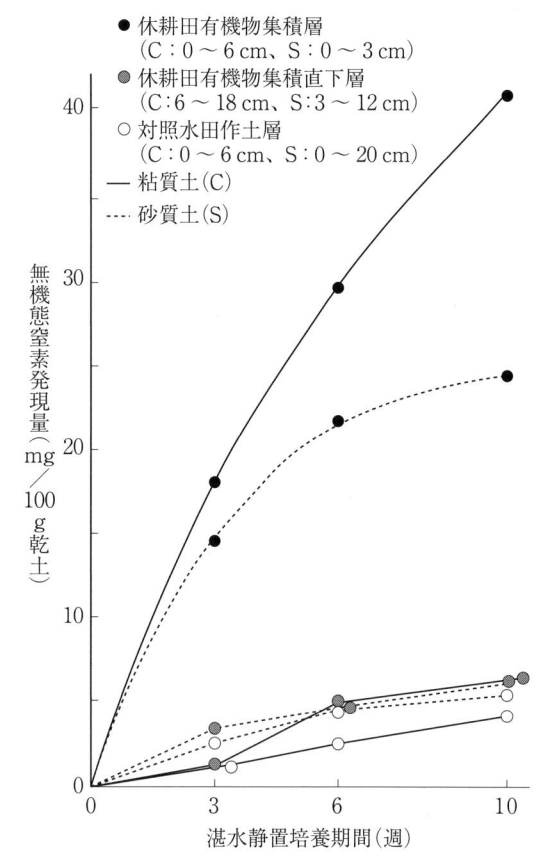

図2 耕作放棄田（休耕田）と対照水田における土壌の無機態窒素発現量 （安西，1992）

表3 試験田における土壌窒素発現量 （安西，1992）
（単位：mg／100 g）

試験田	基肥施肥前	収穫時
復元1年目水田	6.0	2.6
復元2年目水田	3.6	2.4
水稲連作田	2.9	2.4

注：生土を30℃で4週間湛水静置培養。

耕作放棄地を田畑に戻すための要点

これまでの知見から，再び水田に戻すためには，耕作放棄後も栽培時と変わらぬ管理をすることが望ましく，とくに耕うんと除草を励行し，雑草を生やさないことが肝要です。耕作放棄年数は，大型多年生雑草が侵入する前の3年を限度とします。この期間内ならば，土壌の乾湿や養分含量の変化も小さく，耕作放棄の影響は主として土壌表層部の養分（とくに窒素）富化に限られるので，水田に戻した当年は基肥を減らし，水稲の生育状況によって追肥を行なうようにします。そして2年目は明らかに窒素富化が認められる圃場でなければ，慣行施肥に戻すことができます。さらに，作付け前に土壌診断によって窒素発現量を調べておけば，より適切な施肥設計が可能です。

なお，畑地に関する耕作放棄地の復元までを調べたデータは見当たりませんが，上記の水田のデータを参考にすると，畑地での有機物分解は水田に比べて速いことから，集積した畑雑草による養分富化の程度は水田よりも小さいと考えられます。よって，耕作放棄後の土壌・施肥管理は水田に準じてよいでしょう。

耕作放棄地を水田に戻したときの水稲収量（試験例）

上記の要点に沿った試験を紹介します。耕作放棄田をもとに戻した水田（以下，復元田という）において基肥窒素の減肥率を変え，さらに追肥の有無を組み合わせた（以下，これを基肥系列，追肥系列という）試験です。試験田は作土が壌土の湿田で，10年以上耕作放棄したあとに水稲を作付けした復元1年目および2年目水田と水稲連作田の3圃場，供試品種にはコシヒカリを用いています。

水稲の収量結果（図3）をみると，復元1年目水田では基肥窒素量が多い区ほど低収の傾向にあります。これは耕作放棄期間に集積した窒素の発現と肥料窒素により，水稲が過剰に窒素を吸収したため，いもち病が激しく発生したのが主要因です。復元2年目水田の基肥系列でも，基肥窒素量が多い区ほど低収の傾向にありましたが，これは追肥をしなかったためです。追肥系列の収量は連作田の追肥区には及びませんでしたが，全倒伏した6kg区を除くと基肥窒素量の多い区ほど多収となっており，追肥の効果が認められます。

つまり，復元田の窒素施肥は，1年目が基肥量を慣行施肥量の1/2～1/4程度とし，水稲の生育状況に応じて追肥を行ない，2年目からは慣行施肥量に準じてよいという結果が示されています。

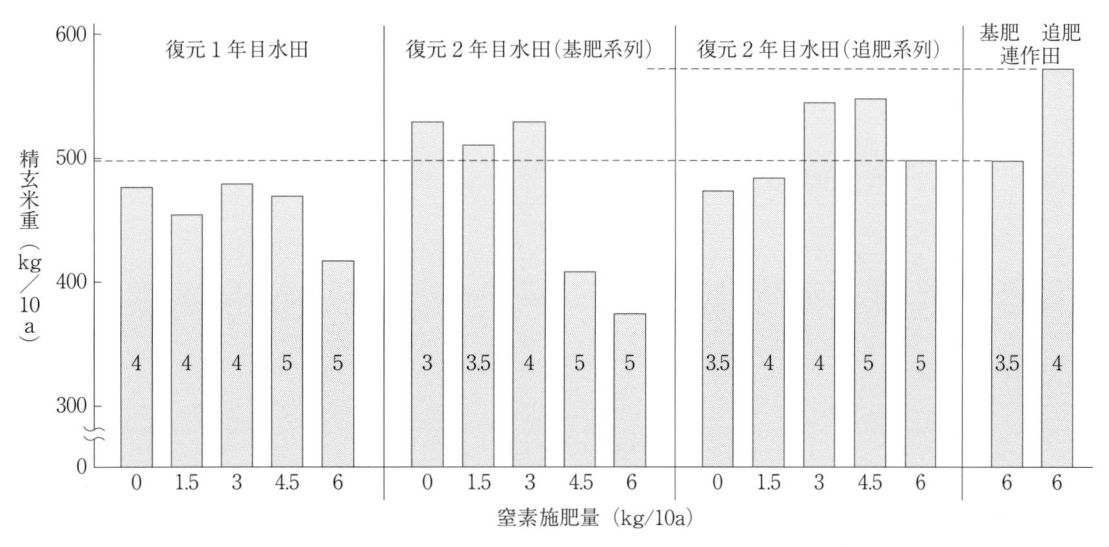

図3 耕作放棄地を水田に戻したときの基肥窒素施肥量の違いによる水稲の収量 （安西，1992）

47 pHの測定と活用

pHは土壌中の水素イオン濃度の量を示し、pHの変動により肥料成分の溶解性や作物への吸収度合いが変化します。土壌のpHは土壌の石灰や苦土含量が少ないと酸性、多いと中性やアルカリ性となります。酸性土壌ではアルミニウムなどの活性化やリン酸の不可給化による生育不良、逆に中性あるいはアルカリ性土壌ではホウ素、マンガンなど微量要素の不可給化などにより、作物に要素の欠乏が発生しやすくなります。

なぜpHを測るのか

作物には生育に適した土壌pHがあるため、作物生育に好適な土壌pHで作物を栽培することが必要です。このため、土壌のpHを測定することにより（図1）、作物生育に適している土壌かどうか判断することが必要です。

土壌pHと作物の生育との関係

作物を輪作する場合、好適pH域が互いにかけ離れた作物を栽培することは、土壌管理を行なううえで大変難しくなります。このため、同様の好適pH域で栽培できるように作物を選定することが望まれます（表1）。

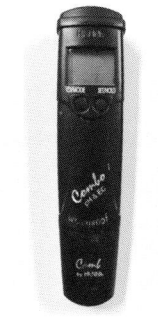

図1 pH・ECメーターの例（ZAパーソナル用）

表1 作物の生育に好適なpH範囲

区分	pH				
	ややアルカリ性	中性	やや酸性～中性（標準）	やや酸性	酸性
	6.5以上	6～6.5	5.5～6.5	5.5～6	5.5以下
ア行	アスター、アルファルファ、アワ、イチジク、エンドウ	アズキ、アスパラガス、オクラ	イネ、インゲン、イタリアンライグラス、イチゴ、ウド、エダマメ、エンバク、オーチャードグラス	オウトウ	
カ行	カーネーション、キク、グラジオラス、クローバー	カキ、コムギ	カブ、カボチャ、カリフラワー、キャベツ、キュウリ、グラス類、クロダイズ、ゴボウ、コマツナ	クリ	
サ行	サトウキビ、セントポーリア	シュンギク	サツマイモ、サトイモ、サラダナ、シクラメン、ジャガイモ、ショウガ、スイートコーン、スイカ、セルリー、ソバ、ソルガム、ソルゴー		
タ行	チューリップ、テンサイ	テッポウユリ、トマト	ダイコン、ダイズ、タバコ、タマネギ、チモシー、デントコーン、トールフェスク		チャ、ツツジ、ツバキ
ナ行		ナシ、ナス、ナッパ類、ネギ	ニンジン、ニンニク		
ハ行	ハダカムギ、パンジー、ビールムギ、ブドウ、フリージア、ホウレンソウ	ハクサイ、バラ、ピーマン	パセリ、フキ、ブロッコリー		ブルーベリー
マ行	ミツバ	メロン	マリーゴールド	ミカン、モモ	
ラ行		レタス	ライムギ、ラッカセイ、ラッキョウ、リンゴ、レンコン		ラン、リンドウ

注：ジャガイモは、そうか病対策のため、石灰による矯正を行なわない場合が多い。

土壌 pH による土壌養分の供給力の変化

　pH が変化することによって，肥料成分の溶解性や作物への吸収のしやすさが変化します（図2）。一般に土壌の pH は土壌の石灰や苦土含量が少ないと酸性，多いと中性ないしアルカリ性となります。酸性土壌ではアルミニウムやマンガンが活性化して植物に害を与えるとともに，土壌中のリン酸が溶けにくい形態に変化し，リン酸が吸収されにくくなります。逆に中性あるいはアルカリ性土壌では鉄，マンガン，銅，亜鉛などが溶けにくくなり，吸収されにくくなる結果，作物にこれらの要素の欠乏が発生しやすくなります（表2）。

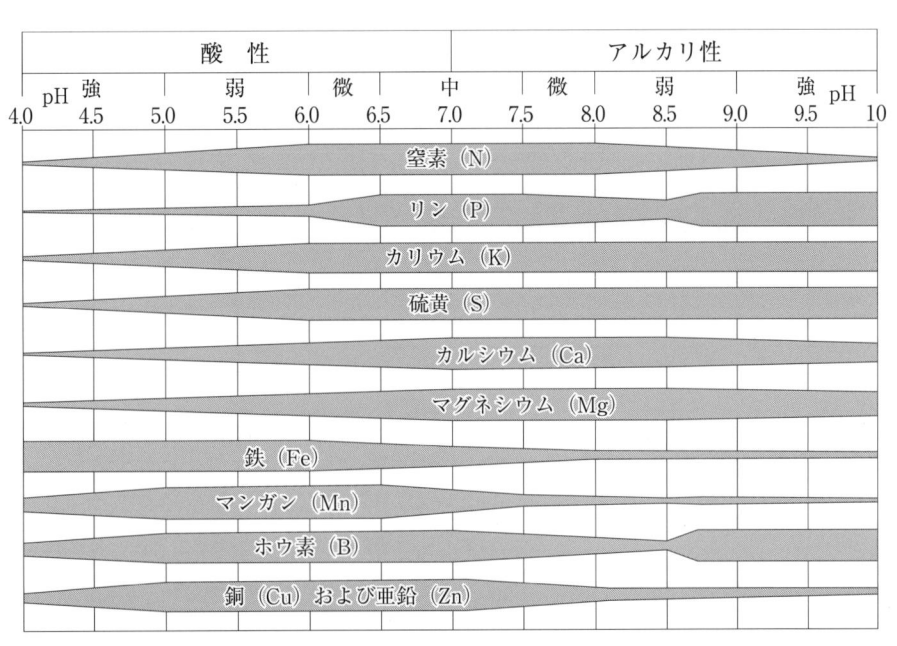

図2　土壌の pH と肥料成分の溶解性・可溶性　　　（Truog, 1949 より一部改変）

表2　要素欠乏・過剰の発生しやすい土壌条件　　（清水）

条件 障害の種類	土壌条件		可給態成分含量
	土壌反応		
	酸性	中性～アルカリ性	
発生しやすい欠乏	カルシウム，マグネシウム，リン酸，ホウ素（マンガン）	銅，亜鉛，鉄，マンガン，ホウ素	少量
発生しやすい過剰	銅，亜鉛，アルミニウム，マンガン，ホウ素	―	多量

注1：（ ）は例が少ないが発生することがある。
　2：窒素やカリは施用量が少ないと欠乏しやすく，多くなると過剰になりやすい。
　3：カリとマグネシウムは拮抗作用によって，いずれか一方が多く存在すると他方が適量存在しても欠乏を示すことがある。

第1章 土壌改良，土壌管理　共　通　47　pHの測定と活用

土壌の酸性やアルカリ性に起因する要素障害

一般に土壌反応（pH）が劣悪化すると作物の養分吸収に過不足を生じ，酸性土壌では苦土欠乏や石灰欠乏，中性〜アルカリ性ではマンガン欠乏や鉄欠乏の発生が多くみられます。また，土壌の乾燥程度によっては石灰欠乏やホウ素欠乏の発生が多くみられます。

土壌pHと病害との関係

一般に土壌が酸性化すると有用微生物は生息しにくくなります。

また，土壌病害の発生状況も土壌のpHによって異なるので，土壌のpHを適切に管理することは非常に大切です。たとえば，キャベツなどのアブラナ科野菜で発生しやすい根こぶ病やトマトの根を枯らす萎凋病などは，アルカリ土壌では発病が抑えられることが知られていますが，ジャガイモのそうか病は逆にpHが高くなると発生しやすくなります。

土壌pHと塩基飽和度との関係

土壌粒子はマイナスの電気を帯びていることから，陽イオンであるカルシウムやマグネシウム，カリウムなどの塩基類を引きつけて電気的に中性を保っています。

この土壌のマイナス荷電のうち引きつけられている塩基類（大部分はカルシウムイオン）がどの程度の割合であるのかを示すのが塩基飽和度で，飽和度が低いと土壌のマイナス荷電に同じ陽イオンである水素イオンが多く保持される割合が増え，逆に飽和度が高いと塩基類が多く保持されていることを意味します。

pHとは土壌中の水素イオン濃度の大小を表す指標であり，水素イオン濃度が高いほどpHの値は低くなり，塩基飽和度が高いほどpHは高くなる傾向があります。そのため図3に示したように，土壌によって多少の違いはあるものの塩基飽和度とpH（H_2O）には密接な関係がみられ，pHによって塩基飽和度が推測できます。大まかには，塩基飽和度80％はpH6前後に，塩基飽和度100％はpH7前後になります。

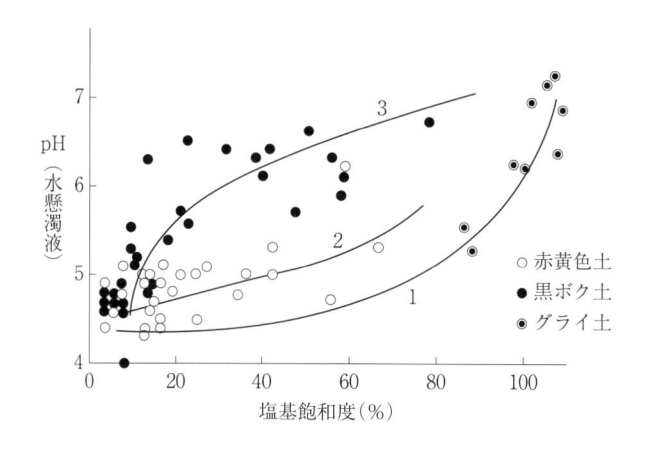

図3　赤黄色土，黒ボク土，グライ土の塩基飽和度とpH
（菅野，1961；松尾ら，1962）

pH（H_2O）とpH（KCl）の違い

pHは土壌中の水素イオン濃度を表す指標です。pH（H_2O）は土壌に弱く引きつけられている水素イオン濃度を測定します。これに対しpH（KCl）は，土壌に引きつけられている水素イオンをカリウムイオン

と交換することによって水素イオンをより多く測定できます。そのため，pH（H₂O）に比べてpH（KCl）は施肥の影響を受けにくく，ほぼ一定の値をとることが知られています。一般的にはpH（H₂O）よりもpH（KCl）の値のほうが0.5～1程度低く出ます（図4）。

ただし，電気伝導度（EC）が高い場合にはこの差は小さくなります。pH（H₂O）とpH（KCl）の差が0.5以下の場合には，図5に示したように，ECが高くなっている場合があります。このような現象はハウス土壌においてよくみられます。全農型土壌分析器「ZAパーソナル」ではpH（NaCl）を測定しますが，pH（H₂O）との違いはここに示したpH（KCl）と同様と考えてください。また，pH（NaCl）の測定では，値がpH（KCl）に比較して0.1程度高くなる傾向にあります。

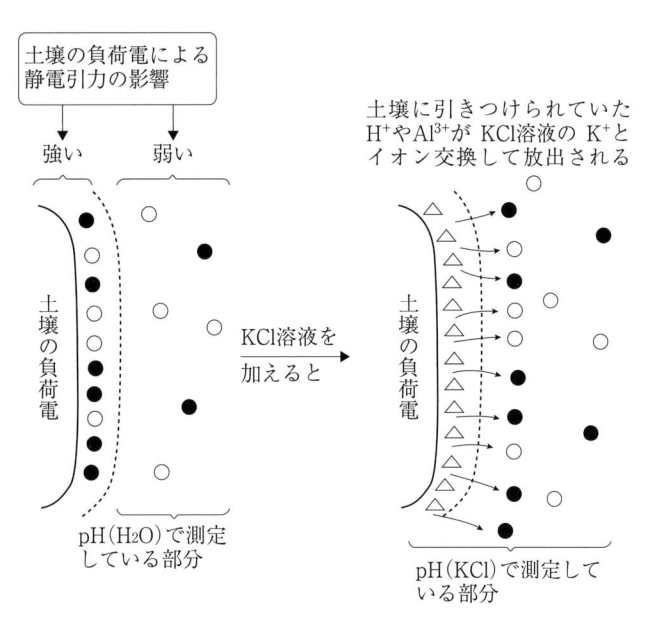

図4 pH(H₂O)とpH(KCl)の違いの概念図

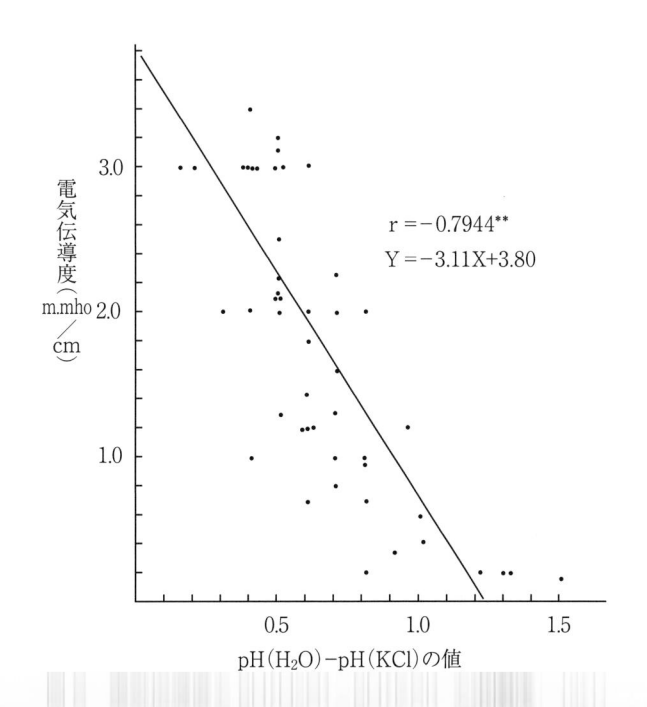

$r = -0.7944^{**}$
$Y = -3.11X + 3.80$

第1章 土壌改良，土壌管理　共通　47 pHの測定と活用

土壌pHを低下させる要因

通常，石灰など塩基が降雨などの影響で流亡して塩基の含量が少なくなると，土壌は酸性を示すようになります。とくに，わが国のように降雨量が多いと土壌の酸性化が進みます。また，硫安や塩加などの生理的酸性肥料の施用によって，硫酸根や塩素根など酸性を示す陰イオンが土壌中に多く残る場合や硝酸態窒素が土壌に多くある場合には，土壌のpHは低くなります（図6）。一方，アンモニア態窒素が土壌中に多く存在するとpHを高くする方向に影響します。

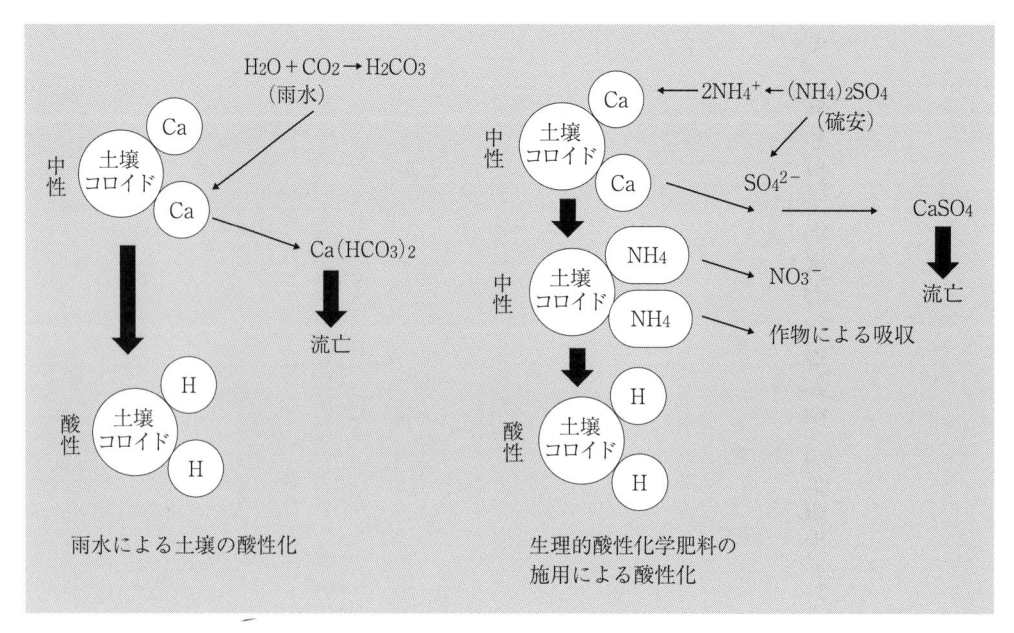

図6　雨水・肥料による土壌の酸性化　　　　　　　　　　　　　　　　　　　　（全農）

48 ECの測定と活用

土壌のEC（電気伝導度）は，土壌中にどのくらい養分が残っているのかを示す指標となり，とくに硝酸態窒素の存在量の指標としてよく使われます。ECが低い（0.3mS/cm以下がめやす）と作物がよく育たないので，積極的に窒素を施す必要があります。逆に高い場合（1.0mS/cm以上がめやす）は，場面によって窒素施肥量を減らす必要が出てきます。極端に高い場合は作物がうまく育たなくなります。ECは現場でも簡単に測定できるうえ，得られる情報が多いため，積極的に現場の施肥に活用しましょう。

ECは土壌養分の指標

ECとは，土壌中にどのくらい養分が残っているのかを示す指標です。単位としてはmS/cmまたはdS/mですが，どちらも数値は同じです。土壌中の養分としては，陰イオンとして硝酸態イオン，硫酸イオン，塩素イオンがあり，陽イオンとしてはカルシウムイオン，マグネシウムイオン，カリウムイオン，ナトリウムイオン，アンモニウムイオンなどがありますが，とくに硝酸態窒素との関係が深いことが知られています。

硝酸態窒素が高くなるとECも高くなり，一般的に高い相関性が認められます。このことから，ECを測定することにより硝酸態窒素含量が推定でき，基肥窒素の減肥などに関する情報が得られます。この関係は土壌によって異なりますが，めやすとしてはEC 1 mS/cmで硝酸態窒素約25〜30 mg/100 gとなります（表1）。

ただし，ハウス土壌などでは硫酸イオンが蓄積している場合があるので，正確な硝酸態窒素の含量を把握するには硝酸態窒素の測定が必要になります。ECから正確な硝酸態窒素を推定しようとするなら，圃場ごとにECと硝酸態窒素濃度の相関関係を調査しておけば，ECの値からかなり正確に硝酸態窒素を推察することができます。

表1　ECと硝酸態窒素の土壌別の換算式
（藤原，2008を一部改変）

土壌の種類		窒素推定式
黒ボク土		$Y = 38X - 10$
黒ボク土以外	沖積土・洪積土	$Y = 44X - 15$
	砂質土	$Y = 29X - 5$

注：XはEC（mS/cm），Yは硝酸態窒素（mg/100 g）。

なぜECを測るのか

作物は土壌溶液を通じて大部分の養分を吸収するので，ECを調べることによって作物に供給される土壌養分の状態を知ることができます。ECが低い場合は肥料不足，高い場合は塩類濃度障害の原因になり，いずれも作物の生育が悪くなるので，ECを測定し適正な土壌の養分状態に保つことが必要となります。

一方，ECが極端に高い場合は塩類濃度を下げる必要がありますが，そのめやすは使用する土壌の種類（表2）や作物の耐塩性（p.54表1参照）によって異なります。概ね1.0mS/cm以下がめやすとなりますが，

表2　塩類濃度と野菜の生育障害（土壌浸出液のEC値）
（神奈川農試）
（単位：mS/cm）

土壌	生育障害を受ける濃度		生育限界濃度	
	キュウリ	トマト	キュウリ	トマト
砂土	1.3〜1.6	1.3〜1.8	1.6〜2.2	1.8〜2.2
沖積土	1.6〜2.1	1.8〜2.3	2.3〜2.7	2.3〜3.3

砂質土壌ではその1/2をめやすとしてください。また，基肥施用後であれば1.0mS/cmを超えることもあるので，採取した土壌の履歴にも留意する必要があります。

土壌のECを低くする方法

ECが高い場合の基本的な対策としては，下層土との混和（深耕），灌水による除塩，客土，クリーニングクロップ栽培による養分の吸収除去などがあります。なお，施設栽培ではEC値が高まりやすいため，定期的にECを測定し施肥の適正化を図り，肥料成分が残らないようにすることが重要です。

植付け時の好適ECのめやす

適正なECの値は作物，土壌によって異なりますが，植付け時のめやすは表3のとおりです。

表3 植付け時の適正なECのめやす (加藤，1996)
(単位：dS/m)

土壌の種類	作物の種類	
	果菜類	葉・根菜類
腐植質黒ボク土	0.3〜0.8	0.2〜0.6
粘質土・沖積土	0.2〜0.7	0.2〜0.5
砂質土（砂丘未熟土）	0.1〜0.4	0.1〜0.3

土壌ECの測定値から施肥量を調整

ECの値から大雑把に施肥量を推察することができます。たとえば，ECが低い場合は，施肥基準に定められた施肥量にしたがって施肥を行ないます。

ECが高い場合は硝酸態窒素濃度が高いことが多く，硝酸態窒素を分析して20mg/100g（風乾土）または10mg/100mℓ（生土）以上をめやすとして，県などの指導指針があればその内容にしたがって窒素質肥料の減肥を検討します。しかし，窒素減肥は作物の生育に直結しやすいため，最近の作物の生育状況などを確認のうえ，慎重に対策を決定します。

塩基バランスの改善方法

pHやECだけでは石灰／苦土比，苦土／カリ比やリン酸の栄養状態についてはわかりません。これらの成分を知るには，土壌分析などで各成分の分析を行なう必要があります。

塩基とは石灰，苦土，カリのことを意味しています。塩基類はそれぞれの濃度の過不足だけでなく他の塩基とのバランスも重要です。塩基組成は石灰：苦土：カリの当量比＝［65〜75］：［20〜25］：［2〜10］とするのが目標となっています。めやすとしては石灰／苦土比は当量比で6以下，苦土／カリ比は当量比で2以上とすると考えやすくなります。

塩基成分やリン酸などの改良目標値については，各県の土壌診断基準に従って改良を行なってください。また，これらの情報はインターネットを利用して入手することもできます。

pHとECの測定結果と対処法

pHとECによって，土壌の大まかな養分状態が推測できます。

ECが低い場合は，土壌に吸着されていない陰イオンの総量が少ないこと，とくに硝酸態窒素も少ないことを意味します。

ECが高い場合は，硝酸イオンか塩素イオンあるいは硫酸イオンなどの陰イオンが全体として多いという状態です。この陰イオンと対になる陽イオンの種類やその量によって，pHや塩基飽和度は当然変化します。たとえば塩害地でナトリウムが多い場合は，pHが適正でも塩基飽和度が著しく低いということがあり得ます。土壌中にアンモニウムイオンが多い場合にも同様のことが起こります。

pHとECの測定結果と対処法について，表4に示したので参考にしてください。

表4 pHとECの測定結果に基づくマトリックス対処法

	⑦ pH高/EC低	⑧ pH高/EC適正	⑨ pH高/EC高
pH高↑低	pH：①pHが高いので，石灰質資材は控える。②pHが極端に高く，作物の生育をさまたげる恐れがある場合はpHを上げない資材を使用する。③pHが高いと微量要素欠乏が起こりやすいので，微量要素入り肥料を用いるなど微量要素の補給も検討する EC：EC値が低く，土壌中の養分が低くなっているため，暦に沿った施肥を行なったうえで，作物の生育をみながら，必要に応じて追肥を施すなど適切な管理に心がける	pH：①pHが高いので，石灰質資材は控える。②pHが極端に高く，作物の生育をさまたげる恐れがある場合はpHを上げない資材を使用する。③pHが高いと微量要素欠乏が起こりやすいので，微量要素入り肥料を用いるなど微量要素の補給も検討する EC：ECの値は適正範囲内でとくに問題ないため，暦に沿った施肥を行なう	pH：①pHが高いので，石灰質資材は控える。②EC値が高いことからpHが極端に高い場合は，作物の生育とともにさらに上昇し微量要素欠乏が生じる恐れがあるため，微量要素の補給を検討する。③積極的にpHを低下させる資材の使用を検討する EC：①塩類濃度が高いため，作物に障害が出ないかどうか注意が必要。②作物のできが悪い場合は，濃度障害の可能性があるため深耕，十分な灌水，クリーニング作物により過剰な養分を吸収除去するなどの除塩対策を行なう
	④ pH適正/EC低	⑤ pH適正/EC適正	⑥ pH適正/EC高
	pH：①適正範囲内であり，問題ない。②1作でpH 0.5程度低下するため，毎作pH 0.5上昇分の石灰を施用する EC：①EC値が低く，土壌中の養分量が低くなっている。②暦に沿った施肥を行なったうえで，作物の生育をみながら，必要に応じて追肥を施すなど適切な管理に心がける	pH：①pHは適正範囲内であり，問題ない。②1作でpH 0.5程度低下するため，毎作pH 0.5上昇分の石灰を施用する EC：ECの値は適正範囲内で，とくに問題ない。暦に沿った施肥を行なう	pH：①適正範囲内であり，問題ない。②1作でpH 0.5程度低下するため，毎作pH 0.5上昇分の石灰を施用する EC：①塩類濃度が高いため，作物に障害が出ないかどうか注意が必要。②最近の作物のできが悪い場合は，濃度障害の可能性があるため，深耕・灌水・クリーニング作物などの除塩対策を行なう
	① pH低/EC低	② pH低/EC適正	③ pH低/EC高
	pH：pHが低いのでpHを上げる必要がある。土壌の状態により量を加減する EC：①EC値が低く，土壌中の養分が低くなっている。②暦に沿った施肥を行なったうえで，作物の生育をみながら，必要に応じて追肥を施すなど適切な管理に心がける	pH：pHが低いのでpHを上げる必要がある EC：ECの値は適正範囲内で，問題ない。暦に沿った施肥を行なう	pH：①pHが低位であるが，ECが高く硝酸などが土壌に蓄積しpHを下げている可能性がある。②作付け中にpHが上昇する可能性があるため，pHの矯正は見送ることを検討する。③ECが極端に高い場合はECの対策を優先して，次作の作付け前の測定結果で再度検討する EC：①塩類濃度が高いため，作物に障害が出ないかどうか注意が必要。②最近の作物のできが悪い場合は，濃度障害の可能性があるため，深耕・灌水・クリーニング作物などの除塩対策を行なう。③濃度が極端に高くない場合は，施肥量を控えたうえで，不足する場合は追肥で補う。④腐植の少ない土壌では濃度障害が起こりやすいため，完熟堆肥を施用して腐植を高めることも検討する

EC 低→高

第1章 土壌改良，土壌管理　共通　49 土壌改良資材と土づくり肥料

49 土壌改良資材と土づくり肥料

土壌は多くの機能をもっていますが，そのいずれかの機能を高めたり，欠陥を直したりする物料を総称して従来は土壌改良資材と呼んでいました。

1984年に地力増進法が制定され，同法のなかで新たに土壌改良資材の定義が行なわれました。これまで土壌改良資材として扱われてきた石灰質資材などの肥料類は，法的には土壌改良資材ではなくなりました。しかし，現場ではこれまでどおりの呼称が続いているところも多く，用語の使い方が混乱しているようにも見受けられます。そのため，ここではまず従来の分類について述べたあと，地力増進法の施行によって，それがどう変わったかを述べることにします。

■ 土壌改良資材の従来の分類

従来，土壌改良資材と呼んでいたものを大別すると，①石灰質資材，②ケイ酸質資材，③リン酸質資材，④含鉄資材，⑤有機物資材，⑥市販の各種資材，に分けられます。なお，一般に土壌改良資材という場合は，有機物以外のものを指しています。また，市販されている各種資材は材料の種類，加工の程度がまちまちで，その数は非常に多くなります。たとえば，泥炭や木材の加工物，岩石や鉱物の粉末およびそれらの加工物，合成高分子化合物，微生物資材などがあげられます。

主な種類と特性は次のようです。

石灰質資材

石灰質資材はp.151に記してあるので，それを参照してください。

ケイ酸質資材

主として水田の有効態ケイ酸含量を高め，水稲の倒伏抵抗性や病虫害に対する抵抗性を高めるために使用されています。この資材の代表的なものとしてケイ酸石灰（ケイカル）がありますが，これは鉱石から金属を精錬する際に生じる各種の鉱さいのうち，作物に吸収されやすいケイ酸を含むものを粉砕して製造され，鉱さいの種類によってケイ酸含量が異なります。ケイカルについてはp.159を参照してください。

リン酸質資材

この資材は単に施肥リン酸として用いられるばかりでなく，火山灰土など土壌の化学的不良性を総合的に改善するねらいで用いられています。主なものに熔成リン肥，苦土重焼リンなどがあります。

含鉄資材

老朽化水田の改良のために施用する鉄分を含んだ物料のことで，老朽化水田で多量に発生する硫化水素と結合してこれを無害にしたり，有機物の分解にも関係して肥効を調節したりします。主なものにボーキサイトかすや転炉さいなどがあります。

有機質資材

堆肥，厩肥，バーク（樹皮）堆肥，緑肥などがあげられます。近年，稲わらなどを材料とした堆肥，厩肥の生産は著しく減少し，それに代わってバーク堆肥の市販量が増加しています。バーク堆肥は十分（半年以上）発酵堆積して，よく腐熟させたものを用いる必要があります。バークは分解速度が遅いことから，その施用効果は土壌物理性の改良が主体となります。緑肥は栽培緑肥と野草緑肥とがありますが，通常，水田ではレンゲ，クローバーなどのマメ科が，畑ではソルゴー，青刈りトウモロコシなどイネ科の作物がすき込み用として用いられています。これらの資材は土壌の化学性，物理性，生物性などを総合的に改善するのに役

立ちます。なお，地力増進作物についてはp.126を参照してください。

市販の各種資材

地力増進法の政令で指定された土壌改良資材のみならず，土壌の性質（物理性，化学性，生物性）を改善すると称するすべての資材が，これに該当します。

地力増進法と新しい分類

従来，土壌改良資材と称して市販されているもののなかには，施用効果があるかどうか，はっきりしないものがかなり含まれており，誇大な宣伝もされているようです。新しく制定された地力増進法では，ユーザー（農家）の利益を保護するため，多数の資材のなかから確実に効果のあるものだけを選び，その種類を政令で指定しています。現在指定されているのは12種類（表1）ですが，今後試験研究機関の検討が進み科学的に効果が明らかになったものは追加して指定されることになります。

なお，古くから使われている堆厩肥類は，農家自身がその効果を十分知っており品質も判別できるので，指定の対象にはしないとしています。堆厩肥以外で指定されないものは，効果があるかどうか国としては保証できないので，自らの責任において効果を確証して使用することが肝要です。

水田や畑地の土壌改良によく使われているケイカル，熔リン，石灰質資材などは，法のもとでは肥料であっても，現在でも土壌改良資材と呼ばれていることがあるので，混乱を招く場合も多いかと思われます。それを避けるために，肥料であって土壌改良にも役立つものを，とくに「土づくり肥料」と呼んでいます。

第 1 章 土壌改良，土壌管理　共　通　49　土壌改良資材と土づくり肥料

表 1　土壌改良資材一覧

土壌改良資材の種類	基　準	用　途		原料の表示例	施用上の注意
		表示区分	主たる効果		
1．泥　炭	乾物100g当たりの有機物の含有量20g以上	有機物中の腐植酸の含有率が70％未満のもの	土壌の膨軟化，土壌の保水性の改善	北海道産ミズゴケ（水洗—乾燥）	（用途〈主たる効果〉として土壌の保水性の改善を表示するものに限る）過度に乾燥すると，施用直後，十分な土壌の保水性改善効果が発現しないことがあるので，その場合には，播種，栽植などは十分に土となじませたあとに行なう
		有機物中の腐植酸の含有率が70％以上のもの	土壌の保肥力の改善		
2．バーク堆肥	肥料取締法の特殊肥料に該当するものであること		土壌の膨軟化	広葉樹の樹皮を主原料（85％）として牛糞および尿素を加えて堆積腐熟させたもの	多量に施用すると，施用当初は土壌が乾燥しやすくなるので，適宜灌水する。また，この土壌改良資材は，過度に乾燥すると，水を吸収しにくくなる性質をもっているので，過度に乾燥させないように注意する
3．腐植酸質資材	乾物100g当たりの有機物の含有量20g以上		土壌の保肥力の改善	亜炭を硝酸で分解し，炭酸カルシウムで中和したもの	
4．木　炭			土壌の透水性の改善	広葉樹の樹皮を炭化したもの	地表面に露出すると風雨などにより流出することがあり，また，土壌中に層を形成すると効果が認められないことがあるので，十分に土と混和する
5．珪藻土焼成粒	気乾状態のもの1ℓ当たりの質量700g以下		土壌の透水性の改善	珪藻土を造粒（粒径2mm）して焼成したもの	
6．ゼオライト	乾物100g当たりの陽イオン交換容量50mg当量以上		土壌の保肥力の改善	大谷石（沸石を含む凝灰岩）	
7．バーミキュライト			土壌の透水性の改善	中国産ひる石（粉砕—高温加熱処理）	地表面に露出すると風雨などにより流出することがあるので十分覆土する
8．パーライト			土壌の保水性の改善	真珠岩（粉砕—高温加熱処理）	地表面に露出すると風雨などにより流出することがあるので十分覆土する
9．ベントナイト	乾物2gを水中に24時間静置したあとの膨潤容積5mℓ以上		水田の漏水防止	山形県産ベントナイト（膨潤性粘度鉱物）	
10．VA菌根菌資材	共生率5％以上（供試植物名）		土壌のリン酸供給能の改善	VA菌根菌をゼオライトに保持させたもの	有効態リン酸の含有量の高い土壌に施用しても，効果の発現が期待できないことがある。また，○○（植物名）には効果が発現しないことがある
11．ポリエチレンイミン系資材	質量百分率3％の水溶液の温度25℃における粘度10ポアズ以上		土壌の団粒形成促進	アクリル酸・メタクリル酸ジメチルアミノエチル共重合物のマグネシウム塩とポリエチレンイミンとの複合体	
12．ポリビニルアルコール系資材	平均重合度1,700以上		土壌の団粒形成促進	ポリビニルアルコール（ポリ酢酸ビニルの一部をけん化したもの）	火山灰土壌に施用した場合には，十分な効果が認められないことがある

50 石灰質肥料

　石灰は植物の必須要素の1つで，植物細胞膜の生成やタンパク質合成などに関係していますが，石灰質肥料は主に酸性を矯正するために施用されます。石灰質肥料には炭カル，消石灰などいろいろな種類があるので，その特徴を活かして施用することが大切です。

■ 石灰質肥料の種類と性質

生石灰

　砕いた石灰石を約1200℃で焼いたもので，成分は石灰石の品質に左右されますが，公定規格はアルカリ分約80%以上，苦土を保証するものではアルカリ分のほか可溶性苦土8%以上，またはく溶性苦土7%以上と定められています。

　石灰質肥料のなかでもっとも強いアルカリ性を示し，酸性矯正力はもっとも強いものです。吸湿性が強く，水をかけると激しく発熱し，膨張する性質をもっているので，袋の破れなどを防いで貯蔵中に水分を吸わないように注意します。

消石灰

　生石灰に水を加えて化合させ，水酸化カルシウムとしたものです。公定規格はアルカリ分60%以上，苦土を保証するものではアルカリ分のほか可溶性苦土6%以上，またはく溶性苦土5%以上と定められています。

　白色の粉末で水に溶けにくいですが，溶けた部分は強いアルカリ性を示します。空気中で長く放置すると炭酸ガスを吸って炭酸カルシウムとなり，容積が増大します。このとき袋が破れることがあるので，穴などをあけないよう取扱いに注意します。

　アルカリ性が強いので，アンモニア塩類や水溶性リン酸を含む肥料と配合してはいけません。窒素の揮散やリン酸の不溶化などを招く恐れがあるからです。

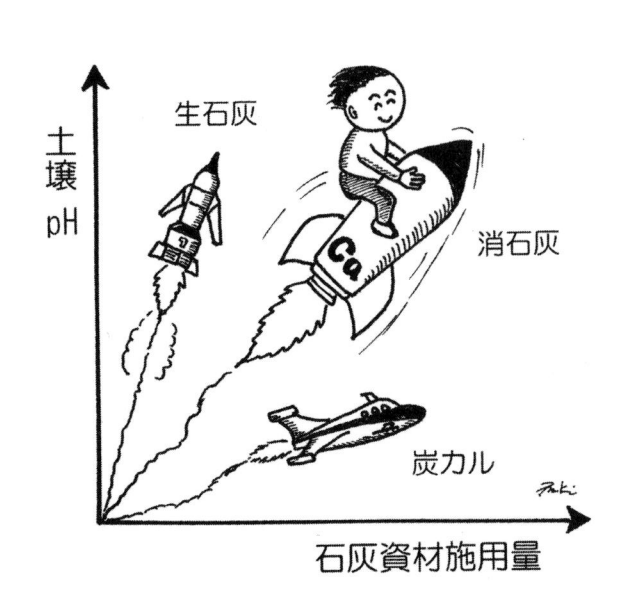

炭カル，苦土炭カル

　炭カルは石灰石を粉砕したもので，ドロマイト（白雲石）またはそれを含む石灰石を原料としたものが苦土炭カルです。公定規格はアルカリ分50％以上，苦土を保証するものではアルカリ分のほか可溶性苦土5％以上，またはく溶性苦土3.5％以上と定められています。

　酸性の中和力は，生石灰，消石灰に比較して穏やかです。酸性を矯正する早さは，粒子が細かいものほど早くなります。品質は安定していて，貯蔵中に変質することはありません。

　アルカリ性が弱いので，アンモニア塩類や水溶性リン酸を含む肥料と施用直前なら配合できます。配合したものは徐々に反応してアンモニアガスや熱を発生するので，貯蔵してはいけません。

貝化石肥料

　貝化石粉末，またはこれにマグネシウム（酸化物，水酸化物）を混合し，造粒したものです。公定規格はアルカリ分35％以上，苦土を保証するものではほかにく溶性苦土1％以上とされています。

カキ殻肥料

　カキの殻を原料とした土壌中和資材で，炭酸石灰の結晶であり有機石灰を含んでいます。付着した動物由来の窒素，海水由来の微量要素類も含まれるため，カルシウムと微量要素の補給，pHの矯正に役立ち，土壌の団粒化を促進します。

■ 石灰質肥料の施用法

土壌診断結果に基づいて石灰質肥料を選択

　土壌診断の結果に基づいて図1のように石灰質肥料を選択します。

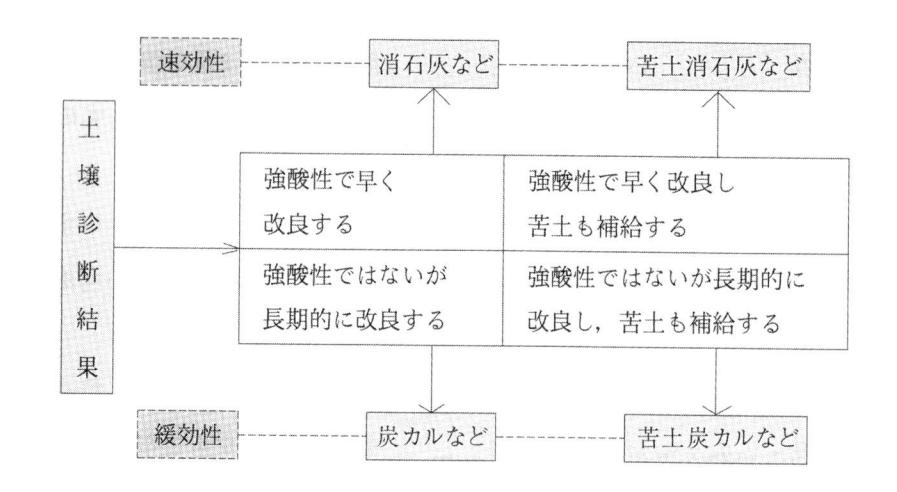

図1　石灰質肥料の選び方

酸性矯正に必要なアルカリ分の算出法

　土壌の酸性を矯正するのに必要な資材量を算出する方法には，①土壌診断結果をもとに診断基準に合うように計算で求める，②土壌の種類ごとにpH緩衝能曲線を作成して求める，の2つの方法があります。

　土壌はpHが同じでも土壌により緩衝能が異なるので，酸性矯正に必要なアルカリの量が異なります。必要量は緩衝能曲線を作成して求めるとよいのですが，各地域で示されている土壌別の概算表をめやすにすると便利です。表1に群馬県の例を示したので参考にしてください。この例では酸性の矯正資材として炭カルを用いていますが，苦土が不足している圃場では苦土石灰を用います。

表1　土壌のpH調整目標値に対する炭カル施用量　　　　　　　　　　　　　　　　　　　　　　　　　　（群馬農試，1995）

土壌群	炭カル施用前 pH(H₂O) \ pH(H₂O)調整目標値	炭カル施用量（kg/10 a）								
		5.25	5.50	5.75	6.00	6.25	6.50	6.75	7.00	7.25
黒ボク土	4.50	174	386	598	811	−	−	−	−	−
	4.75	18	230	443	655	867	−	−	−	−
	5.00	−	75	287	499	711	924	−	−	−
	5.25	−	−	131	343	556	768	980	−	−
	5.50	−	−	−	188	400	612	824	−	−
	5.75	−	−	−	32	244	456	669	881	−
	6.00	−	−	−	−	88	301	513	725	937
	6.25	−	−	−	−	−	145	357	569	782
	6.50	−	−	−	−	−	−	201	414	626
	6.75	−	−	−	−	−	−	−	258	470
	7.00	−	−	−	−	−	−	−	−	314
多湿黒ボク土	5.50	−	−	182	457	732	−	−	−	−
	5.75	−	−	−	301	576	851	−	−	−
	6.00	−	−	−	−	420	695	970	−	−
褐色森林土	5.50	−	−	226	521	815	−	−	−	−
	5.75	−	−	−	217	512	806	−	−	−
	6.00	−	−	−	−	208	503	797	−	−
	6.25	−	−	−	−	−	199	494	788	−
褐色低地土	5.25	−	12	267	522	777	−	−	−	−
	5.50	−	−	96	351	606	861	−	−	−
	5.75	−	−	−	179	434	689	944	−	−
	6.00	−	−	−	−	263	518	773	−	−
	6.25	−	−	−	−	−	347	602	857	−
	6.50	−	−	−	−	−	−	431	686	769
	6.75	−	−	−	−	−	−	−	514	598
	7.00	−	−	−	−	−	−	−	−	−
灰色低地土	5.00	−	130	371	611	852	−	−	−	−
	5.25	−	−	236	477	717	958	−	−	−
	5.50	−	−	102	342	583	823	−	−	−
	5.75	−	−	−	208	448	689	929	−	−
	6.00	−	−	−	−	314	554	795	−	−
	6.25	−	−	−	−	−	420	660	901	−
	6.50	−	−	−	−	−	−	526	766	−
グライ土	5.50	−	−	151	372	593	814	−	−	−
	5.75	−	−	−	181	402	623	844	−	−

注：仮比重＝1，作土または耕起深10 cmとした。

表2 石灰質肥料のアルカリ分　　　　　　　　　　　　　　　　　　　　（細谷，1996）

石灰質肥料	主組成	アルカリ分（CaO%）		
		理論値	公定規格最小値	保証成分量例
生石灰	CaO	100	80	85
消石灰	$Ca(OH)_2$	75.69	60	65
炭酸カルシウム肥料	$CaCO_3$	56.03	50	53
貝化石肥料	$CaCO_2$	56.03	35	35〜50
副産石灰肥料	−	−		
混合石灰肥料	−	−		

注：理論値は主組成からの計算値で，苦土を含むものは苦土をアルカリ分に換算（MgO × 1.3914）するため，理論値より多くなる場合がある。

アルカリ分は表2のように肥料によって異なり，保証票に記されています。このアルカリ分は，肥料に含まれる0.5規定塩酸と当量のアルカリ成分を酸化カルシウム（CaO）の量に換算したものです。

したがって，石灰質肥料のアルカリ分の理論値は，生石灰（CaO）は $CaO/CaO \times 100 = 100$，消石灰（$Ca(OH)_2$）は $CaO/Ca(OH)_2 \times 100 = 76$，炭酸石灰（$CaCO_3$）は $CaO/CaCO_3 \times 100 = 56$ となります。苦土は石灰の1.4倍（$CaO/MgO = 56.08/40.30 = 1.39$）のアルカリ分を含むことになります。

なお，苦土石灰の石灰含量は，アルカリ分55%，苦土10%の場合，55%−（10%×1.4）＝41%と計算されます。

施用上の留意点

石灰質肥料を施用する場合，資材が土壌とよく混ざるようにすることが大切です。圃場全面にムラなく散布したあと，ロータリー耕などで耕起混和します。pHを大きく変えるために一度に200kg/10a以上の多量の石灰質肥料を施用する場合は，2〜3回に分けて投入するのがよいでしょう。

51 リン酸質肥料

　リン酸は植物の生命活動には欠かせない元素です。リン酸を作物に十分に与えるためには、まず土壌中のリン酸含有量を有効態リン酸として一定に保っておく必要があります。土壌診断目標値をめやすにして、土づくり肥料として施用することです。そのうえで、施肥リン酸として基肥で施用します。前者の場合はく溶性などの緩効的なリン酸質肥料を、後者の場合は水溶性を主体として速効的なリン酸質肥料を用いるのが一般的です。

リン酸質肥料の種類と特徴

　土壌リン酸を適正水準に維持・改善するには土づくり肥料（く溶性リン酸〈CP〉を保証したもの）が、基肥施肥には可溶性リン酸（SP）や水溶性リン酸（WP）を保証したものが使われます。主な種類や特徴は表1に示したとおりです。

表1　リン酸質肥料の特性

肥料の種類	過リン酸石灰	重過リン酸石灰	熔成リン肥	熔成ケイ酸リン肥	加工リン酸肥料	加工鉱さいリン肥	混合リン酸肥料
色調	灰白色	灰白色粒	黒褐色, 緑色	灰白色	灰白色～黒褐色	灰白色	灰白色～褐色
粒度	粉・粒	粒	砂状・粒	粒	粒	粒	粒
主成分（％）	SP17～22 WP15～17	SP34～46 WP28～40	CP20	CP6～15	CP25～35 WP8～16	CP3	混合比率により異なる
他の成分など	石膏	石膏（一部）	ケイ酸, 苦土, 微量要素（マンガン, ホウ素など一部）	ケイ酸, 苦土, 微量要素（マンガン, ホウ素など一部）	苦土, 微量要素（マンガン, ホウ素など一部）	ケイ酸, 苦土	ケイ酸, 苦土など
pH	酸性	酸性	アルカリ性	アルカリ性	微酸性～中性	アルカリ性	アルカリ性
肥効	速効	速効	緩効	緩効	速効・緩効	緩効	緩効
肥料例	17.5過石	34重過石	熔リン	とれ太郎, エンリッチ	苦土重焼リン・リンスター, ダブリン	ゆめシリカ	熔リン, ケイカル混合など多種
備考	施肥リン酸が主リン酸のほとんどが水溶性	施肥リン酸が主リン酸のほとんどが水溶性	ゆっくりと効くので土壌への吸着が少ない	高ケイ酸ようりんで、ケイ酸施用も兼ねる肥効は熔リンと同じ	速効と緩効両方の効果がある	高ケイ酸でケイ酸施用を兼ねる	他の肥料を混ぜて、総合的に、かつ施肥の回数を減らす

注：主成分は1：100の液比で水可溶（WP），2％クエン酸（酸性）可溶（CP），2％クエン酸アンモニウム（アルカリ性）可溶（SP）。

土づくりリン酸質肥料の特徴

肥料の種類にはあまりなじみがない名称もありますが、肥料取締法の公定規格に定められた名称です。色調は、原料のリン鉱石や高炉さいなどの色を反映しています。粒度の粒とは、施肥をしやすくするために細かく粉砕したあと造粒されたもので、大きさは2～4mm程度が主体となっています。主成分（％）は、表の注に示した方法で抽出したリン酸の含有率で、保証成分として肥料の袋に表示されています。

肥効では、く溶性、可溶性リン酸は効き目がゆっくりな緩効性、水溶性リン酸は効き目の速い速効性としています。リン酸を含む化合物によって溶解性が違うので、このようなことが起こります。いずれも作物にとって有効と認められています。

リン酸質肥料に含まれる他の成分

また、他の成分も、ケイ酸や苦土（マグネシウム）や微量要素など、リン酸に限定されず肥料の特徴を表す重要な成分です。かえって、こちらの成分を普及上の目的とする場合もあるので、リン酸の効果だけにとらわれずに、十分に吟味したうえで肥料を選ぶことも必要です。

土づくり肥料とは呼びませんが、特殊肥料のグアノや家畜糞由来の堆肥類、家畜糞などもリン酸の供給源として使われます。リン酸質グアノは海鳥糞起源の堆積物で、降雨などで窒素分がなくなったものです。リン鉱石と似た鉱物組成になっているので、性質も似ています。家畜糞由来の堆肥類や家畜糞などは窒素やカリ分も多く含みます。土づくりに使われるときには大量に施用することが多く、リン酸以外の成分も土壌に蓄積することがあるので注意する必要があります。

施肥リン酸の特徴

また、施肥リン酸としては、化成肥料や配合肥料（BB肥料）などに含まれるリン酸があります。原料としては過リン酸石灰やリン安、有機質肥料などです。施肥リン酸は基肥として速効性が求められますが、く溶性リン酸や有機質肥料のように緩効性のリン酸も使われることがあります。その点では、土づくりと施肥を一緒に行なうという考え方もあります。いずれにしても、土づくりと施肥のバランスをうまく保つように心がけることが肝要です。

土壌の種類とリン酸質肥料の選び方

土壌の種類によってリン酸の効き方が違うため、それに合わせて肥料の種類を使い分けることになります。その考え方を表2に示しました。土壌は母材の起源や生成過程によってリン酸の効き方が違います。表であげている沖積土、洪積土、火山灰土の3種類は、わが国の代表的な土壌です。その特性に合った肥料を選択することになります。

表2 土壌の特徴によるリン酸質肥料の選択例　　　　　　　　　　　（吉野）

種類	リン酸の肥効パターン	リン酸質肥料
沖積土	施肥量を多くしても収量の増加は少ない	水溶性リン酸を主体とした肥料、または水溶性リン酸の割合の多い肥料
洪積土	リン酸吸収係数がそれほど高くないが、有効態リン酸が不足しているので施用効果は高い。しかし、施用量は多くを必要としない	
火山灰土	リン酸の肥効は明らかで、施肥量は多くを必要とする	く溶性リン酸を中心

リン酸の改良目標と施肥量

リン酸の改良目標

　土壌改良を実践するには具体的な目標を設定する必要があります（診断基準値）。土壌からの有効なリン酸の抽出法にはいろいろな方法がありますが，通常はトルオグ法で土壌中のリン酸を測ります（トルオグリン酸）。基準値は，作物が標準的な生育をするのに最低限必要な土壌中のリン酸量です。作物によって，地域によって，土壌の種類によって異なります。表3にその代表例を示します。基準値ではなく目標値となっています。リン酸の分析値がこの範囲内に入っていれば，よいことになります。不足していれば，目標値から分析値を差し引いて土壌に合った土づくり肥料を施用することになります。

表3　リン酸含有量の改良目標　　　（地力増進基本指針，2012）

作目	土壌の種類	乾土100g当たりリン酸
水田	すべての土壌	10 mg 以上
普通畑	黒ボク土，多湿黒ボク土	10〜100 mg
	その他の土壌	10〜75 mg
樹園地	すべての土壌	20〜30 mg

リン酸吸収係数

　それでは単純に計算した値を施用すればよいかというとそうではありません。土壌の性格を考慮しなければならないからです。土壌がリン酸を固定する強さはリン酸吸収係数として表され，土壌の種類によって異なります。土づくり肥料の不足量に対する施用量は施肥倍率ともいいますが，多めに施用しないと効果が表れにくいのが一般的です。表4にリン酸吸収係数と施肥倍率（表の2列目）との関係を示しました。

表4　リン酸吸収係数とリン酸必要量の関係　（『施肥診断技術者ハンドブック』2012）

リン酸吸収係数	不足リン酸1mg当たり施用量（mgP_2O_5/100g乾土）	作物のリン酸利用率のめやす（%）	該当する主な土壌
2,000 以上	12	6〜10	腐植質火山灰土壌
2,000〜1,500	8	10〜15	火山灰土壌
1,500〜700	6	15〜20	洪積土壌
700 以下	4	20〜30	沖積土壌

施肥量計算

　以上のことから施肥量を計算すると以下のようになります。

　　土壌分析に基づくリン酸の不足量（A mg/100g 乾土）

　　　　A ＝ 目標リン酸量 － 分析値

　　リン酸必要量（B kg/10a）

　　　　B ＝ 不足リン酸量（A）× 施肥倍率 × 土壌重量

　　　　　ただし，土壌重量は作土深10cm，仮比重1としたときに100tとなります。

　　土づくり肥料の施用量（C kg/10a）

リン酸質肥料の種類と肥効

　土づくり肥料としてのリン酸質肥料にも種類によって特徴があり，肥効は土壌条件，作物の種類，栽培時期などによって異なります。試験例を表5に示しましたが，リン酸が不足気味の土壌では十分に効果が期待できない肥料もあります。しかし，この試験は土づくり肥料に直接養分としての働きを期待して実施したわけではありません。施肥時のリン酸で生育初期を補うことで，生育が順調に進むことが考えられます。

表5　キュウリに対するリン酸質肥料の効果　　　　　　　　　　　　　　　　　　　　（細谷，1981）

土壌	リン酸質肥料	茎葉重 (g/株)	収量 (g/株)	跡地土壌 pH (H_2O)	リン酸利用率 (%)
沖積土	無リン酸	313	436	6.0	
	重過石	685	1,471	6.2	8.9
	熔リン	648	956	6.5	5.6
	苦土重焼リン	633	1,322	6.4	8.3
	混合リン肥	657	1,198	6.4	8.1
火山灰土	無リン酸	222	367	5.9	
	重過石	544	1,060	5.9	6.6
	熔リン	452	772	6.1	3.6
	苦土重焼リン	619	1,273	6.0	7.7
	混合リン肥	626	1,425	5.9	7.8

注：沖積土 pH6.2，有効態リン酸 20.2 mg。火山灰土 pH5.7，有効態リン酸 5.5 mg。

施用上の注意点

　土づくり肥料の施用量は，単純な理論値です。計算によっては膨大な施用量になることがあります。土づくり肥料にはカルシウム分やマグネシウム分などほかの成分も含まれているので，かえって養分バランスを崩すことがあります。極端に不足する場合を除いて，全体の養分バランスを考えて何回かに分けて施用するのが好ましいと思われます。1回の施用量は土壌診断結果からの処方箋によって決めるのがよいでしょう。

　また，最近の土壌ではリン酸過剰とされる例も増加しています。リン酸は過剰障害が出にくい成分とされますが，施肥コストや施肥効率を考えることも重要です。いったん土壌に蓄積したリン酸は急激には減少しないので，余分な施肥は控えるのが望ましいことになります。

52 ケイ酸質肥料

　ケイ酸は植物の必須元素ではありませんが，水稲では吸収量が多く，欠乏すると生育量が低下するため有用元素と呼ばれています。土壌からのケイ酸の供給が不足することもあるため，ケイ酸質肥料の施用が健全な生育と収量を上げるには重要な要因です。一般的にはケイ酸カルシウム（ケイカル）の形で施用します。

ケイ酸の効果

　水稲に対するケイ酸の主な効果は以下のとおりです。
（1）稲体のケイ化細胞を形成し，病虫害に対する抵抗性を強めます（図1）。
（2）維管束が太くなり，組織が丈夫になるので，倒伏に強くなります（図2）。
（3）葉が直立し，受光態勢がよくなるため，登熟歩合が向上し，米の品質がよくなります。
（4）窒素の施用適量が高まり，収量が向上します（図3）。
（5）根の酸化力が高まり，根腐れ，秋落ちが軽減されます。
　上記のことから，結果として品質向上や増収につながります。

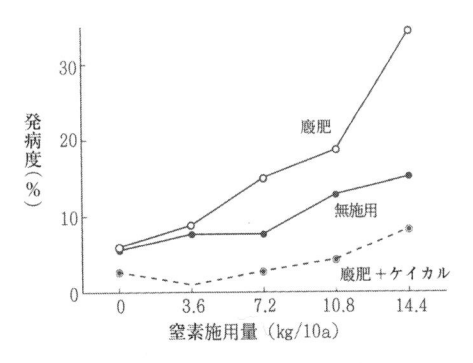

図1　ケイカル施用とイネいもち発病度　（大山, 1985）

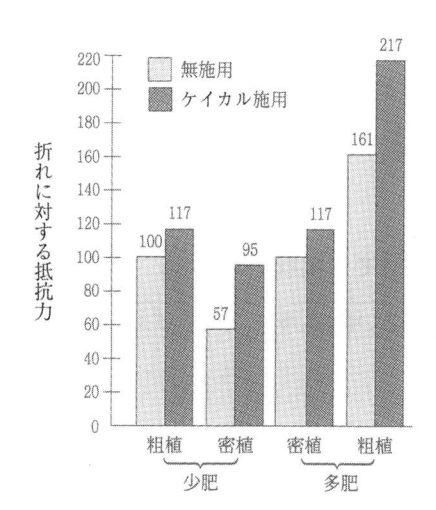

図2　ケイカル施用と稈の強さ　（茂山, 1957）

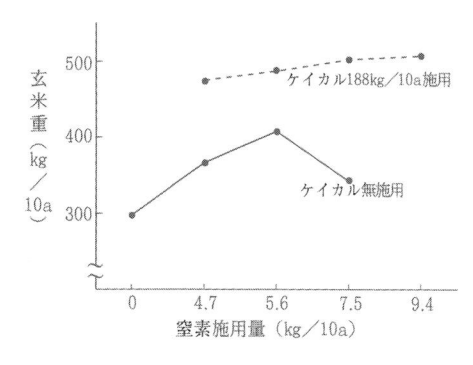

図3　ケイカル施用と窒素適量　（栃木農試）

第 2 章 土壌改良資材の特性と使い方　無機質資材　52　ケイ酸質肥料

ケイ酸（ケイカル）の施用量

　水稲は多くのケイ酸を吸収します。含有率は栽培条件などによって異なりますが、わらに約 10％、モミには約 5％含まれています。玄米収量が 100 kg のとき水稲が吸収するケイ酸量は約 20 kg ですので、収量が 600 kg / 10 a の水稲では約 120 kg のケイ酸が吸収されることになります。

　ケイ酸は、土壌中に 40〜60％と多量に含まれていますが、有効なものはごく一部分です。灌漑水から供給されるケイ酸の量は水質によって異なり、平均すると約 28 kg / 10 a 程度です。稲わらなど有機物からも供給されますが、水稲の全吸収量には足りません。以上のほか流亡・溶脱も起こるので、毎年ケイ酸を施用する必要があります（図 4）。

　水稲に対するケイカルの必要量の計算例を下記に示しました。

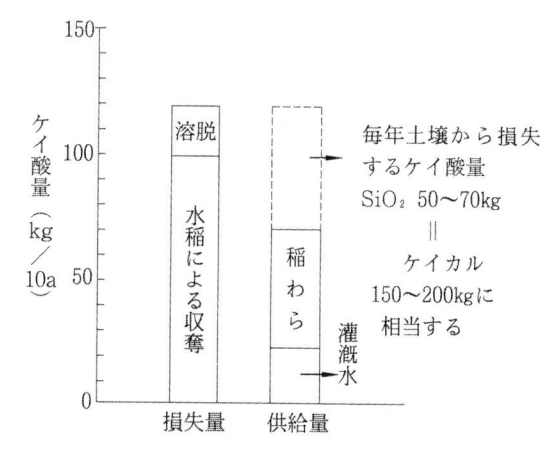

図 4　ケイ酸含量の収支（収量 500 kg / 10 a）（富山県）

$$\text{ケイカルの施用量} = \frac{(A+B)-(C+D)}{0.30*} = \frac{(80+36)-(28+50)}{0.30} = 127 \text{ kg} / 10 \text{ a}$$

　A：イネのケイ酸収奪量（約 80 kg ＝ わら 500 kg × 10％ ＋ モミ 600 kg × 5％）
　B：溶脱量（約 36 kg）
　C：灌漑水からの供給量（約 28 kg ＝ 1400 × 20 ppm）
　D：わらからの供給量（約 50 kg ＝ わら 0.5 t × 10％）
　＊：ケイカル中のケイ酸含量を 30％として計算

ケイ酸（ケイカル）の施用法

　水稲が健全に生育するには、土壌中の有効態ケイ酸（中性 PB 法）が、非黒ボク土では 15 mg / 100 g 以上、黒ボク土では 25 mg / 100 g 以上が望ましいとされているので、これを目標に施用します。

　ケイ酸資材（ケイカル）はすき起こす前に全面散布し、土によく混ざるようにします。秋に生わらすき込みと同時に散布すると、わらの腐熟が促進されます。ケイカルは根などから出る薄い酸に溶けて吸収されても水には溶けないので、秋に施用しても流亡することはありません。労力配分の点からも、秋〜冬に散布するのがよいと思われます。

　近年は、労力が不足していることもあって、ケイ酸資材の施用がなかなか困難な状況です。JA などが推進母体となり、営農集団や請負組織などの協力を得て、集団での共同機械散布を進めることが望まれます。

　なお、効率的、経済的に散布するには、次のことに留意します。
（1）圃場を集団化し、1 日当たりの散布面積を広くします。
（2）1 団地の総散布面積を多くします。
（3）荷姿は、200 kg フレコン袋などの大型包装とします。
（4）輸送は工場から圃場までの直送方式とします。

53 新しいケイ酸質資材

ケイ酸質肥料の代表として製鉄所から発生する鉱さい（スラグ）を肥料としたケイカルがありますが，施用量が10a当たり100〜200kgと多く施肥労力がかかるため，生産者は敬遠しています。そこで，ケイ酸の肥効を高めたケイ酸質資材が各メーカーから開発され，施用量が少なくて済むことから生産量が年々増加しています。電気化学工業から販売されている「とれ太郎」は，高いケイ酸の肥効を示しています。また，ケイ酸の溶解性が高いORPスラグを使用した肥料も販売されています。さらに，水稲育苗培土に混合できるPSIも水稲苗のケイ酸供給に有効です。

ケイ酸質資材の種類

水稲はケイ酸を10a当たり100kg以上も吸収し，その量は窒素の10倍以上です。近年，土壌中や灌漑水からのケイ酸の供給が減少し，肥料によるケイ酸の供給がますます重要となってきています。しかし窒素肥料と異なり，土づくり肥料（ケイ酸質肥料）はその施用効果が現れにくいことから，その施用量は年々減少しています。

可溶性ケイ酸を保証するケイ酸質肥料には，ケイ灰石肥料，鉱さいケイ酸質肥料，軽量気泡コンクリート粉末肥料，シリカゲル肥料，シリカヒドロゲル肥料の5種類があります。ケイ酸質肥料以外では，リン酸質肥料で熔成リン肥，熔成ケイ酸リン肥，鉱さいリン酸肥料，加工鉱さいリン酸肥料，混合リン酸肥料の5種類，カリ質肥料でケイ酸カリ肥料，熔成ケイ酸カリ肥料，混合カリ肥料の3種類，複合肥料で熔成複合肥料，化成肥料，配合肥料，熔成汚泥灰複合肥料，混合汚泥複合肥料の5種類があります（財団法人農林統計協会編，2012）。

1980〜2009年までの可溶性ケイ酸を保証するケイ酸質肥料である鉱さいケイ酸質肥料，軽量気泡コンクリート粉末肥料，シリカゲル肥料，シリカヒドロゲル肥料，リン酸質肥料である熔成リン肥，熔成ケイ酸リン肥，加工鉱さいリン酸肥料，カリ質肥料であるケイ酸カリ肥料の生産量の推移を図1に示しました。

肥料取締法で1955年に公定規格が設定され，1956年に世界で初めて鉱さいケイ酸質肥料（ケイカル）

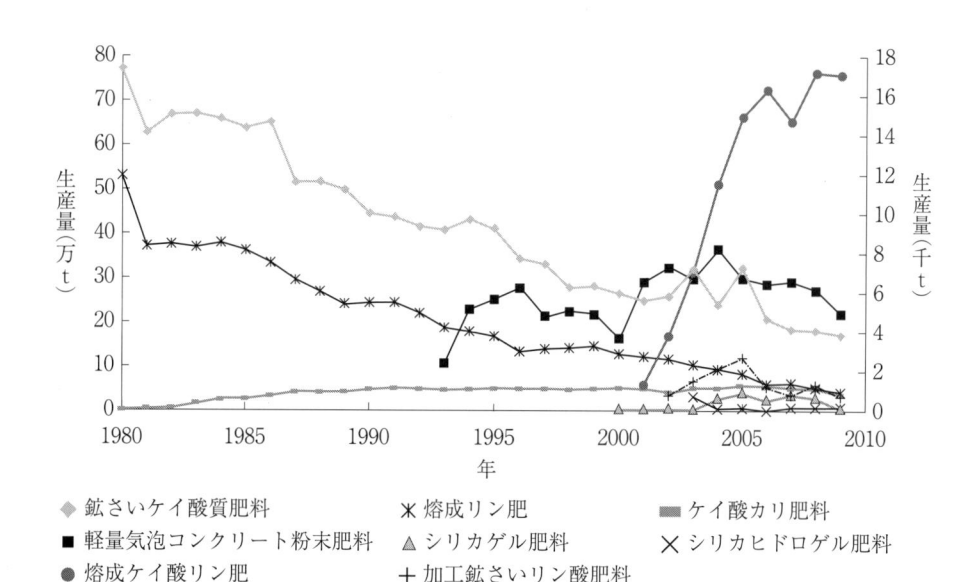

◆ 鉱さいケイ酸質肥料　　※ 熔成リン肥　　■ ケイ酸カリ肥料
■ 軽量気泡コンクリート粉末肥料　△ シリカゲル肥料　× シリカヒドロゲル肥料
● 熔成ケイ酸リン肥　　＋ 加工鉱さいリン酸肥料

がケイ酸質肥料として認められました。ケイカルは米の増産時代に急速に施用量が拡大し，生産量は1968年には年間138万tにも達しましたが，その後は減少し，最近では17万tまで低下しています。

1990年代から，公定規格の改正で可溶性ケイ酸を保証する新規肥料の登録が増加しています。なかでも施用量を削減するため，ケイ酸分の肥効を高めたシリカゲル肥料や熔成ケイ酸リン肥などのケイ酸質資材が開発されるようになってきています。以下に，ケイ酸の肥効が高いいくつかの肥料について述べます。

熔成ケイ酸リン肥（とれ太郎）

2001年6月に熔成ケイ酸リン肥が肥料登録されました。公定規格はく溶性リン酸6％，アルカリ分40％，可溶性ケイ酸30％，く溶性苦土12％です。原料はリン鉱石，ケイ石，石灰石，塩基性のマグネシウム含有物であり，原料を混合して溶融後，急冷・水砕したものをさらに微粉砕して造粒したものです。急冷・水砕しているので結晶化せず，ガラス質であることが特徴です。ケイカルに比べて中性域のpHでケイ酸の溶解性が高く，ケイカルの半分の施用量でケイカルと同等の効果が得られたことが報告されています（表1）。電気化学工業（株）から「とれ太郎」の名称で販売されています（図2）。メーカー推奨施用量は10a当たり60〜80kgです。

表1　水稲に対する「とれ太郎」の肥効試験
（日本肥糧検定協会，1999）

処理区	施用量	ケイ酸吸収量（g/ポット）
無施肥	−	1.25（100）
とれ太郎	標準	2.19（175）
	半量	1.73（138）
ケイカル	標準	1.65（132）

注：標準施用量は可溶性ケイ酸3g/ポット。

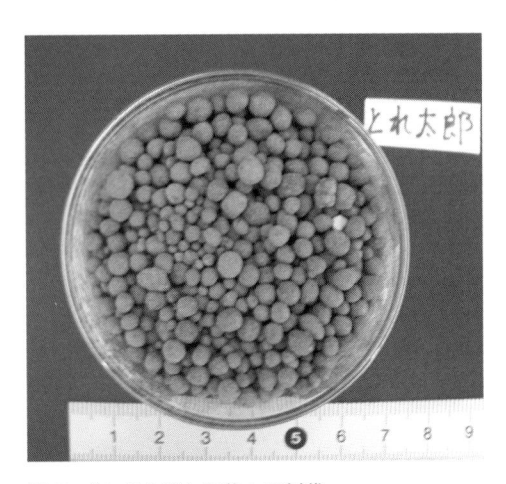

図2　「とれ太郎」現物と肥料袋

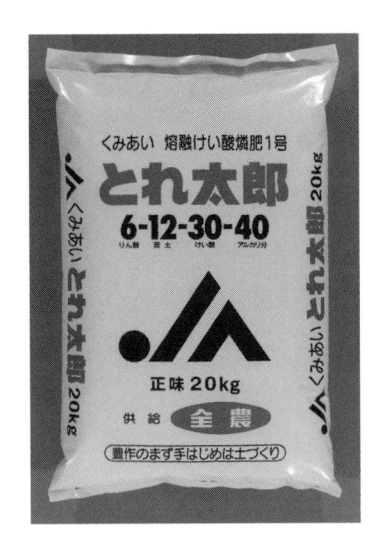

ORPスラグ（農力アップ）

新日鐵住金名古屋製造所から副生されるORP（Optimizing Refining Process）スラグは，転炉さい（スラグ）の一種でケイ酸の溶解性が高いことが知られています。

このORPスラグを利用した肥料が，産業振興（株）から「農力アップ」として販売されています（図3）。「農力アップ」の保証成分は可溶性ケイ酸20％，アルカリ分40％，く溶性苦土1.0％，く溶性マンガン2.0％です。

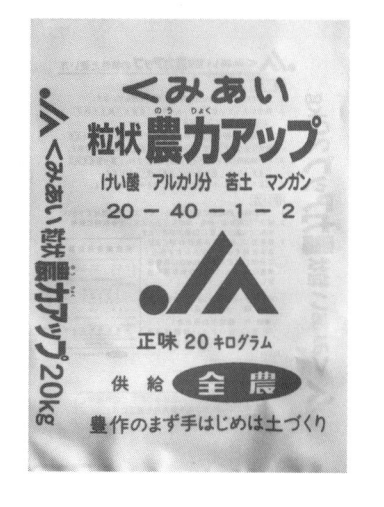

図3 「農力アップ」現物と肥料袋

ポリシリカ鉄（PSI）

　従来，浄水の凝集剤としてポリ塩化アルミニウム（PAC）が用いられ，PACで処理された浄水ケーキの農業利用が検討されてきました（日本土壌肥料学会編，1983）。最近，ケイ酸と鉄を主体とする凝集剤「ポリシリカ鉄（PSI）」が開発されました（水道機工株式会社，2001）。PSI凝集剤によって発生した浄水ケーキにはケイ酸が含まれるため，ケイ酸質資材としての利用が期待できます。PSIはアルカリ分を含まないためpHが5～6なので，水稲育苗培土にシリカゲル肥料の代替として利用できます。水稲育苗培土にPSIを0～12％添加すると苗のケイ酸吸収量は施用量が多いほど高まり，その効果はシリカゲル肥料と同等でした（図4）。

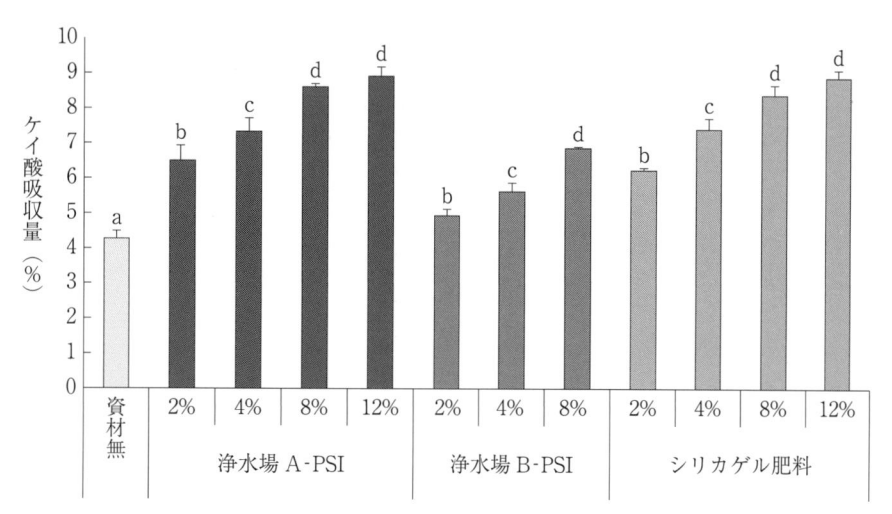

図4　水稲苗に対するPSIの効果　　　　（JA全農肥料研究室，2009）

54 ゼオライト・ベントナイト

ゼオライトとベントナイトは，地力増進法に基づく土壌改良資材に指定されており，その品質表示も義務づけられています。ゼオライトは古くから保肥力を高める天然の土壌改良資材として，ベントナイトは水田の漏水防止材として活用されています。

ゼオライトの特性

ゼオライトはギリシャ語の「沸騰する石」に由来する名称で，日本では「沸石」とも呼ばれています。土壌改良資材として流通している天然のゼオライトは，新世代第三期のグリーンタフ時代に，火山灰が海底に堆積し変性してできた沸石を多く含む凝灰岩の粉末です。凝灰岩は日本各地に産出しますが，関東近県では栃木県や福島県で多く産出されています。

ゼオライトの主な特性を表1に示しましたが，第一の特徴は陽イオン交換容量（CEC）がきわめて大きく，保肥力の向上が期待できることです。その値は産地によって異なりますが100～180me程度で，同じ土壌改良資材のベントナイトの2倍近い値のものもあります。第二の特徴はカルシウム，マグネシウム，カリウムなどの塩基類を多く含み，塩基の補給効果が期待できることです。また，リン酸吸収係数が小さいことも知られており，リン酸の肥効増進効果も期待されます。

ゼオライト

表1 ゼオライトの特性 (渡辺，1975)

番号	産地	ゼオライトの種類	水浸液のpH	陽イオン交換容量 (me/100g)	全塩基含量 (me/100g)	交換性塩基 (me/100g)			
						カルシウム	マグネシウム	カリウム	ナトリウム
1	北海道	C	5.6	97.9	331.9	7.1	11.2	21.3	66.4
2	〃	C, M	7.1	99.5	279.5	43.4	8.7	13.6	36.3
3	秋田	C, M	6.5	104.4	223.9	48.8	0.5	25.7	23.0
4	〃	M	6.4	176.2	278.8	92.7	0.5	45.7	13.8
5	〃	M	6.4	47.7	65.0	24.6	7.3	11.6	15.4
6	〃	M	5.4	132.5	259.1	23.8	tr	8.6	91.5
7	〃	C	6.2	157.4	254.4	17.8	3.4	59.1	95.9
8	〃	C	7.5	150.5	235.2	23.8	3.8	49.1	52.0
9	山形	C	6.3	170.2	225.0	69.9	tr	63.7	53.7
10	宮城	M	6.6	125.5	177.5	60.4	17.7	33.0	21.0
11	福島	M	6.7	180.9	216.6	90.1	3.3	33.9	41.1
12	栃木	C	8.1	146.1	293.8	10.8	3.3	30.2	98.1
13	島根	C	6.4	74.2	275.8	36.6	tr	33.0	18.8
14	〃	M	6.9	130.2	258.5	39.3	1.4	6.8	84.0
15	鹿児島	C	6.6	129.6	282.9	74.0	1.7	68.2	24.2

注：Cはクリノプチロライト，Mはモルデナイト。trは検出下限以下。

ゼオライトの使用法

ゼオライトの用途は，土壌改良資材としての利用（表2）のほか，農薬のキャリアー（増量剤），飼料の添加剤，家畜糞尿の処理材など多岐にわたっています。

(1) 土壌施用の場合，初年目は10a当たり500kg程度を溝施用するか，1000kg程度を全層に施用し土壌とよく混和します。2作目以降は40～60kgを溝施用すると肥効も高まります。

(2) 苗床施用も有効であり，施肥量と同量のゼオライトを混合施用します。

(3) 施用効果の高い土壌には，砂質で保肥力・保水力の乏しい土壌，塩類集積土壌，リン酸吸収係数の高い黒ボク土などがあげられます。

(4) 畜産では，飼料に1～3%を混ぜて与えて家畜の健康増進を図ったり，畜舎に散布して悪臭防止や水分調整を図ったり，糞尿処理を行なったりしています。

表2 施設野菜（ナス）に対するゼオライトの施用効果　　　（後藤，1990）

栽培期間	対照区収量(t)	ゼオライト区収量(t)	ゼオライト施用にともなう増収割合	
			収量（%）	金額（千円）
1987～88年	9.8	11.0	12.0	428
1988～89年	8.5	9.8	15.2	600

注1：土壌は海成砂土，天然ゼオライト施用量は1.2t/10a。
注2：収量は10a当たりに換算した収量。金額は10a当たりの増収額，ただしゼオライト代と施用経費（日当）を差し引いてある。

ゼオライトとベントナイトの相違点

ベントナイトの特性を表3に示しました。ゼオライトとベントナイトは，ともに地力増進法に指定されている土壌改良資材ですが，膨潤性の有無，CECの大きさに大きな相違があります。ゼオライトはCECでベントナイトより勝り，ベントナイトは膨潤性でゼオライトに勝ります。こうした両者の違いが地力増進法施行令のなかの基準に反映されています。

ゼオライトの基準は「乾物100g当たりの陽イオン交換容量50me以上」となっており，主たる効果は土壌の保肥力改善とされています。

ベントナイトの基準は「乾物2gを水中に2時間静置した後の膨潤容積5mℓ以上」となっており，主たる効果は水田の漏水防止とされています。

表3 各地のベントナイトの理化学性　　　（農林省農蚕園芸局農産課，1974）

地域	土性	遊離酸化鉄(Fe₂O₃)(%)	陽イオン交換容量(me/100g)	pH H₂O	pH KCl	交換性石灰(CaO)(me/100g)	施用量(t/10a)	推定埋蔵量(万t)
北海道岩内郡	-	1.3	77.0	9.6	-	-	0.5	-
青森県黒石市	C	少	104.2	5.2	-	-	1～5	-
岩手県久慈市	-	-	62.3	8.3	-	-	1～2	-
秋田県横手ほか	-	-	70.0	5.2	-	16.4	-	-
福島県西会津町	-	-	50～97	-	6.2～7.5	-	1～15	-
群馬県安中市ほか	HC	1.18	66.0	8.2	-	16.8	1～2	6,000
長野県篠ノ井市ほか	-	0.97～3.76	66.9	7.3	7.7	-	1～15	-
兵庫県	HC	-	48.9	6.1	5.9	25.8	1～3	750
〃	LiC	-	47.9	6.1	5.5	26.5	-	-
島根県出雲市ほか	-	-	107.0	-	-	-	1～2	750
香川県土庄町	CL～HC	-	70.5	7.1	6.8	37.9	-	300

55 パーライト

パーライトは，保水力を高める資材として地力増進法の指定土壌改良材に認定されており，その品質表示も義務づけられています。

■ パーライトとは

パーライトは英語名で真珠岩を意味し，これを粉砕・焼成（900～1200℃）して多孔質構造としたものです。真珠岩と同様の組織性状をもつ黒曜石も同様の処理で多孔質構造となり，これもパーライトに含められています。

■ パーライトの特性

パーライトの物理的特性を示すと表1のとおりです。仮比重が0.1～0.2と非常に小さく，孔隙率が80～90%と大きく，粗孔隙率約50%，有効水分率も40～60%となっています。一般的に粒径が細かくなるほど軽くて孔隙率，有効水分率が高くなる傾向があります。したがって，保水性改良を主体とした場合には細かい粒径の資材を用い，透水性や通気性を改良したい場合は粒径が大きい資材を用いるなど，使い分けが望まれます。

しかし，ゼオライトのように構成成分の溶出による肥効は期待できず，CECは皆無に等しいので保肥力の増加はみられません。水分の調整資材としての性質が強いものです。

表1 パーライト（加熱粉末）の物理性 （農技研，1961）

項目＼銘柄	a	b	c	備考
粒径組成（mm以下）	5.0	2.5	1.2	
仮（かさ）比重	0.23	0.12	0.08	実容積法
固相率（%）	9.7	5.1	3.2	実容積法
閉鎖孔隙率（%）	13.0	13.3	3.9	実容積法
孔隙率（%）	77.3	81.6	92.9	pF 0　吸引法
粗孔隙率（空気率）（%）	46.2	45.6	53.3	pF 0～2.0　吸引法
吸水率（%）	77.3	81.6	92.9	pF 0　吸引法
有効水分率（%）	36.1	45.7	63.1	pF 1.5～4.2　吸引法
非有効水分率（%）	11.0	3.1	4.0	pF 4.2～7.0　遠心法
真比重（原石）	2.39	2.39	2.39	実容積法
水分恒数				
pF 0	77.3	81.6	92.9	吸引法
pF 1.5	47.1	48.8	67.1	吸引法
pF 2.0	31.1	36.0	39.6	吸引法
pF 4.2	11.0	3.1	4.0	遠心法

注1：数字は100cc中の容積（%）。
　2：水分恒数のpF0は最大容水量，pF1.5は最大圃場容水量，pF2.0は圃場容水量，pF4.2は永久萎凋点。

使用法

パーライトは、保水性が小さく干害を受けやすい砂質土や、透水性の悪い重粘土での施用効果が高くなります。

施用量は試験結果では土壌容積の5～10%とされていますが、このような多量の資材を圃場へ直接施用することは経済的に困難となります。したがって、一時的に多量施用してすぐの効果を期待するのではなく、圃場施用では10a当たり1m³程度を全面散布し土壌とよく混和するというように、少量ずつ継続的に施用するとよいでしょう。

施用上の注意点としては、パーライトは非常に軽い多孔質の資材であるため、地表に露出すると風雨などにより飛散、流亡の恐れがあるので、土壌に十分混合したり、覆土したりする必要があります。

パーライトは、農耕地土壌への施用より、園芸用土として挿し木・挿し芽の床土や播種床土、野菜の育苗培土や花き類用土などに、保水性、通気性の改良資材として用いられています（表2）。育苗培土などに対する混合量は、原土の理化学性や他の資材の量によって異なりますが、容積の5～10%がめやすです。また、バーミキュライトやピートモスと混合し、肥料を添加したものも市販されています。

表2 キクのセル成型育苗における培地の種類と培地の化学性および発根 (西尾ら、1994)

培地の種類	挿し芽前		挿し芽前		発根量				
	pH[1]	EC[1] (mS/cm)	pH[2]	EC[2] (mS/cm)	根数	最大根長 (mm)	新鮮重 (mg)	乾物重 (mg)	乾物率 (%)
ピートモス	4.7	0.14	5.5	0.14	21.5	28.2	101	12.0	11.9
3:1:1[3]	4.7	0.08	6.3	0.09	22.6	28.2	169	16.4	9.7
1:1:1[3]	6.7	0.05	6.9	0.08	24.3	26.6	206	16.7	8.1
パーライト	6.8	0.02	7.0	0.04	24.0	16.5	101	8.9	8.8
調整ピート	5.7	0.62	5.9	0.14	25.5	24.7	133	11.4	8.6

注：1) は容積比1:2、2) は重量比1:10、3) はピートモス：パーライト：バーミキュライトの配合割合。

第2章　土壌改良資材の特性と使い方　無機質資材　56　バーミキュライト

56　バーミキュライト

　バーミキュライトは，透水性を改善する資材として地力増進法の指定土壌改良資材に認定されており，その品質表示も義務づけられています。また，園芸培土における主要原料の1つであり，透水性の確保のほかに通気性の確保，CECの増大，軽量化の目的で使用されています。

■ バーミキュライトとは

　バーミキュライトは，ラテン語の蛭石（ひるいし）に由来し，これを高温（600～1000℃）で焼くとヒルが血を吸ったように膨れ上がるのでこの名がつけられています。

　蛭石は，雲母鉱物群に似たフィロケイ酸塩であるかんらん岩が熱変成を受けて生成された含水酸鉱物です。これが高温で焼かれると，密着していた多くの雲母層が剥離してアコーディオン状に膨張し，容積がもとの10倍にも膨れ上がります。

■ バーミキュライトの特性

　バーミキュライトの理化学的特性を表1，2および図1に示しましたが，産地によって若干その特性が異なります。主な特性は以下のとおりです。第一に，水を吸うと膨張するので土が膨軟となって孔隙率が高まり，通気・透水性が改善されます。第二に，ゼオライトと同様，陽イオン交換容量が120～150meと大きく保肥力が高いので，アンモニアやカリなどの陽イオンをよく吸着し，肥料養分の持続的供給に役立ちます。そのほか，仮比重が0.2程度と軽いため運搬・混和作業が容易であり，また緩衝作用があることなども特徴としてあげられます。

表1　各国バーミキュライト試料の鉱物組成と理化学性　　　　　　　　　　（渡辺，1980より抜粋）

試　料	鉱物組成			見かけのCEC (me/乾物100g)	重金属元素含量 (乾物当たりppm)			膨張率
	主　要	中　量	少　量		銅	亜鉛	ニッケル	
福島県 雲水峰　−1	V	−	−	117.8	8.7	40.5	756	−
〃　　　　　　−2	V	V-M	−	98.3	−	−	−	−
南アフリカ　−1	V-M	−	V-M	68.9	−	−	−	−
〃　　　　　　−2	V-M	V	M	45.7	6.5	54.9	216	4.8
中　　国　　−1	V	−	V-M	145.8	4.3	52.9	187	−
〃　　　　　　−2	V	−	V-M	140.8	22.0	16.0	993	3.3

注：Vはバーミキュライト，V-Mはバーミキュライト−黒雲母（または金雲母混合層鉱物），Mは黒雲母（または金雲母）。

バーミキュライト

表2 各国バーミキュライトの物理性 (全農, 2011)

産　地		現物容積重 (g/ml)	最大水分保持量 (g/100 ml)	正常生育有効水分	気相率	液相率	固相率	全孔隙率	透水速度 (秒)	平均粒径 (mm)
				(%)						
南アフリカ	1	0.139	59.0	34.8	40.6	57.6	1.8	98.2	8	0.62
	2	0.139	58.0	34.4	41.6	55.3	3.1	96.9	5	0.91
	3	0.159	59.1	34.5	40.2	57.2	2.6	97.4	34	0.45
	4	0.131	57.3	33.0	42.9	55.5	1.6	98.4	12	0.69
	5	0.120	55.9	31.4	43.7	54.0	2.4	97.6	13	0.59
中国山西省	6	0.178	59.3	30.4	39.1	56.9	4.0	96.0	17	0.68
	7	0.160	58.1	31.5	41.5	56.5	2.0	98.0	41	0.56
	8	0.141	57.4	30.3	40.4	56.1	3.6	96.5	17	0.63
中国河北省	9	0.181	56.4	32.2	40.9	54.5	4.6	95.4	8	0.67
	10	0.161	54.9	30.0	42.4	53.2	4.4	95.6	8	1.00
	11	0.154	62.3	35.1	35.0	60.3	4.6	95.4	92	0.31
福　島	12	0.184	56.9	32.4	39.2	55.3	5.6	94.5	5	1.03
オーストラリア	13	0.133	55.9	31.4	44.3	53.3	2.4	97.6	41	0.54

注：バーミキュライトとピートモスを1：1で混合したものを分析に供試した。

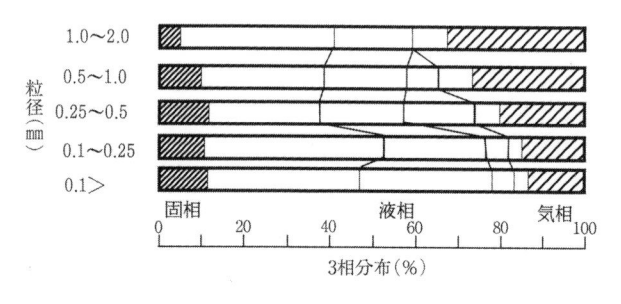

図1　粒径を異にしたバーミキュライトの三相分布 (長持, 1975)
注：液層の区分は左からpF3.8, 1.5, 1.0, 0。

使用法

　バーミキュライトはパーライトと同様，園芸用土材としての利用が主で，通常，土壌に対し20〜50％の割合で用いられています。

　さらに，ピートモスやパーライトと混合し肥料を添加したものが育苗培土として市販されています(表3)。

　バーミキュライトは，鹿沼土，川砂，赤玉土，ピートモスのもつ欠点をそれぞれ補完する性質があり，これらと混合使用することが上手な使い方といえます。なお，焼成バーミキュライトは吸水に長時間を要するので，十分な吸水を必要とします。非焼成品は肥料の吸着力が強いので，土壌をあまり乾燥させないように注意する必要があります。

第2章 土壌改良資材の特性と使い方　無機質資材　56　バーミキュライト

表3　土・ピートモス・バーミキュライトの混合比がセル成型苗（レタス）の生育と培土の物理性に及ぼす影響

(全農営・技せより抜粋)

バーミキュライト：ピートモス：土	発芽率(%)		生育状態			培土の物理性							
	5月15日	5月18日	地上部新鮮重 (g/20本)	根新鮮重 (g/20本)	T/R比	現物容積重	最大容水量 (g/100g乾土)	気相率 (%)	液相率 (%)	固相率 (%)	全孔隙率 (%)	正常生育有効水分 (%)	透水速度 (秒)
10：0：0	60.0	92.7	6.94	2.89	2.40	0.94	88.3	15.7	60.7	23.7	76.3	27.8	200
0：10：0	90.9	95.5	9.52	3.47	2.74	0.19	502.6	47.8	45.3	6.9	93.1	25.5	85
0：0：10	65.0	95.0	10.35	3.92	2.64	—	—	—	—	—	—	—	—
1：3：6	86.7	96.7	6.78	2.70	2.51	0.27	281.5	33.9	57.7	8.4	91.6	31.2	89
1：6：3	83.3	97.2	7.38	3.27	2.26	0.29	219.6	47.9	41.8	10.3	89.7	21.0	581
3：1：6	37.9	66.7	6.35	2.89	2.20	0.43	180.6	24.7	59.5	15.9	84.1	32.8	74
3：6：1	85.5	96.4	7.04	2.43	2.90	0.47	146.6	37.8	46.7	15.5	84.5	22.8	378
6：1：3	85.0	98.3	8.40	2.87	2.93	0.72	113.1	17.0	60.3	22.7	77.3	30.5	110
6：3：1	94.5	96.4	5.49	2.54	2.16	0.72	111.0	24.0	56.1	19.9	80.1	28.2	136

注1：—は分析未実施。
2：土壌は厚層多腐植質黒ボク土。ピートモスはアルバータ，カナダ産。バーミキュライトはパラボラ，南アフリカ産（細）。作物はレタス（ベンガル）。トレイはコバヤシ253穴トレイ（約9.6 mℓ/穴）。播種は1991年5月9日，液肥追肥開始は5月20日，生育調査は5月31日（播種後22日）。
3：T/R比は地上部新鮮重/根新鮮重。

57 堆肥の作成と施用法

　昔は，わら類や落ち葉などを堆積して腐熟させたものを堆肥と呼んでいましたが，現在では堆肥化処理したものは原料に関係なく堆肥と呼んでいます。堆肥の原料には家畜糞尿をはじめ，下水汚泥や食品工業廃棄物，林産廃棄物などいろいろな有機物が使われています。

堆肥づくりのポイント

　堆肥の原料となる有機物は，微生物の働きによって分解され，腐熟化されます。したがって，堆肥づくりは微生物の活動を活発にすることがポイントで，①温度，②水分，③空気，④炭素と窒素の割合（炭素率＝C/N 比，表 1）の 4 つの条件が大切です。とくに，C/N 比は有機物の分解と密接な関係があります。一般的には，有機物の C/N 比が高いと微生物の体をつくるもとになる窒素が不足するので，窒素を補う必要があります。

表 1　主な有機物の炭素率の比較　　　　　　　　　　　（原田，1981）

資料名	炭素（C）(%)	窒素（N）(%)	炭素率（C/N 比）
鶏糞	34.7	6.18	5.6
豚糞	41.3	3.61	11.4
牛糞	34.6	2.19	15.8
稲モミ殻	40.1	0.54	74.3
稲わら	38.0	0.49	77.6
コーヒーかす	42.1	2.33	18.1
麦稈	44.6	0.38	117.4
スギおがくず	50.9	0.08	636
ラワンおがくず	48.0	0.11	436
ウェスタンヘムロックバーク	53.9	0.26	207
ウェスタンヘムロックおがくず	49.7	0.04	1,244

堆肥づくりと C/N 比

C/N 比が 30 以下の場合

　家畜糞や汚泥は窒素含量が高く，C/N 比は 30 以下で，きわめて分解しやすい資材です。しかし，新鮮な家畜糞は水分含量が高く通気性が悪いため，生の状態では分解は進みません。おがくずやモミ殻，細断わらなどの副資材を添加し，水分の調整と通気性の改善をする必要があります。また，連続堆肥化法のように，出来上がった堆肥を水分調整材として用いることも有効です。

　また，家畜糞と副資材を混合して積み込んでも，堆積物の内部は嫌気的状態になりやすいので，送風機を用いて下方から空気を送り込むと腐熟が効率よく進みます。

C/N 比が 30～100 の場合

　稲わらやモミ殻は C/N 比が 70 以上あるので，微生物の体をつくるもとになる窒素が不足します。稲わ

呼んでいます。一般的な稲わら堆肥のつくり方の例を図1に示します。

　速成堆肥の原料には稲わら，麦わら，野草，落ち葉などがあります。これらを原料とした堆肥をつくる場合に，C/N比の調整に必要な窒素の添加量は次式から求めることができます。

　　X＝C/A－N

　　　X＝添加する窒素量，C＝原料の炭素量，N＝原料の窒素量，A＝矯正するC/N比

C/N比が100以上の場合

　おがくずやバーク（樹皮）のようにC/N比のきわめて高い資材は，窒素を補給しても稲わらのように分解は進みません。これは，リグニンやタンニン，ワックスなど分解しにくい成分を多く含んでいるためです。市販されているバーク堆肥は，原料を2～3年野外に堆積して，古いものから順次粉砕し，鶏糞や尿素または硫安などの窒素源を混合し，水分をおおよそ60～65％に調整して発熱分解させたものです。

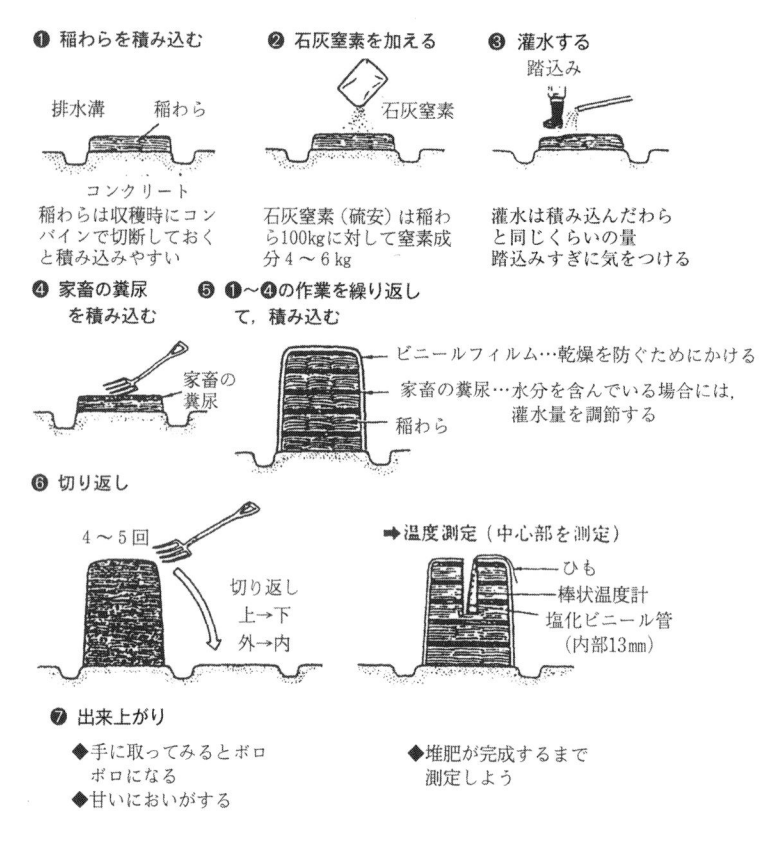

図1　稲わらを利用した堆肥のつくり方　　　　　　（荒川，1996）

堆肥の特性

　堆肥の特性は，家畜糞の種類やおがくずなど木質資材の混合の有無によって大きく異なるので，施用する目的によって種類を選ぶ必要があります。家畜糞だけでつくられた牛糞堆肥は物理性の改良と肥料の効果がありますが，豚糞や鶏糞は肥料効果は大きいものの，物理性の効果はあまり期待できません。木質資材を混合した堆肥は，肥料効果よりも物理性の改良効果のほうが大きくなります（表2）。

表2 各種堆肥の特性 (神奈川, 1994)

堆肥の種類		施用効果		施用上の注意
		肥料的	物理性改良	
稲わら堆肥		中	中	
家畜糞堆肥	牛糞	中	中	肥効は速効性で，化成肥料に近いので成分量に注意する
	豚糞	大	小	
	鶏糞	大	小	
木質混合堆肥	牛糞	小	大	未熟なものを施用すると，窒素飢餓を引き起こすことがある。害虫の発生にも注意が必要
	豚糞	中	大	
	鶏糞	中	大	
バーク堆肥		小	大	C/Nが高く，肥料効果は小さい
モミ殻堆肥		小	大	C/Nが高く，肥料効果は小さい
都市ごみコンポスト		中	中	C/Nが高い。異物の混入に注意
下水汚泥堆肥		大	小	石灰や重金属の含有量に注意
食品産業廃棄物		大	小	全窒素，リン酸が高く，速効性

家畜糞堆肥

　家畜糞堆肥は外観が暗褐色になり，強いアンモニア臭を感じなければ問題はありませんが，家畜糞の種類によって施用量を加減します。

　稲わら堆肥，牛糞堆肥に比べ，豚糞堆肥，鶏糞堆肥では肥料的効果が大きいので施用量を減らす必要があります（表3）。

　また，未熟のまま施用すると有機態窒素の無機化が急激に起こり，土壌中のアンモニア態窒素の濃度が高くなり，作物が生育障害を起こす原因となります。

木質混合家畜糞堆肥

　木質資材は土壌中での分解に時間がかかるため，よく腐熟したものであっても多量に施用しないようにします。未熟なものは窒素飢餓を起こしやすいばかりでなく，干ばつ害を起こす危険もあります。

表3 関東東海地域の堆肥施用基準 (農研センター, 1985)
(単位：t/ha)

堆肥の種類		水稲	普通作	野菜	飼料作	果樹	チャ	クワ
稲わら堆肥		5〜20	3〜40	5〜50	10〜50	10〜70	10〜70	15〜40
乾燥家畜糞堆肥	牛糞	3〜20	1〜20	3〜30	30〜50	6〜40	5〜60	10〜40
	豚糞	2〜15	1〜10	2〜20	20	2〜20	5〜30	3〜20
	鶏糞	1〜2	1〜5	1〜10	3〜10	2〜8	5〜10	3〜10
木質混合堆肥	牛糞	10〜25	15〜40	10〜50	40〜60	10〜70	10〜100	20〜80
	豚糞	5〜15	5〜20	10〜40	20〜40	5〜50	5〜50	15〜40
	鶏糞	5〜10	2〜10	10〜40	10	10	10〜40	10

58 堆廄肥の腐熟度判定法

　良質堆肥の施用は土づくりの基本です。堆肥の原料となる有機物には植物性のものと，動物性のものとがあります。植物性の有機物では稲わら，麦稈など一般に炭素率（C/N比）の高いものが多く，未熟物を利用すると窒素飢餓を起こしたり，病原菌が付着したり，雑草種子が混入したりして問題となります。また，バークなど木質系のものはさらに炭素率が高く，フェノール性の物質を含むなどのため，発芽障害の原因となります。

　家畜糞など動物性の有機物は，アンモニアなどのガス障害や悪臭が問題となります。

　これらの障害を回避するには，よく腐熟したものを施用することが大切であり，施用するにはその腐熟度を判定する必要があります。

　腐熟度の判定方法として現在統一されたものはありませんが，比較的簡易にできる4種類の方法を紹介します。

■ 採点法による簡易腐熟度判定法

　堆廄肥の色，形状，臭気，水分，温度変化，堆積期間などを現地で観察・聞き取りして，それぞれ評点を加え総合的に判断する方法で，現地ですぐに判定できるのが特徴です。

　この方法での判定基準は表1に示したとおりです。

表1　現地における腐熟度判定基準　　　　　　　　　　　　　　　　　（原田，1984）

色	黄～黄褐色(2)，褐色(5)，黒褐色～黒色(10)
形状	現物の形状をとどめる(2)，かなり崩れる(5)，ほとんど認めない(10)
臭気	糞尿臭強い(2)，糞尿臭弱い(5)，堆肥臭(10)
水分	強く握ると指の間からしたたる…70％以上(2)， 強く握ると手のひらにかなりつく…60％前後(5)， 強く握っても手のひらにあまりつかない…50％前後(10)
堆積中の最高温度	50℃以下(2)，50～60℃(10)，60～70℃(15)，70℃以上(20)
堆積期間	家畜糞だけ……………………20日以内(2)，20日～2カ月(10)，2カ月以上(20) 作物収穫残さとの混合物…20日以内(2)，20日～3カ月(10)，3カ月以上(20) 木質物との混合物…………20日以内(2)，20日～6カ月(10)，6カ月以上(20)
切り返し回数	2回以下(2)，3～6回(5)，7回以上(10)
強制通気	なし(0)，あり(10)

注：（　）内は点数を示す。これらの点数を合計し，未熟（30点以下），中熟（31～80点），完熟（81点以上）とする。

品温評価法

　堆廐肥は微生物の働きによって堆積中に発熱し，内部の温度は60〜70℃に達します。その後，温度は徐々に低下しますが，切り返しによって再び温度が上昇します。切り返しをしても，温度があまり上昇しなくなれば，腐熟が十分進んだ証拠とみられます。したがって，堆積物の表面から深さ30cmの位置で堆積期間中の温度を継続して測定していれば，ある程度のめやすが得られます。堆肥化過程における温度変化の1例を示すと図1のとおりです。

　しかし，この方法は水分含量に注意する必要があり，適度な水分状態（60%程度）で堆積発酵が行なわれた場合にのみ当てはまります。

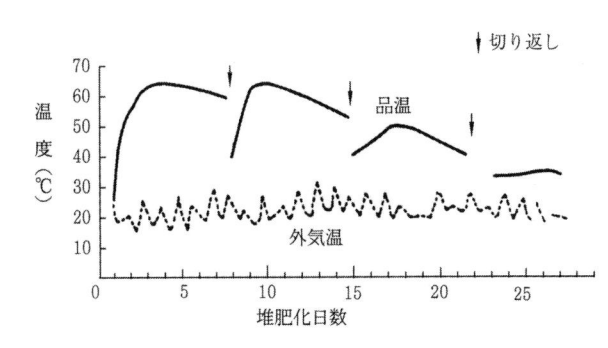

図1　牛糞の堆肥化過程における温度変化　　（原田，1985）

発芽試験法

　堆肥の原材料に含まれる生育障害物質の影響を判断するには，コマツナの発芽試験による検定が有効です。この方法は，腐熟が十分であっても，抽出液の塩濃度が高いと発芽率が低下します。抽出液のECが10mS/cm以上であれば発芽率は80%以下になるので，抽出液のECも併せて確認してください。表2に発芽阻害試験の概要を示します。

表2　発芽試験の方法　　（堆肥等有機物分析法，2010）

準備器具など	方　　法	判定基準
シャーレ，濾紙，コマツナ種子，生堆肥，200mℓ三角フラスコ，熱水，アルミホイル，ガーゼ	①シャーレに濾紙を2枚敷いて，その上にコマツナ種子50粒をまく ②生堆肥10gを三角フラスコに取り，沸騰水100mℓを加え，アルミホイルでふたをする ③1時間放置後，ガーゼ2枚を重ねて濾過する ④濾液10mℓをシャーレに入れる ⑤対照として，水10mℓ入れたものを用意する ⑥シャーレにふたをして室温に保持し，3〜6日後に発芽率を測定する	発芽率80%以上を腐熟堆肥とする

第2章 土壌改良資材の特性と使い方　有機質資材　58 堆廐肥の腐熟度判定法

■ 酸素消費量測定法（コンポテスター）

　堆肥の腐熟過程では原材料に含まれる有機物が分解されます。この分解される有機物には分解されやすいものとされにくいものがあります。分解されやすい有機物の量を，好気性微生物の呼吸作用を利用して推定する方法です。好気性微生物が有機物を分解する際，酸素を取り込み，二酸化炭素を放出します。コンポテスター（図2）は，この酸素の消費を測定して数値として表示します。酸素消費量が3μg/分/g以下が腐熟のめやすです。

　しかし，この方法はバーク堆肥や生ごみ堆肥，下水汚泥および嫌気的発酵で製造された堆肥，あるいは薬剤を添加した堆肥では測定できません。

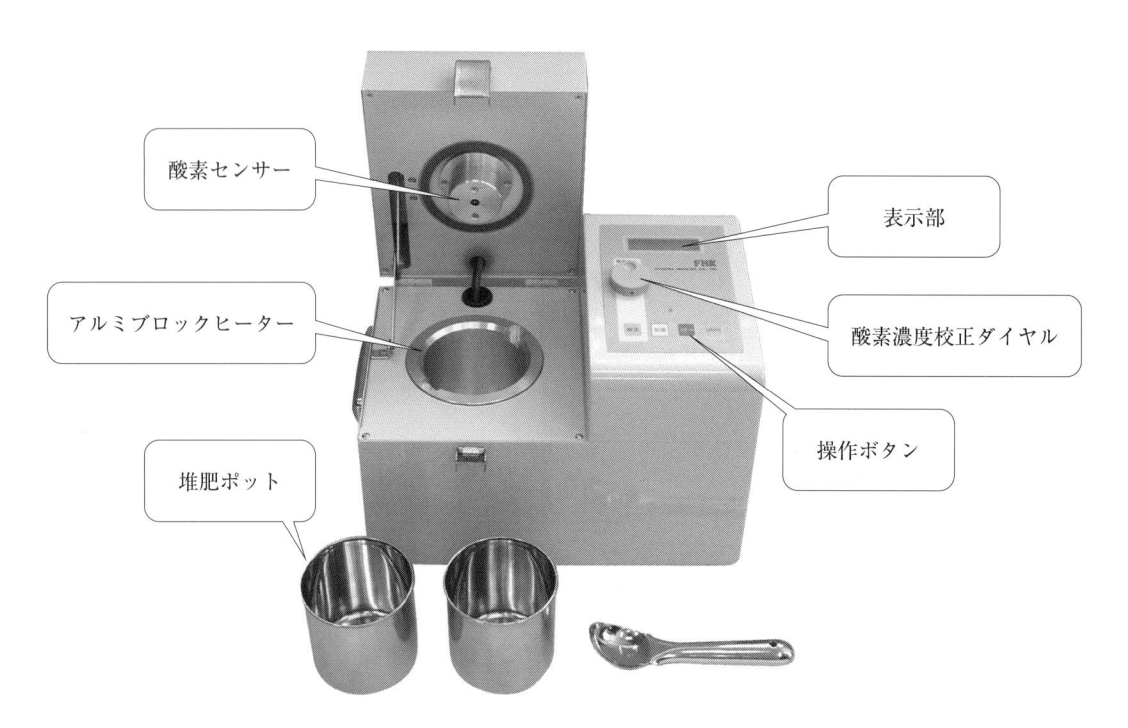

図2　コンポテスター

59 有機物の種類と分解の特徴

　有機物は，土壌に施用されると微生物によって分解され，植物の養分供給源になると同時に，土壌の物理性（保水性，排水性，通気性など）や生物性の改善に役立ちます。有機物は年間で数％程度分解し減少するので，常にその補給が必要です。地力の維持，増強には有機物の施用が欠かせません。

C/N 比と有機物の分解

　有機物は種類により分解特性が異なります。分解の難易は環境条件によって違いますが，同一条件ならばC/N 比（炭素率）の大小でほぼ決まります。炭素率が大きくなると分解しにくく，小さくなると分解しやすくなりますが，その境界は 30 程度です。

　炭素率の大きい有機物の分解を促進するには，窒素を加えて炭素率を 30 程度まで下げる必要があります。麦わらなど炭素率の高い有機物を土壌に多量に施用するとき，窒素を多めに施用するのはそのためです。これをしないと土壌中の窒素が有機物の分解のために使われ，窒素不足（窒素飢餓）が生じ，作物の生育が悪くなります。一方，鶏糞など炭素率の低い有機物は，施用後まもなく分解が始まり窒素などの養分を放出します。有機物の分解が進むと炭素率（C/N 比）は低下し，最終的には 10 近くになります。

C/N 比低下のための窒素添加量の計算法

＜稲わらの例＞

① 稲わら 100 kg の中に，窒素(N) 0.6 kg，炭素(C) 45 kg が含まれていると，炭素率は，
　　$C/N = 45/0.6 = 75$ となります。

② C/N 比を 30 にするために必要な窒素量を X kg とすると，(1) 式を解いて，X を求めます。
　　$45/(0.6+X) = 30$ ……(1)
　　　　　　　　$= 0.9$

　∴ 稲わら 100 kg に対して窒素 0.9 kg を添加すると，C/N 比は 30 になります。

2章 土壌改良資材の特性と使い方　有機質資材

分解菌「ふりかけ窒素があると食が進むねぇ」　炭素

第2章　土壌改良資材の特性と使い方　　有機質資材　　59　有機物の種類と分解の特徴

有機物の堆肥化と C/N 比調整法

各種有機物の C/N 比はおおよそ表1のとおりです。これらを土壌中ですみやかに分解するには，窒素を添加して C/N 比を30前後まで下げる必要があり，これは有機物を堆肥化する場合も同じです。

ほとんどの有機物は，100kg 当たり窒素1kg 添加することで，C/N 比は30以下に低下します。したがって，有機物を堆肥化する場合，原料100kg に対して石灰窒素なら4～5kg，尿素なら2kg 添加するか，鶏糞などの窒素成分が多い他の有機物と混合させます。しかし，樹皮やおがくずはリグニン含量が多いので，相当量の窒素を添加しても堆肥化が十分に進むには1年以上の長期間を要します。

表1　有機物の化学的特性　　　　　　　　　　　　　　　　　　　　　　　　（猿田・荒川，1996）

成分種類	炭素(C)（%）	窒素(N)（%）	C/N 比	分解の難易	原料100 kg の C/N 比を30にするのに必要な窒素量(kg)
稲わら	45	0.6	75	難	0.9
麦稈類	46	0.5	92	難	1.0
イネ科植物	45	0.5	90	難	1.0
レンゲ	46	2.7	17	易	−
マメ科植物	50	3.0	17	易	−
ダイズかす	51	9.0	6	易	−
モミ殻	40	0.5	80	難	0.8
落葉	48	0.9	53	やや易	0.7
樹皮	50	0.5	100	非常に難	2.8
おがくず	46	0.2	230	非常に難	7.5
牛糞	41	1.8	23	易	−
豚糞	43	3.9	11	易	−
鶏糞	42	4.5	9	易	−

60 バーク堆肥

　バーク堆肥は，樹皮を材料にして，鶏糞または硫安，尿素などを加えて堆積発酵させたものです。一般的には，養分含量は他の堆肥に比べて少ないため，化学性の改良よりも物理性の改良を目的に施用されます。

■ 原料の性質

　一般に炭素率（C/N比）の高い有機質資材は，堆肥化する際に分解が遅いといわれていますが，樹皮の場合はタンニン酸やフェノール酸，ワックスなど分解しにくい成分を含んでいるため，さらにその傾向が強いようです。なかでも針葉樹のものは広葉樹のものより分解しにくい傾向があります（図1，表1～3）。

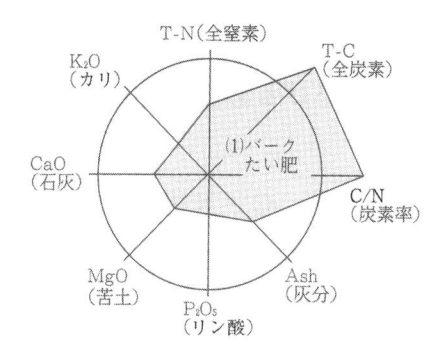

図1　バーク堆肥の成分組成
（農水省農蚕園芸局農産課，1982）
注：図中の円は，T-N 2％，T-C 30％，C/N 20，Ash 35％，P₂O₅ 52％，MgO 1％，CaO 5％，K₂O 2％で表示してある。

表1　日本バーク堆肥協会および全国バーク堆肥工業会の統一品質基準（1980年6月）

項　目	基　準
有機物含有量	70％以上
全N	1.2％以上
C/N比	35以下
全P_2O_5	0.5％以上
全K_2O	0.3％以上
pH	5.5～7.5
CEC	70 me/100 g 以上
水分	60±5％
幼植物テスト	異常を認めない

注1：各成分は乾物当たり。
　2：幼植物テストは，野菜試培土検定法のトマト，キュウリ法，あるいはハツカダイコン法のいずれかによる。

表2　バークの化学的組成
（河田ら，1981）
（乾物当たり）

原料		野外貯蔵期間	pH (H_2O)	炭素 (％)	窒素 (％)	炭素率 (C/N)	塩基交換容量 (me/100 g)	塩素 (ppm)	EC (mS/cm) 25℃
樹種	部位								
ヘムロック	樹皮	新鮮	4.75	53.5	0.21	255	41.4	2,240	0.67
		1年	5.25	56.2	0.27	208	44.0	458	0.41
		3年	4.90	51.6	0.32	161	68.6	6,450	2.62
ブナ ミズナラ	樹皮	新鮮	4.90	46.8	0.56	83.6	46.5	79	0.40
タモ・ナラ ブナ・カンバ	樹皮	新鮮	5.00	48.7	0.64	76.1	42.3	34	0.38
シイ・カシ アカマツ（10％）	樹皮	新鮮	4.75	49.0	0.50	98.0	42.6	167	0.46
		6～10カ月	5.85	47.6	0.69	69.0	57.5	303	0.30
シイ・カシ	樹皮	新鮮	4.80	47.6	0.54	88.1	51.0	309	0.54
ブナ・ナラ アカマツ（少）	樹皮	1.5年	6.60	50.0	0.67	74.6	54.9	270	0.44
ヘムロック	おがくず	新鮮	5.60	50.2	0.07	717	7.8	—	—

表3 バーク堆肥の化学的組成 (河田ら，1981)
(乾物当たり)

項目	pH (H₂O)	炭素 (%)	窒素 (%)	炭素率 (C/N)	窒素（ppm）		塩基交換容量 (me/100g)	P_2O_5 (%)	K_2O (%)	Na_2O (%)	CaO (%)	MgO (%)	Cl (ppm)	EC (mS/cm)
					アンモニア態	硝酸態								
最高	8.10	52.7	2.38	62.8	115	1,480	103	1.88	0.92	0.35	8.00	0.80	1,790	3.02
最低	5.40	39.2	0.91	19.0	11	2	59.8	0.15	0.26	0.010	2.80	0.15	256	0.34
平均	7.10	46.7	1.55	30.1	38	194	83.0	0.88	0.54	0.12	4.70	0.44	786	1.14

施用効果

バーク堆肥の主な施用効果は，地力増進法で土壌の膨軟化と示されているとおり，土壌物理性の改善です。表4はバーク堆肥を3年連用し，その後1年間無施用で経過したあとの土壌の理化学性です。このように，固相率が低下し，それにともない孔隙率が増大します。したがって，通気性，排水性の悪い重粘な土壌の改良には大きな効果が期待できます。

さらに化学性の改良効果もあり，有機物含量の増加や，それにともなう炭素，塩基交換容量の増加も期待できます。

表4 赤黄色土のバーク堆肥連用による土壌の理化学性の変化 (伊藤，1974)

物理性の変化

土壌	試験区堆肥施用量	三相組成（容積%）			（容積%）		容積重 (g/100ml)
		固相	液相	気相	最大容水量	全孔隙	
赤黄色土	バーク堆肥無施用	35.8	32.7	31.5	45.3	64.2	92.6
	20 t/ha×3年連用	31.8	34.4	33.8	49.8	68.2	82.4
	40 t/ha×3年連用	30.9	39.0	30.1	57.6	69.1	78.0

化学性の変化

土壌	試験区堆肥施用量	pH		炭素 (%)	窒素 (%)	炭素率 (C/N)	塩基交換容量	交換性 (me/100g)		
		H₂O	KCl					カリ	石灰	苦土
赤黄色土	バーク堆肥無施用	4.5	4.0	1.91	0.14	13.6	14.7	0.35	1.36	0.31
	10 t/ha×3年連用	4.9	3.9	2.66	0.16	16.6	15.2	0.34	1.94	0.36
	20 t/ha×3年連用	5.2	4.0	3.01	0.18	16.7	16.5	0.31	2.58	0.40
	30 t/ha×3年連用	5.3	4.0	3.97	0.17	23.4	19.7	0.34	3.08	0.49
	40 t/ha×3年連用	5.1	4.0	4.15	0.20	20.8	21.2	0.43	3.57	0.60

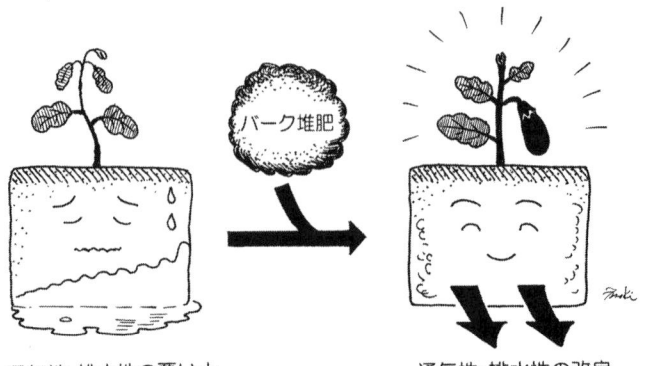

通気性・排水性の悪い土 → バーク堆肥 → 通気性・排水性の改良

施用にあたっての留意点

バーク堆肥の施用量や施用法は，慣行のわら堆肥などと同様に考えてよいと思いますが，次のことに注意します。

よく腐熟したものを施用する

材料の樹皮には前に述べたように有害な物質が含まれているので，堆肥化により生育阻害物質を分解させてから使用します。一般に，タンニン酸やフェノール酸などは，65℃で2週間あるいは60℃で3週間の発酵でほぼ分解するようです。

また，C/N比が高く，未熟なものを施用した場合には，堆肥を微生物が分解する際に土壌中の窒素を消費してしまい，作物が窒素不足の状態となります。

このようなことから，よく腐熟したものを施用することが肝要です。

乾燥に注意する

バーク堆肥を多量施用した場合は，施用当初は土壌が乾燥しやすくなるので適宜灌水します。また，乾燥しやすい畑では，表面に敷くマルチ施用が適しています。

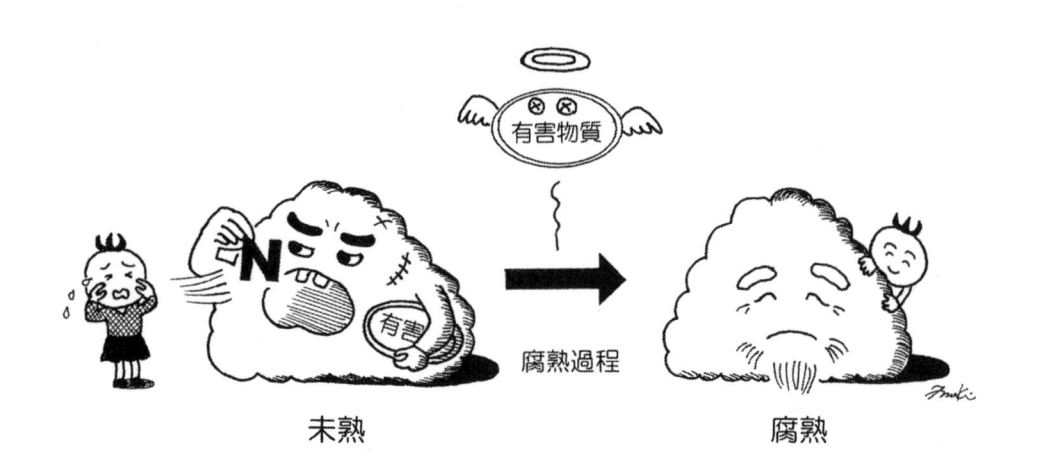

61 家畜糞尿

生糞施用は，分解時に生じる有機酸やガスによって障害を生じやすいので，鶏糞は乾燥し，牛糞，豚糞は堆肥化してから施用する必要があります。家畜糞尿の特性は，その種類によって大きく異なり，鶏糞は養分含有率が高く速効的，牛糞は窒素含有率が低く緩効的，豚糞は養分含有量が比較的多く肥効は中間的な性質を示します。施用にあたっては，それぞれの畜種による特性を理解して使う必要があります。

家畜糞の特性

家畜糞尿の特性は，その種類によって大きく異なります。たとえば，養分含有率は，鶏糞で高く，牛糞で低いといった違いがあります（表1）。さらに，養分含有率は飼料，糞尿の処理方法，季節などによっても変わります。それに応じて肥効も変わるので，それらの特徴をよく把握して施用することが大切です。

窒素の無機化率は，図1のように温度の影響を強く受け，いずれも高温で速く，低温で遅くなります。

鶏糞は，炭素率が5～9と低いため分解が速く，比較的に速効性です。また，養分含有率が高いうえ，土壌中に有機物はあまり残らないので，有機質肥料と考えるのが妥当です。

牛糞は，窒素含有率が低く炭素率は20以上とやや高いため，分解はゆるやかで肥効も緩効的ですが，養分含有量は少なく，有機物は土壌中に残ります。

表1　家畜糞尿と処理物の肥料成分含有率（平均）　　　（「農林水産技術会議収集資料」1974）
（単位：現物%）

糞尿の種類		水分	窒素	リン酸	カリ	カルシウム	マグネシウム
鶏糞	生	65.4	1.66	2.92	1.79	5.60	0.87
	発酵	61.5	1.40	2.58	1.15	2.55	0.24
	乾燥	12.5	3.78	4.59	2.03	8.30	1.29
豚糞	生	76.6	0.63	0.92	0.28	0.85	0.26
	発酵	41.6	1.64	2.83	1.05	−	−
牛糞	生	81.9	0.43	0.38	0.29	0.45	0.18
	発酵	72.8	0.67	0.60	0.85	0.63	0.23
	乾燥	31.2	1.11	1.72	1.23	−	−
牛尿	生	−	0.47	0.14	1.32	−	−
牛糞尿（混合）	生	90.0	0.36	0.19	0.44	0.23	0.12

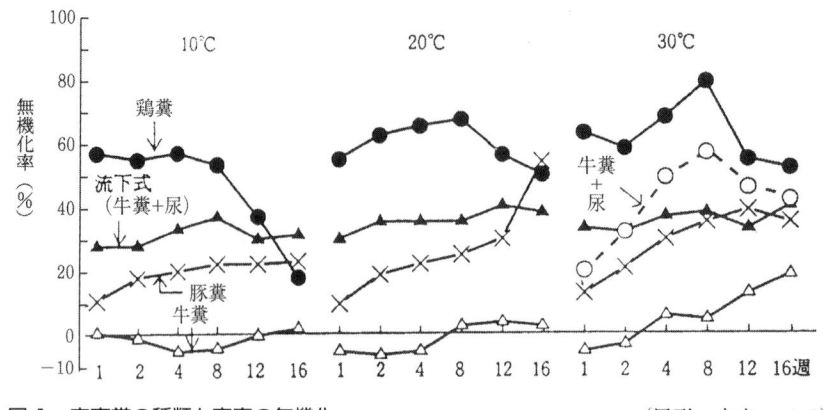

図1　家畜糞の種類と窒素の無機化　　　　　　　（尾形・市来，1973）

豚糞の成分は鶏糞と牛糞の中間で，炭素率は10～15です。肥効や土壌への影響も同様に中間的な性質を示しますが，養分含有量が比較的多いので，有機質肥料に近いものとして扱うべきです。

なお，生糞施用は分解時に生じる有機酸やガスによって障害を生じやすいので，鶏糞は乾燥し，牛糞，豚糞は堆肥化してから施用することが必要です。

家畜糞堆肥の施用基準量は，作物などによって異なりますが，1年1作の場合の平均的な堆肥の場合は表2のようです。

表2 堆肥の施用基準 (農林水産省，2008)
(単位：t/10 a)

作物	種類	黒ボク土		非黒ボク土	
		寒地	暖地	寒地	暖地
水稲	稲わら堆肥	1	1	1	1
	牛糞堆肥	0.3	0.3	0.3	0.3
	豚糞堆肥	0.15	0.15	0.15	0.15
	バーク堆肥	1	1	1	1
畑作物	稲わら堆肥	2	4	1.5	1.5
	牛糞堆肥	1.5	2.5	0.5	1
	豚糞堆肥	1	1.5	0.3	0.5
	バーク堆肥	1.5	2	1.5	1.5
野菜	稲わら堆肥	2.5	4	2.5	2.5
	牛糞堆肥	1.5	2.5	1	1
	豚糞堆肥	1	1.5	0.5	0.5
	バーク堆肥	2.5	2.5	2.5	2.5
果樹	稲わら堆肥	2.5	2.5	2	2
	牛糞堆肥	1.5	1.5	1	1
	豚糞堆肥	1	1	0.3	0.3
	バーク堆肥	1.5	1.5	1.5	1.5

注1：堆肥連用条件下における1年1作当たりの堆肥施用基準。
　2：標準的な堆肥の成分含有量を用いて算出したものであり，施用する堆肥により変動する。

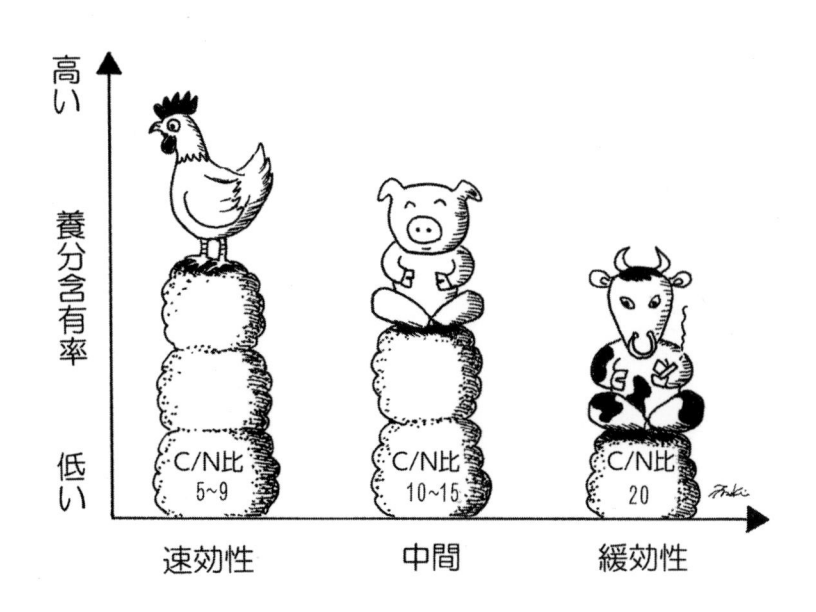

家畜糞や堆肥を施用した場合の化学肥料の施用量

これまで，堆肥を施用する場合，その養分含有量を考慮せずに施用されてきました。そうした圃場では，リン酸やカリなどが過剰に蓄積している場合が多くなりました。したがって，堆肥を施用する場合，その有効成分量を考慮して，施用量に応じて減肥する必要があります。

ここでは2008年7月，「土壌管理のあり方に関する意見交換会」報告書（農林水産省生産局）で示された「堆肥の成分を考慮した施肥の考え方」の概略を紹介します。

簡単な減肥方法（導入編）

堆肥など有機物を施用した場合の窒素，リン酸，カリの減肥量は表3を参考に算出します【計算式1】。
「標準的な施肥量（都道府県などの施肥基準）」から，「堆肥などを施用した場合の減肥量」を差し引いた量を化学肥料や有機質肥料で施用します【計算式2】。また，適時，土壌診断を行なうことによって土壌残存養分量を把握し，施肥量から減肥することも必要です。

【計算式1】

　堆肥などを施用した場合の減肥量（kg/10a）＝堆肥施用量（t/10a）×堆肥1t当たりの減肥量（kg/t）

【計算式2】

　施肥量（kg/10a）＝施肥基準（kg/10a）－堆肥などを施用した場合の減肥量（kg/10a）
　（－土壌残存養分量を勘案した減肥量〈kg/10a〉）

表3　堆肥1t当たりの減肥量

	減肥量（kg/10a）			
	窒素		リン酸	カリ
	非連用	連用		
稲わら堆肥	1.0	1.7	2.0	2.9
牛糞堆肥	2.1	4.3	7.0	4.8
豚糞堆肥	4.1	8.1	19.4	6.9
バーク堆肥	1.1	1.9	3.1	1.8

注1：ここでの減肥量は表4の堆肥の種類別の成分含有量に肥効率を乗じた数値である。
　2：本減肥量は，堆肥の種類によって異なることから，都道府県ごとに地域で標準的に使用される堆肥の成分含有量などを踏まえて設定することが望ましい。

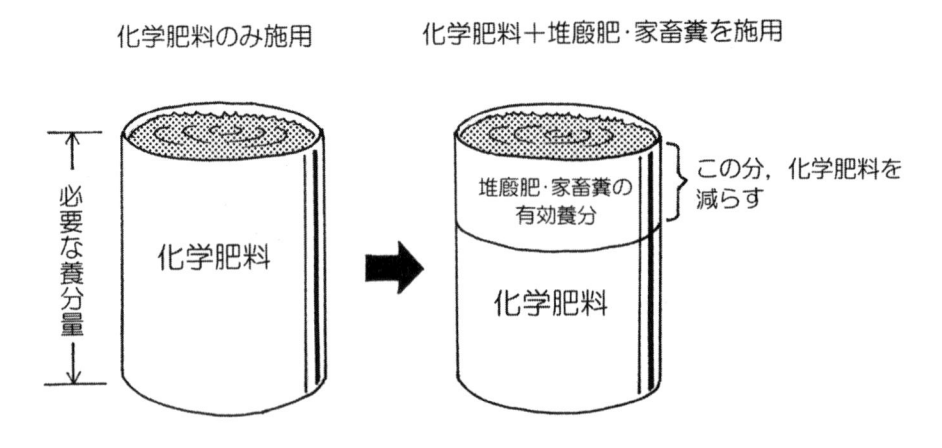

減肥方法（応用編）

堆肥の施用量については都道府県の施用基準や表2を参考にします。また，独自に堆肥の施用量を決定する場合には堆肥の代替率，表4の窒素成分含有率，窒素肥効率を参考に堆肥の施用量を算出します【計算式3】。

【計算式3】

　堆肥の施用量（t/10a）＝施肥基準（kg/10a）×代替率（%）/100 × 100/ 堆肥の窒素成分含有率（%）× 100/ 窒素肥効率（%）× 1/1000

なお，施肥窒素の全量を家畜糞や堆廐肥で施用すると，初期生育が遅れたり，生育障害が生じたりする恐れがあるので，堆肥の代替率は30～60%にし，残りは化学肥料で施用するのが無難です。また，連用すると養分集積が大きくなるので，土壌診断の結果に応じて施用量を減らします。

表4　家畜糞堆肥などの種類別成分量に含まれる成分の肥効率　　　　（農林水産省，2008）
（単位：%）

種類	堆肥の成分含有率			肥効率			
	全窒素	リン酸	カリ	窒素		リン酸	カリ
				非連用	連用		
稲わら堆肥	0.42	0.2	0.45	20	40	100	65
牛糞堆肥	0.71	0.7	0.74	30	60	100	65
豚糞堆肥	1.35	1.94	1.05	30	60	100	65
バーク堆肥	0.48	0.31	0.28	20	40	100	65

注：堆肥種類別の成分含有率および肥効率については，都道府県ごとに地域で標準的に使用される堆肥の成分含有率を踏まえて設定することが望ましい。

堆肥施用の上限値

堆肥からの養分供給を中心にして，化学肥料の施用量を大幅に減らす施肥を行なう場合があります。このような場合，養分過剰による生産の低下が生じないように，表5のような堆肥連用条件下における1作当たりの「堆肥の施用上限値」が設定されています。

表5　堆肥の施用上限値　　　　（農林水産省，2008）
（単位：t/10a）

種類	作物			
	水稲	畑作物	野菜	果樹
稲わら堆肥	4.5	9.0	14.0	13.0
牛糞堆肥	2.0	3.5	5.0	5.0
豚糞堆肥	1.0	2.0	2.5	2.5
バーク堆肥	4.0	6.0	12.0	11.0

注1：堆肥連用条件下における1作当たりの堆肥施用上限値。
　2：標準的な堆肥の成分含有量を用いて算出したものであり，施用する堆肥により変動する。

第2章　土壌改良資材の特性と使い方　　有機質資材　　62　モミ殻の有効利用法

62　モミ殻の有効利用法

　モミ殻は水田10aから120kg程度収穫されます。有用な資源であり，活用法として①家畜の敷料，②堆肥原料，③暗渠排水資材，④育苗培地，⑤養液栽培の培地，⑥水田へのすき込み，などがあります。これらの活用法のうち，いくつかの方法を紹介します。

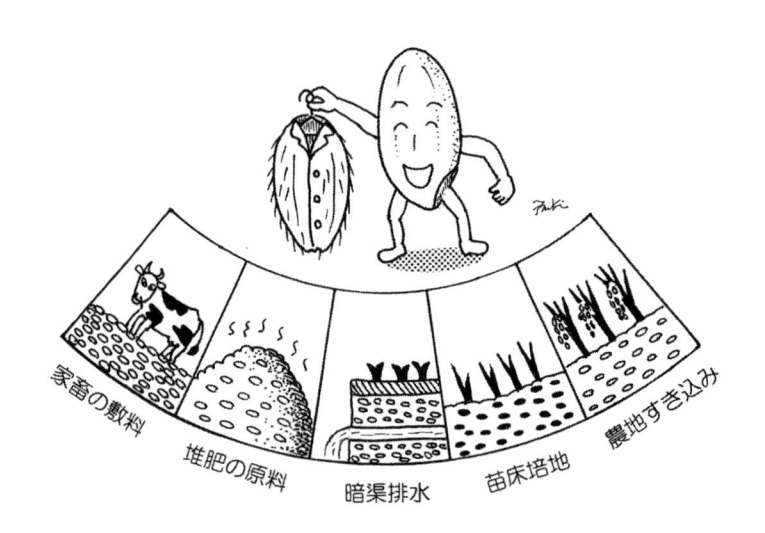

■ 暗渠排水，育苗培地への利用

　暗渠排水への利用は，土壌条件によってはかなり有効で，モミ殻暗渠として広く用いられています。育苗培地への利用は，くん炭状に焼いて利用するのが一般的です。また粉砕モミ殻は，少量混合で鉢用土などの物理性改善に有効です。モミ殻は炭素率（C/N比）が高く（約70〜80）腐熟しにくい特性があります。このため農地へ多量に投入すると障害が発生するので，堆肥化してから使用するのが原則です。

　モミ殻は日本では入手が容易なため，養液栽培の有機培地として使用できる可能性があります。気相率がロックウールに比べて高く，湿害が起きにくいと考えられます。ただし，培地のpH6.0程度でもカリウムを放出するため，養液のpHが上昇することがあります。また，比較的腐りにくいものの，長期連用すると微生物に分解されます。

■ 堆肥化の方法

　モミ殻を堆肥化する場合，そのままでは撥水性が強く堆肥化が遅れるので，粉砕して利用することが望まれます。C/N比を30程度にするため，モミ殻1t当たり窒素8kg程度を添加し，水分を60〜70％に調節してから堆積し，適宜切り返します。

　山形農試は，次のように条件を整えれば，短期間で堆肥化が可能になるとしています。

（1）モミ殻を堆肥化する最適水分は70％程度で，堆積量は10m³（約1t）以上が必要です。

（2）モミ殻10m³に対して家畜糞3.3t（牛糞の場合）を混合し積み込みます。この場合，塩化ビニールのコルゲート管などを埋設して通気すると腐熟促進の効果があります。

（3）腐熟の完了は通気堆積では2カ月程度です。

（4）腐熟のめやすは，容積の減少（約25％減少），水洗通過量の増加（2mmふるいで63％以上），CECの増加（80me/100g程度）です。

水田へのすき込み法

堆肥化していないモミ殻を水田へ多量に施用するとイネに悪影響が出ますが、適量の施用では土壌の理化学性の改善による増収もみられるので（表1、2および図1）、地域の状況に応じて水田への施用が可能です。施用量のめやすは、300kg/10a以内（群馬県の場合）とし、ロータリー耕などで土とよく混合することが大切です。また、モミ殻分解のために約2kg/10a（モミ殻300kg当たり）の窒素増量が必要です。さらに、夏季高温時に土壌の還元や土壌の膨軟によって起こる倒伏を防止するため、水管理を十分に行ない土壌を酸化的に保つよう留意します。

表1 モミ殻連用と玄米収量　　　　　　　　　　　　　　　　　　　　　　　　　　　　　　　　　　　（山形農試, 1982）

試験区名 \ 項目	1977年 玄米重(kg/a)	登熟歩合(%)	収量比	1978年 玄米重(kg/a)	収量比	1979年 玄米重(kg/a)	登熟歩合(%)	収量比	1977〜1979年 収量比
1. モミ殻無施用区	66.3	71.6	100	55.8	100	59.0	91.3	100	100
2. モミ殻 15kg/10a 連用区	65.2	68.8	98	57.8	104	57.8	81.2	98	100
3. モミ殻 30kg/10a 連用区	69.3	70.6	105	56.2	101	58.4	80.1	99	102
4. 粉砕モミ殻 30kg/10a 連用区	70.4	68.4	106	58.9	106	59.6	83.5	101	104
5. 粉砕モミ殻 60kg/10a 連用区				59.1	106	61.0	79.8	103	105

注：収量比はモミ殻無施用区を100とした場合の指数。

表2 モミ殻連用が水田土壌の理化学性に及ぼす影響（3作後跡地）　　　　　　　　　　　　　　　　（山形農試, 1982）

試験区名 \ 項目	pH H₂O	pH KCl	全炭素(%)	全窒素(%)	CEC(me/100g)	Ex-Base(mg/100g乾土) CaO	MgO	K₂O	アンモニア生成能(mg/100g) 生土(30℃)	実容積(g/100ml)	三相分布(%) 気相	液相	固相	孔隙率(%)
1. モミ殻無施用区	5.60	4.40	2.35	0.25	21.6	260	56	8	2.9	83.6	16.4	48.3	35.3	64.7
2. モミ殻 15kg/10a 連用区	5.90	4.65	2.27	0.25	21.7	270	59	9	3.1	81.5	18.5	46.6	34.9	65.1
3. モミ殻 30kg/10a 連用区	5.90	4.55	2.41	0.26	22.3	275	62	11	2.6	81.4	18.7	46.7	34.6	65.4
4. 粉砕モミ殻 30kg/10a 連用区	5.65	4.60	2.56	0.27	23.7	268	62	10	4.0	85.9	14.1	49.0	36.9	63.1
5. 粉砕モミ殻 60kg/10a 連用区	5.40	4.35	2.33	0.25	22.7	246	51	10	4.0	77.7	22.4	31.9	31.9	68.1

注：Ex-Base は交換性塩基のこと。

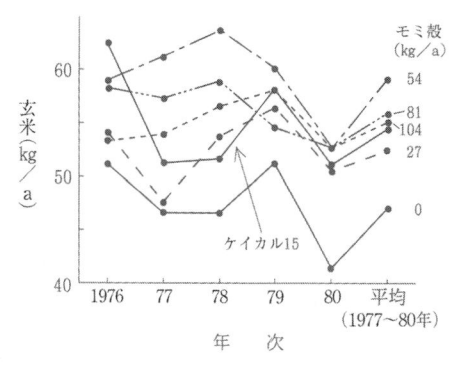

図1 モミ殻連用と玄米収量（滋賀農試, 1981 を一部改変）

63 くん炭の作成と使用法

くん炭は，古くから水稲の保温折衷苗代の覆土材料や野菜・花きの用土の材料として使用されてきました。イネのモミ殻を蒸し焼き状態で炭化したもので，もとの1/2～1/3に容積が減少します。モミ殻の有効な利用法の1つとして，くん炭を積極的に利用したいものです。

くん炭焼き器

くん炭を製造するには，露天で簡易につくる方法（以下，野焼き法）と，市販のくん炭製造装置を用いる方法があります。

野焼き法（簡易くん炭器）

くん炭焼き器はブリキ製のものが市販されていますが，器具を自作する場合は，石油缶を半分に切断し，図1のように周囲に空気穴をあけ，逆さにして煙突をつけます。

くん炭製造装置を用いる方法

くん炭製造装置は数社から市販されています。野焼き法に比べて経験を必要とせず，簡単にくん炭をつくることができます。また，くん炭酢液を採取する付属装置をつけることが可能な機種もあります。

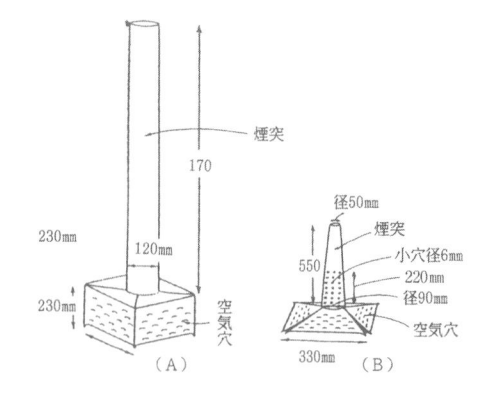

図1　くん炭焼き器　　　　　　　　　　　　（荻原，1966）
注1：(A) は自家製の例。石油缶を半切りにして側面に空気穴をつけ，逆さまにして上部には穴をあけて煙突を立てる。
　2：(B) は市販品の例。トタン板製，台は角錐形で底辺が33cm角，周囲と煙突下部に空気穴がある。

図2　くん炭焼き（はじめの状態）　　　　（荻原，1966）
注：くん炭焼き器を置き，中に小枝などを入れて火をつけ，まわりにモミ殻を盛り上げると火は間もなくモミ殻に燃え移る。

くん炭の焼き方

野焼き法でくん炭を製造する場所は，コンクリートのたたきを利用すると便利です。土の上でくん炭をつくると回収に手間取るばかりか，土からの病原菌などで汚染される原因となるので，できるだけ清潔な場所を選定します。また，くん炭を焼いている途中で強風が吹くと火災の原因となるので，風よけなどの囲いをつくって行ないます。

まず，図2のように，くん炭焼き器の下に小枝やわらなどを入れて火をつけます。火がついたら，まわりにモミ殻を盛り上げます。火が周囲のモミ殻に燃え移ってきて表面に達してモミ殻が黒くなったら，その部分にモミ殻を盛り上げ，灰にならないようにします。全体が黒くなったら終了です。終了するときは，まわりに薄く広げ，水をかけ消火します。

理想的なくん炭は，モミ殻が灰になったり，細かく砕けたりせず，原型をとどめる程度にすることです。少し焼け残りが出る程度で終了するとよいでしょう。

くん炭の特徴

くん炭は焼く温度により性質が異なります。温度が高い条件で焼くと灰の成分含量が多くなり，pHも高くなります。表1は焼く温度とpHや灰の成分含量です。

表1　くん炭の化学的性質　　　　　　　　　　　　　　　　　　　　　　　　　　　　　（大塩ら，1981）

焼成温度	pH	N（％）	P_2O_5（％）	K_2O（％）	W-K_2O（％）	炭素（％）	灰分（％）
生モミ殻	6.7	0.58	0.10	0.60	—	39.88	12.87
くん炭 300℃×10分	7.1	0.78	0.12	0.80	0.10	45.62	15.73
くん炭 400℃×10分	9.2	0.61	0.22	1.91	0.22	52.55	25.95
くん炭 500℃×10分	10.0	0.60	0.24	1.92	0.36	53.06	31.84
くん炭 600℃×10分	10.8	0.60	0.28	1.99	0.46	54.58	34.77

注1：電気炉で焼成したくん炭2gを，水50ml中に5時間浸漬後の濾液について測定。
　2：W-K_2OのWは水溶性の意。

くん炭のpHを低下させる方法

適度に焼いたくん炭はpH7前後ですが，焼きすぎにより灰が混じるとpHが高くなります。用土の種類や作物によっては，pHを低下させる必要があります。pHを低下させるには，ざるなどにくん炭を入れて小川などの流水に5～6時間浸漬し，アルカリ分を流出させます。この間に3～4回水から引き上げ，振り洗いします。このときにくん炭を粉にしないように注意します。

水稲における利用法

生モミ殻を水稲の育苗培土に混用すると，病害発生の原因になります。くん炭は焼いてあるため，病害発生の危険性はありません。しかし，焼きすぎたモミ殻を混入するとpHが上昇し，ムレ苗発生の原因となります。灰混じりのくん炭はpH8～9と高く，そのままでは使用できないので，前項の要領でpHを下げます。pHが3.5～4の強酸性土壌ならば，1/3程度まで増量材として混合できます。

水稲の育苗培土にくん炭を混用した試験の結果を表2に示します。

表2　田植え時苗の調査　　　　　　　　　　　　　　　　　　　　　　　　　　　　　　（渡部ら，1967）

育苗日数（日）	播種量（g）	床土の種類	成苗率（％）	形　状		地上部		地下部	
				草丈（cm）	葉数	生体重	乾物重	生体重	乾物重
20	250	全土	96.3	11.9 ± 2.3	1.98	3.99	0.74	2.04	0.43
		くん炭土	94.2	14.7 ± 2.6	2.00	4.48	0.80	2.72	0.32
		全くん炭	95.5	11.9 ± 2.2	2.20	4.23	0.79	2.39	0.35
	125	全土	96.3	12.6 ± 3.2	1.93	3.98	0.89	3.15	0.57
		くん炭土	86.9	12.3 ± 3.0	2.06	4.35	0.71	2.14	0.32

注：生体重と乾物重は成苗100本当たりg。キセキ式。一部抜粋。

野菜の育苗での利用法

野菜の育苗にくん炭が利用されますが，くん炭の水分特性は表3のとおりです。荻原（1965）は，くん炭は軽くて水持ちがよく毛管水の上昇速度が遅いので，湿害の恐れが少ないとしています。また，表4は培地材料別の培養液の濃度変化です。くん炭は苗の発育に有効なリン酸，カリなどを溶出することから，健苗の育成に役立つとしています。

表3　培地材料の水分特性　　　　　　　　　　　　　　　　　　　　　　　　　　　　　　（荻原，1965）

培地	容積重 (g/100 ml) 密	容積重 (g/100 ml) 粗	最大容水量（%） 密	最大容水量（%） 粗	保水量 (ml/100 ml)	毛管水の上昇 15 mm 管高さ (mm)	毛管水の上昇 時間 (分)
れき	161.5	151.5	39	41	2.5	20	21
川砂	151.5	141.5	42	44	20.5	105	8
モミ殻くん炭	16.5	14.0	80	86	40.0	10	22
ウレタン片	11.5	3.3		48	60.0	10	50
慣行床土	66.5	51.5	58	67	45.0	80	35

表4　培地材料別培養液の濃度変化　　　　　　　　　　　　　　　　　　　　　　　　　　　（荻原，1965）
（単位：me/ℓ）

培地材料		pH	カルシウム	マグネシウム	カリウム	硝酸態窒素	リン酸態イオン	備考
れき	1日後	4.8	12.0	4.8	3.0	15.2	2.0	1/5,000 ワグネルポットに4ℓの培地を入れ，下記の培養液を1日各1時間湛水，液量は2ℓ 標準液 pH 5.5〜5.6 カルシウム 8.0 マグネシウム 3.0〜3.2 カリウム 8.1 硝酸態窒素 13.4〜14.6 リン酸態イオン 4.0
	3日後	5.7	11.6	4.0	1.9	13.7	0.9	
	7日後	4.5	13.2	3.0	1.5	16.6	0.5	
川砂	1日後	5.5	11.4	4.6	1.9	13.7	0.3	
	3日後	4.8	12.0	5.0	2.0	13.1	0.0	
	7日後	4.8	12.0	3.6	1.5	14.6	0.0	
クリンカー	1日後	6.5	6.4	6.0	6.2	12.9	0.6	
	3日後	6.5	7.2	4.6	5.4	12.9	0.0	
	7日後	6.8	7.6	5.6	5.6	15.2	0.0	
モミ殻くん炭	1日後	8.1	4.4	1.6	20.5	9.2	6.1	
	3日後	6.7	3.6	1.4	20.2	12.0	7.2	
	7日後	6.5	2.0	2.0	21.0	11.2	8.3	

養液栽培での利用法

くん炭を培養液に浸した場合の培養液中の無機成分の変化が表5です。浸漬開始から120分で培養液中のリン酸とマンガンが約35％，カルシウムが約10％減少し，くん炭に吸着されました。塩素イオンは約80％，カリウムと鉄は約30％増加し，くん炭から溶出しました。一方，硝酸態窒素や他の成分は，くん炭による吸着や溶出は認められませんでした。ただし，焼成温度が高いと水溶性カリウムの溶出が多くなり，培養液のpHを上昇させるので注意が必要です。

粒径1mm以上のくん炭を培地として，培養液を連続給液してホウレンソウを栽培した成績が表6です。地上部の生体重はくん炭が劣るものの，乾物重では同等以上の生育を示しており，くん炭の培地で中身の濃いホウレンソウをつくることができたと考えられます。以上のことから，くん炭は粒径を考慮して使用すると，養液栽培の培地として適しています。

表5　くん炭による培養液中の無機成分の吸着と溶出　　　　　　　　　　　　　　　　　（寺添ら，1994）

	無機成分名	実験開始時	60分後	120分後
吸着された成分	リン酸イオン	141 (100)	119 (83)	104 (74)
	カルシウム	182 (100)	170 (93)	164 (90)
	マンガン	1.9 (100)	1.5 (81)	1.1 (60)
溶出した成分	塩素イオン	17 (100)	29 (168)	32 (181)
	カリウム	314 (100)	385 (123)	398 (127)
	鉄	2.1 (100)	3.0 (138)	2.9 (136)

注1：（　）内は，実験開始時の濃度を100とした相対値。
　2：くん炭は，コシヒカリ（千葉県産）を用いて電気炉（600℃，5分間）で製作した。
　3：培養液（大塚ハウスA処方）300 mℓとくん炭10 gを用いた。

表6　異なる培地におけるホウレンソウの生育　　　　　　　　　　　　　　　　　　　　（寺添ら，1994）

培地	地上部生体重 (g/株)	地下部生体重 (g/株)	地上部乾物重 (g/株)	地下部乾物重 (g/株)	乾物率 (％)	T/R比
ウレタン	22.4(100) a	5.7(100) a	1.3(100) a	0.3(100) a	6.0 a	5.1 a
くん炭	14.5(64) b	6.8(119) a	1.6(116) a	0.8(307) b	10.8 b	2.0 b

注1：（　）内は，ウレタンの生育量を100とした相対値。
　2：T/R比は，地上部（Top）と地下部（Root）の比を表し，それぞれの乾物重から算出した。
　3：同列内で同じアルファベットをもつ値は，危険率5％で有意差がない（t検定，n-10）。

64 木炭，木酢液

　木炭は，1986年11月に地力増進法施行令の一部を改正する政令により，新しく土壌改良資材に指定されました。現在は土壌改良資材として，木炭のほかに泥炭，バーク堆肥，ゼオライトなど12種類が指定されています。

木炭の用途

　木炭は，燃料用のほかに，多孔質のため活性炭，水処理，漁礁，微生物培養基剤に，研磨性を利用して漆器の研磨や各種研磨材に，吸光性を利用して温水器や融雪材に，電気的特性を利用して電流アース，電磁石遮蔽材などに使用されています。

土壌改良資材としての木炭

　木炭の主な効果は土壌の透水性の改善です。

木炭の透水性改善効果

　木炭は多孔質であるため，土壌施用すると土壌の気相率を高め，固相率を低下させて容積重を小さくします。それによって，透水性，保水性，通気性が改善されます（表1，2）。

表1　木炭粉，その他の透水性改善効果

（単位：%）

木炭粉の混入率		資材名				
		パーライト	バーミキュライト	モミ殻炭	樹皮炭（ナラ）	オガ炭粉
透水性改善率	5%混入	−	−	79	60.5	43.8
	20%混入	90.5	84.5	377	192.5	29.8

注：使用土壌は鴻巣土壌。（財）日本肥糧検定協会，農業環境技術研究所の測定値の平均。

表2　黒炭，白炭の保水性・透水性改善率

（（財）日本肥糧検定協会）

木炭粉の混入率　5%（W/W）	黒炭	白炭
保水性改善率	14.6%	4.9%
透水性改善率	88.9%	4.9%

注：使用土壌は鴻巣土壌。

木炭の物理および化学的性質

　木炭の物理的性質は表3，4，化学的性質は表5，6のとおりです。

表3　黒炭の内部表面積　　（岸本，1998）

炭　種	内部表面積
黒炭（コナラ）	395 m^2/g
白炭（コナラ）	213 m^2/g

表4　木炭の容積に対するガス吸着の倍数　　　　　　　　　　　　　（三浦，1943）

アンモニア	塩化水素	亜硫酸	硫化水素	窒素化合物	炭酸ガス	酸素	窒素	メタン	水素
90	85	65	55	40	35	9.3	7.5	5.0	1.8

表5　木炭のpH改良効果　　　　　　　　　　　　　　　　　　　　　　　　((財)日本肥糧検定協会)

木炭の種類	土壌	樹皮炭	オガ炭	ヤシ殻炭	モミ殻炭	マツ炭
pH		8.0	8.5	7.8	7.8	8.6
土壌に5%（容量）施用したときの土壌のpH	6.1	6.5	6.5	6.6	6.2	−

表6　黒炭と白炭のpH　　（『木材工業ハンドブック』）

炭種	黒炭（コナラ）	白炭（コナラ）
pH	7.1〜9.4	7.9

木炭の農業利用の可能性

　木炭についての民間での施用事例は各種ありますが，公的機関での試験研究事例は少なくなっています。この理由には，炭化の方法（温度，時間）が一定しないこと，樹種により製品の炭質が異なることがあげられます。しかし，木炭の施用が土壌微生物の活動，とくに有用微生物の活性を高めることが注目されています。木炭の農業利用の試験研究は，やっと始まったばかりといえます。今後この分野で試験研究を急速に拡大する必要があります。木炭の農業利用における可能性は次のとおりです。

（1）木炭は多孔質で通気性があり，水分も吸収しやすいため，土壌の透水性，保水性などの物理性を改善します。

（2）炭を土に施用すると放線菌，VA菌根菌などの有用な微生物が増え，その結果，土壌の微生物性が改善され，根張りがよくなり，土壌病害虫害も減少します。

（3）木炭は吸着性に富むため，ハウスなどではアンモニアなどの濃度障害が緩和されます。

（4）木炭には2〜3%のミネラルが，作物に吸収されやすい形でバランスよく含まれています。カリ，カルシウムなどが多く，ホウ素なども微量に含まれています。しかも，炭化の過程で炭酸塩などになって根に吸収されやすい形になるため，ミネラルの補給効果があります。

（5）家畜糞尿に混ぜると臭いが少なくなり，その堆肥は良質のものとなります。

（6）温度が低く炭化が不十分な場合には，揮発成分が残っているので注意が必要です。炭化が進むと揮発成分が減少し残留するアルカリ分のため，pHは8〜9になります。ただし，アルカリ分が少ないので土壌の酸性矯正効果は低くなります。

木酢液の用途

　木酢液は医薬原料，飼料添加剤，工業原料，脱臭剤原料，媒染剤，発酵助剤，汚水浄化助剤，木材防腐剤原料，食品防腐剤などに利用されています。

　木酢液の農業利用は，1887年代に酢酸原料として酢酸石灰を製造することに始まったとされています。木酢液は多くの成分を含み，その成分がそれぞれ多様な特性をもっているため，用途も多岐にわたっています。しかし，多成分からなる木酢液のなかから特定成分を取り出して利用することは，技術的，経済的な理由から無理があると考えられます。したがって，簡単な前処理だけ加えて複合系で利用せざるを得ず，効果の再現性が乏しくなります。

木酢液の農薬登録

木酢液は1973年に農薬登録を行ないましたが，1979年に失効しました。したがって，農薬として販売することは農薬取締法に抵触することになります。失効した理由は，需要が少なかったのと原料の入手難から，3年ごとの再登録申請を行なわなかったためです。適用作物はマツ，スギ，ヒノキで，苗立枯れ病を予防する苗床の消毒ということで使用されていました。有効成分の種類および含量は，蟻酸0.3％，酢酸1.2％，プロピオン酸0.2％，プロピオンアルデヒド0.3％，3-メチル-2ブタノン0.3％，フェノール0.5％などです。

木酢液の規格

木酢液は多くの成分を含み，原料，炭化温度・時間によって溜出成分が異なります。木酢液を利用するための何らかの規格が必要ということで，日本木酢液協会が木酢液の自主規格を1993年2月に制定しました。

木酢液の原料

広葉樹（ナラ，クヌギ，ブナ，カシなど），針葉樹（スギ，ヒノキ，マツなど）の丸太・割材，または竹類，のこくず，樹皮，オガライトなどを用い，木質以外の異物を含まない必要があります。

木酢液の採取と精製方法

原料を炭化したときに発生する排煙（炭がまの場合，排煙温度80～150℃）を冷却して得られる液体を，貯留槽に入れて少なくとも2～3日間静置すると2層または3層に分離します。2層に分離した場合は上層の，3層に分離した場合は中層の赤褐色の水溶性液を粗木酢液といいます。この水溶液を3カ月以上静置後，吸着，濾過などの脱タール処理を経て得られる赤褐色透明の水溶液が木酢液です。粗木酢液の段階以後，人為的に化学成分の添加などの操作を行なわず，自然の状態を保持することを要します。木酢液の採取装置，貯槽，処理装置などの材質は，耐酸性であることが必要です。

木酢液の農業利用

木酢液の農業利用について，公的機関での試験研究は全くなされていません。民間の事例では次の効果があるとされています。

(1) 薄めて作物に葉面散布すると葉の活力が高まり，品質が向上します。
(2) 同様に葉面散布で，ダニなどの害虫や各種の病気が出にくくなります。
(3) 木酢液と農薬を混用して散布すると，農薬の効果が高まります。
(4) 土に施す（散水，注入）と，濃度が高い状態ではセンチュウや土壌病害を減らし，土の中で濃度が薄くなると有用な微生物を増やします。
(5) 同様に土に施すと作物の発根がよくなります。
(6) 堆肥づくりに使用すると，発酵がよく進みます。
(7) 家畜糞尿に混ぜると臭いが少なくなり，その堆肥は良質のものとなります。

65 微生物資材

　土壌微生物資材は，土壌中に有用な微生物を定着させたり，作物根との共生によって微生物間の競争，拮抗作用および捕食・寄生作用を利用して有害病原菌に対抗させたりします。その結果として，連作にともなう病気や害虫の発生を抑える働きがあるとされています。またVA菌根菌のように，菌糸がリン酸を吸収し，増収に結びつくなどの働きもあります。

開発の背景

　連作障害のもっとも大きな要因の1つである土壌病害に対して，一般には農薬による土壌消毒が実施されています。しかし，農薬による消毒効果にも限界があり，土壌病害を完全に抑えきれない場合も出てきています。また，消費者の食品に対する安全性への意識の高まりや環境問題から有機栽培や減農薬・減化学肥料栽培が定着するにつれて土壌微生物資材が注目を浴び，多くの微生物資材が流通するようになりました。しかし，この微生物資材の効果に対する評価はきわめて多様であり，その良否の判定も困難な場合が多く，農家に普及すべきかどうか現場の指導者は悩むことが多くなっています。

土壌微生物資材の位置づけ

　土壌微生物資材は，地力増進法において土壌改良材であって肥料でないもののなかに含まれていますが，未指定であるため規制されていません。この理由は，主原料である微生物の内容がほとんど明らかにされていないものや，その効果が必ずしも十分でないものが多く，しかも品質の調査基準もないため，政令指定が不可能であることによると考えられます。しかし現在，VA菌については政令で追加指定され，1997年3月から施行されることになりました。

　微生物資材については，「土壌の微生物性が改善される」「土壌環境が改善される」「根圏環境が改善される」ことによって「作物の生育がよくなる」といった表示は問題ありませんが，農薬的効果を謳う場合は農薬登録をする必要があるため注意が必要です。

微生物資材の効果

　土壌微生物資材の効果は，資材を土壌に施用して，土壌中に有用な微生物を増殖させるか作物根と共生させ，微生物間の競争，拮抗作用および捕食・寄生作用を利用して有害病原菌に対抗させることで発現します。その結果として連作にともなう病気や害虫の発生を抑える効果があるとされています。

　その効果の1例を示すと表1のとおりですが，微生物資材の効果は完全に病気を抑制するのではなく，軽減効果にとどまっています。

　微生物資材は，農薬と異なり，直接的に土壌病害を防除するものではありません。あくまでも，微生物相互の生態的作用を利用して土壌病害を抑制しようとする土壌改良材です。

　市販されている土壌微生物資材の効果を整理すると以下のようになります。

①連作障害の回避
②土壌病原菌およびセンチュウの防除
③有機物の分解促進（有用菌の増殖）
④悪臭の除去

表1 ハクサイの黄化病に対する微生物資材の効果　　　　　　（農研センター）

資　材	地上部		地下部		出荷可能株率（％）
	罹病株率（％）	罹病指数	罹病株率（％）	罹病指数	
ビオ有機	41.6	0.8	71.0	1.2	82.5
バイオマザー	57.0	1.2	64.9	1.3	68.5
バイオベース	61.1	1.1	73.0	1.1	72.6
ネオアップ	81.0	1.5	87.5	1.8	55.7
無施用	94.3	1.8	92.3	1.7	48.1

⑤根腐れ防止，根の活性化，根圏環境の改善

⑥団粒化促進，緩衝能増大

⑦酸性中和，塩類障害防止

⑧生育促進，安全多収，品質向上

各資材とも，このなかの単独または複数の効果を掲げていますが，土壌病害の防止と有機物の分解促進の効果を掲げた資材が多くなっています。

微生物資材の構成

基本的には，微生物が生きていくためのすみか，栄養源となるえさ，それに有用微生物本体から構成されています。すみかとしては，珪藻土，ゼオライト，バーミキュライト，コーラル（珊瑚礁が陸地化してできた石灰岩）などさまざまです。

えさとしては，米ぬか，ナタネ油かす，肥料，それに特殊なものとしてはカニ殻（キチン物質，有用菌の繁殖に効果的に働く物質）やパルプの廃繊維などがあります（図1）。

微生物としては，1つあるいは複数の土壌病原菌に対して効果（たとえば拮抗作用）のある微生物が含まれているのが普通です。

```
              ┌─────────────────────┐
              │       その他        │
              │ ビタミン，植物オイル │
              │ ポリマー，不明活性剤 │
              │ など                │
              └─────────────────────┘
┌──────────────────┐  ┌──────────────────────┐  ┌──────────────────────┐
│    肥料成分      │  │   菌体または酵素     │  │   栄養源(有機物)     │
│ 肥料3要素：      │  │ 細菌，糸状菌，放線菌，酵母など │  │ 米ぬか，鶏糞，       │
│ 硫安，尿素，過石， │  │ 好気性菌，嫌気性菌   │  │ 廃糖蜜，おがくず，   │
│ 硫加，塩加など   │  │ セルロース分解菌，リグニン分解菌， │  │ 堆肥，アミノ酸，     │
│                  │  │ 乳酸菌，窒素固定菌，根粒菌，硝化菌， │  │ ブドウ糖，麦芽エキス， │
│ 微量要素：       │  │ トーマス菌，キンド菌，オーレス菌， │  │ 腐植酸，モミ殻など   │
│ マンガン，鉄，石灰， │  │ 腐植菌，ゲルマ酵素など │  │                      │
│ ケイ素，苦土，ホウ素， │  │                      │  │                      │
│ 亜鉛，銅，モリブデン │  │                      │  │                      │
│ など             │  │                      │  │                      │
└──────────────────┘  └──────────────────────┘  └──────────────────────┘
              ┌─────────────────────┐
              │    担体，吸着剤     │
              │ バーミキュライト，ゼオライト，珪藻土， │
              │ 赤土，木炭，炭カルなど多孔質材 │
              │ 腐植，泥炭など      │
              └─────────────────────┘
```

図1　微生物資材の構成　　　　　　　　　　　　　　　　　　　　　　　　（堀）

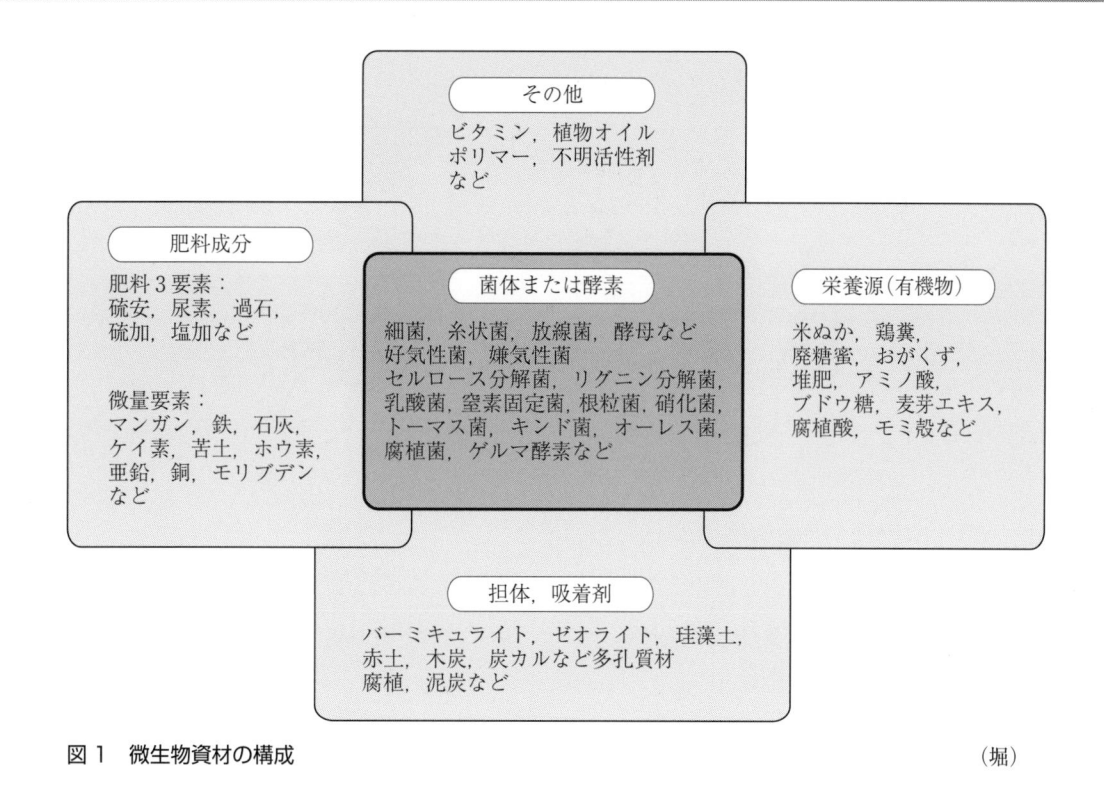

使用に際しての注意点

施用した微生物資材は，直ちに先住菌の攻撃を受けることになります。当然ながら，裸のままでは，土壌中で生存する確率はきわめて少なく，効果はほとんど期待できません。したがって，構成の項でも触れたように，すみかに定着させて他の菌の攻撃から守り，専用のえさまで与え，有用菌の定着を図る工夫がされています。それでも土壌中では，安定的に有用菌の活力を維持することはかなり困難がともないます。

したがって，土壌微生物資材の施用にあたっては，根圏の微生物分布を改善する観点からの施用法が基本となります。

（1）作物の連作によって土壌中に作物を侵す病原菌の密度が高くなり，そのままにしておくと土壌病害が激しく発生するような土壌に施用し，土壌微生物のコントロールを図ります。

（2）病原菌の密度が高くなった畑に対しては，蒸気やくん蒸剤で土壌を消毒して病原菌の密度の低下を図ったあとに，病原菌の復活を防ぐ目的で施用します。

（3）病原菌による被害のみられない土壌に，予防的に施用して被害を未然に防ぎます。

（4）根圏近くに施用し，根圏に早く有用菌を定着させる必要があります。図2は，堆肥を局所施用した場合の有用菌の根への定着と病害抑制の機構を示したものです。一般に，土壌微生物資材も根圏への定着が重要であるとされています。

（5）野菜，花きなど育苗の過程で育苗培土に資材を混入し，有用微生物を優先的に定着させ，その効果をより高める方法が有効です。

（6）作物根が到達するのに時間のかかるところに施用すると，効果は半減します。

以上のような方法で微生物資材を添加しても，土壌条件によっては有用微生物が定着せず，初期の目的を果たせない場合もあるので，微生物資材施用後も作物の病気の発生などに対する注意が必要です。

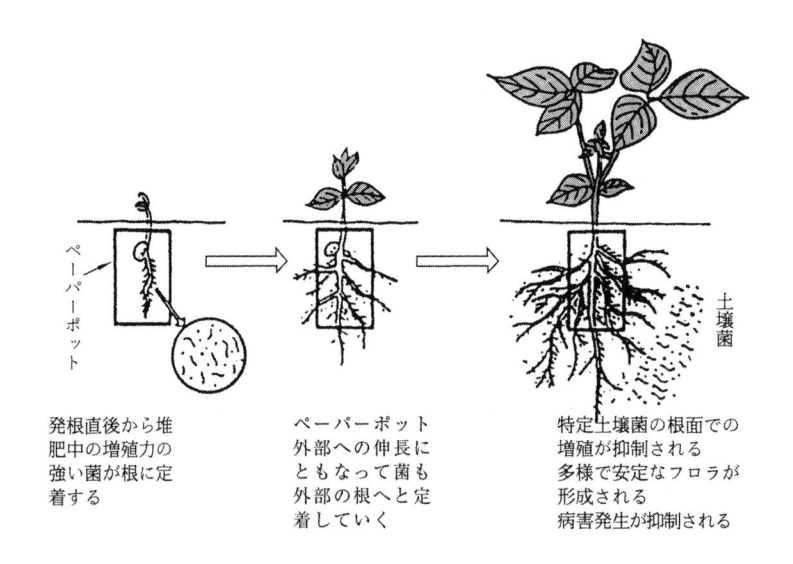

図2 根圏局所施用による微生物の根への定着と病害抑制の機構図（新田ら）

66 VA菌根菌

　VA菌根菌は，政令の土壌改良資材として指定されている唯一の微生物資材です。植物の根への感染にともない，①土壌中のリン酸やミネラルの吸収促進，②植物の吸水力の増加，③ホルモンの産出による発根促進，④VA菌根菌の菌糸による根面の物理的な保護，⑤抗菌性物質の産出による耐病性の賦与，⑥マンガンやアルミニウムなどの過剰害の軽減，など多面的な効果が期待できます。

　菌根とは菌と根が合体したもので，菌（myco）＋根（rhiza）＝菌根（mycorrhiza，マイコリーザ）を意味しています。菌根菌は，細胞内に菌糸が入る内生菌根（VA菌根），木本植物でキノコをつくり菌糸が細胞内に入らない外生菌根，菌糸は細胞内に入るが外観が外生に似ている内外生菌根，ヒース類の菌根，ギンリョウソウなどの菌根，ツツジ科植物の細かい根につく菌根，ラン科の菌根などがあります。

VA菌根菌とは

　VA菌根菌（Vesicular-Arbuscular Mycorrhiza＝VAM）の仲間は，根の中に入った菌糸が細胞中でのう状体（ベシキュール）と樹枝状体（アーブスキュール）をつくっていることから，その頭文字を取ってVA菌根菌（VAM）と呼ばれています。VA菌根菌の仲間は，ほかの接合菌と違って接合胞子をつくらず，土の中に大きな偽接合胞子（10～300μm）や厚膜胞子をつくります。

　VA菌根菌ができると農作物などの生長がよくなったり，土壌病害が抑制されたりすることがあり，注目されています。しかし，人工培養できないため，利用法の開発が遅れています。

VA菌根菌の機能

　植物の新しい根が伸長するにつれてVA菌根菌の菌糸が侵入しますが，根冠やその内側の分裂組織には侵入することができません。菌糸が侵入するとき，根は抗菌性物質などを出して抵抗しますが，いったん根に侵入すると宿主である根と共生関係になり，他の微生物が侵入しにくくなります。

　VA菌根菌に感染すると，根の表面は菌糸で覆われ，菌糸も含めた実質的な根の表面積は数百倍になるとされています（図1）。この菌糸を通して植物に必要な養分や水分を土壌から吸収し，代わりに植物から同化産物をもらいます。根が古くなり活性が失われると，菌根の内部にある菌糸やのう状体，樹枝状体は分解吸収されてしまいます。

　VA菌根菌には次のような機能があることが知られています。

（1）土壌からリン酸とミネラルを吸収し，植物に供給します。

（2）感染によって根の表面積が増大し，植物の吸水力が増加します。

（3）ホルモンの産生により作物の発根が促進します。

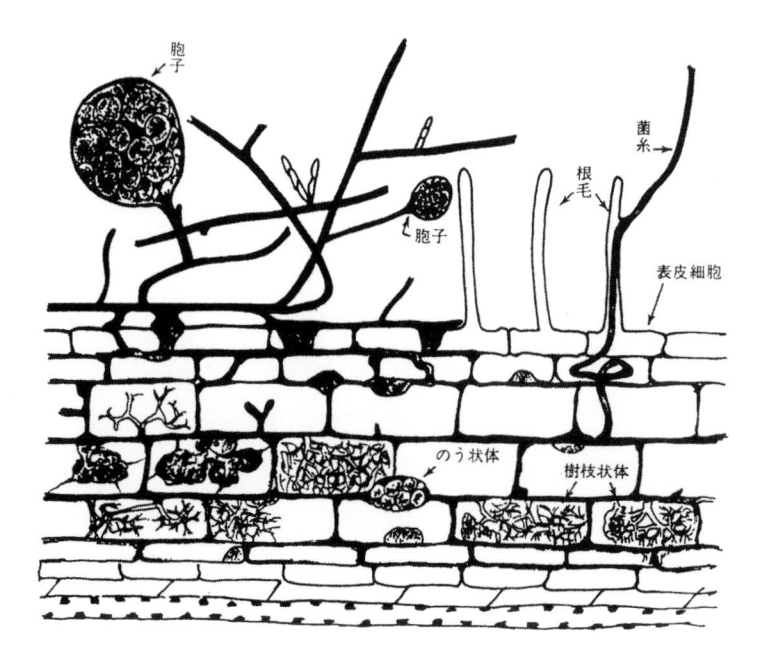

図1　VA菌根菌に感染した根

(4) VA菌根菌の菌糸によって根面を物理的に保護します。

(5) 抗菌性物質を産出して耐病性を賦与します。

(6) マンガンやアルミニウムなどの過剰害を軽減します。

VA菌根菌の接種方法

　VA菌根菌の利用方法の1つは育苗への利用であり，ほかは本圃での利用です。種子が発芽してから感染までの日数は，一般に2週間程度です。育苗段階で接種効果が認められた場合でも，圃場では効果が認められない場合や，初期生育は促進してもその後際だった効果が認められない事例もあります。本圃で利用するには，補助材（キャリアー）などの検討が必要でしょう。

播種時接種

　播種時に接種するので，胞子の量が少なくて済みます。播種箱に接種するときは，あらかじめ土壌に混和しておき，播種後覆土します。播種床に接種する場合は，播種した種子と接触するように振りかけて覆土します。VA菌根菌を接種すると苗の歩留りは向上するので，薄まきするなどで調節します。

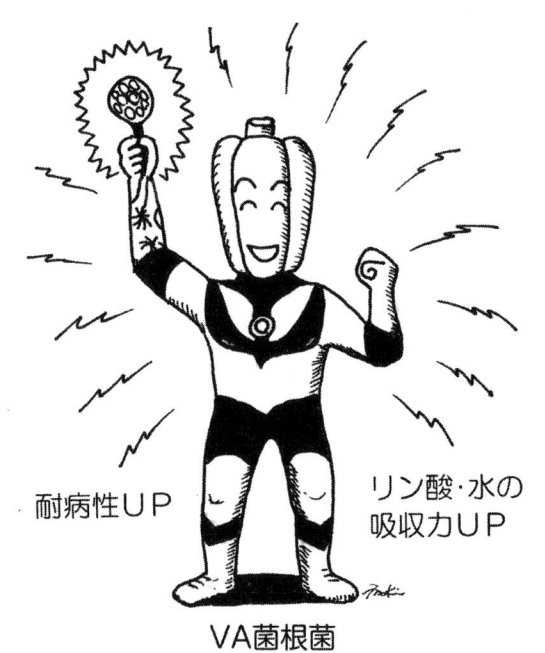

鉢上げ時接種

　あらかじめ鉢上げ用の培土に混和しておき，鉢上げ時に接種します。接種量は多くなりますが，苗の歩留りが悪いときはこの方法がよいと思われます。

定植時接種

　植え穴に胞子を入れ，苗の根と接触するように定植時に接種します。このときに木炭やピートモスを補助材として添加すると，定着がよくなります。

土着の菌根菌を増やす方法

　土壌消毒をしない土壌では，土着のVA菌根菌が作物と共生して生息しています。このような土壌に粉末状の木炭を施用すると，土着のVA菌根菌の作物への感染が促進されます。木炭は多孔質で，通気性，保水性と透水性に富み，拮抗する他の微生物も少ないため，VA菌根菌にとって絶好の生息，増殖する場所となります。

　土壌中の可給態リン酸レベルが適当な範囲にあれば，多くの作物の生育が促進されます。また，可給態リン酸が多すぎるときは，感染が阻害されます。

　VA菌根菌は牧草地，林地に多く生息しています。サランネットに顆粒状の木炭を詰め，土着のVA菌根菌が生息している土壌の表層に埋め込んで胞子を増殖して，接種源として利用する方法もあります。

　土壌消毒が恒常化しているハウス土壌や野菜畑，除草剤が散布されている果樹園などでは，胞子の数も少なく，作物根への感染率も少ないため，木炭を利用した増殖方法は適していません。

VA菌根菌の接種効果

VA菌根菌は純粋培養による大量増殖が困難なため、市販の菌を購入することがもっとも手軽に利用できる方法です。現在、胞子の状態で担体（キャリアー）に吸着させたものが数社から市販されています。市販されているVA菌根菌の種類は、グロマス属とギガスポーラ属だけです。

表1は、市販のVA菌根菌（グロマス属）を接種し、ピーマンで育苗試験を行なった結果です。木炭の施用区、無施用区ともにVA菌根菌を接種すると生育が促進されましたが、木炭を施用すると、さらに生育促進効果がありました。

表1 ピーマン苗の生育調査結果とVA菌根菌感染率 (北崎ら, 1993)

区	接種の有無	調査月日	葉数(枚)	草丈(cm)	7位葉 葉長(cm)	7位葉 葉幅(cm)	乾物重(g)	感染率(%) 樹枝状体	感染率(%) のう状体
木炭無施用	無	12月28日	12.7	9.8	8.8	4.3	3.28	0	0
	有		13.3	11.2	9.9	4.7	4.08	36	1
木炭施用	無	1月6日	13.3	13.0	8.4	4.4	4.15	0	0
	有		13.5	12.9	9.4	4.7	4.55	57	7

注1：育苗土の配合割合（容量比）は木炭無施用区で土壌：有機物 = 1:1、木炭施用区で土壌：有機物：木炭 = 2:1:1。
2：生育調査は12株の平均値、乾物重は12株の合計量。
3：育苗に用いた土壌は、未耕地の淡色黒ボク土で、リン酸吸収係数 2,460、有機物は可給態リン酸が 34 mg/100 g 含まれるハイフミン、木炭はスギの消し炭を 2 mm 以下に粉砕したものを使用した。

環境にやさしい農業とVA菌根菌

地球にやさしい農業、環境保全型農業が求められています。農業をとりまく生態系を考えるとき、VA菌根菌に対する評価と利用方法の確立が期待されるところです。VA菌根菌は3億7000万年前から地球上に存在し、植物と共存してきました。農業面での利用を考えるとき、VA菌根菌は農薬や化学肥料ほどシャープな効果は認められませんが、生態系を攪乱させず、マイルドな効果が期待できるものと考えられます。

第2章 土壌改良資材の特性と使い方　有機質資材　67 ピートモス

67 ピートモス

　ピートモスは産地によってpHや保水性，保肥力などの性質が異なっており，使用目的に合わせたものを選択する必要があります。カナダ産のものはpHが低いが保水性に富んでおり，中国産のものはpHが中性付近で保水性もあります。どちらも乾燥すると撥水性を生じるので，保管時には乾燥に注意する必要があります。

ピートモスとは

　ピートモス（図1）は，泥炭，草炭などとも呼ばれているもので，沼沢地，湖，あるいはその近くの湿潤地に生育していた樹木，草本類，コケ類などの植物遺体が，過剰な水分のため酸素不足となり，分解がある段階で停滞して堆積したものです。

　掘り出したものをふるい分け，脱水，乾燥，圧縮など，内容に大きな変化を生じさせない程度の加工をして出荷します。そのため，袋内には枝，繊維状のもの，小石などが混入していたり，圧縮袋では塊状のものがあったりします（図2）。

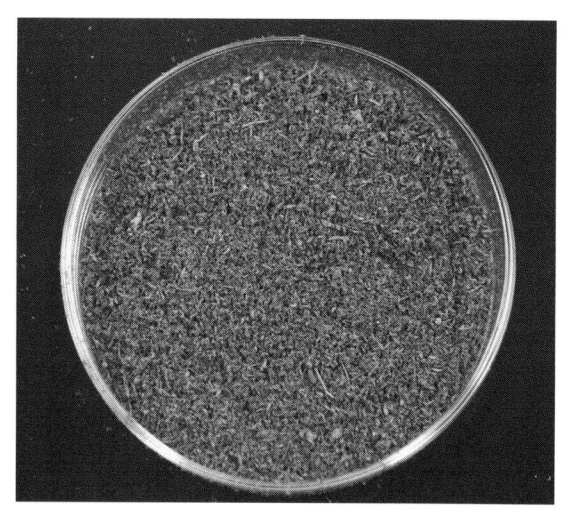

図1　ピートモス

図2　圧縮袋中に入っていた枝状，塊状，小石

ピートモスの分類

　ピートモスは世界中の寒冷地に分布しています（図3）。しかし，その性質は主要構成植物によって異なっており，ミズゴケ由来のものをスファグナムピート（高位泥炭），ヨシ由来のものをセツジピート（中間泥炭），スゲ由来のものをピートヒュマス（低位泥炭）などと呼びます。

　種類によって分解度（繊維の残り具合）が異なっており，繊維が多く残っているものほどpHが高く，灰分や土砂が多く，保水量（容水量）が小さくなります（表1）。

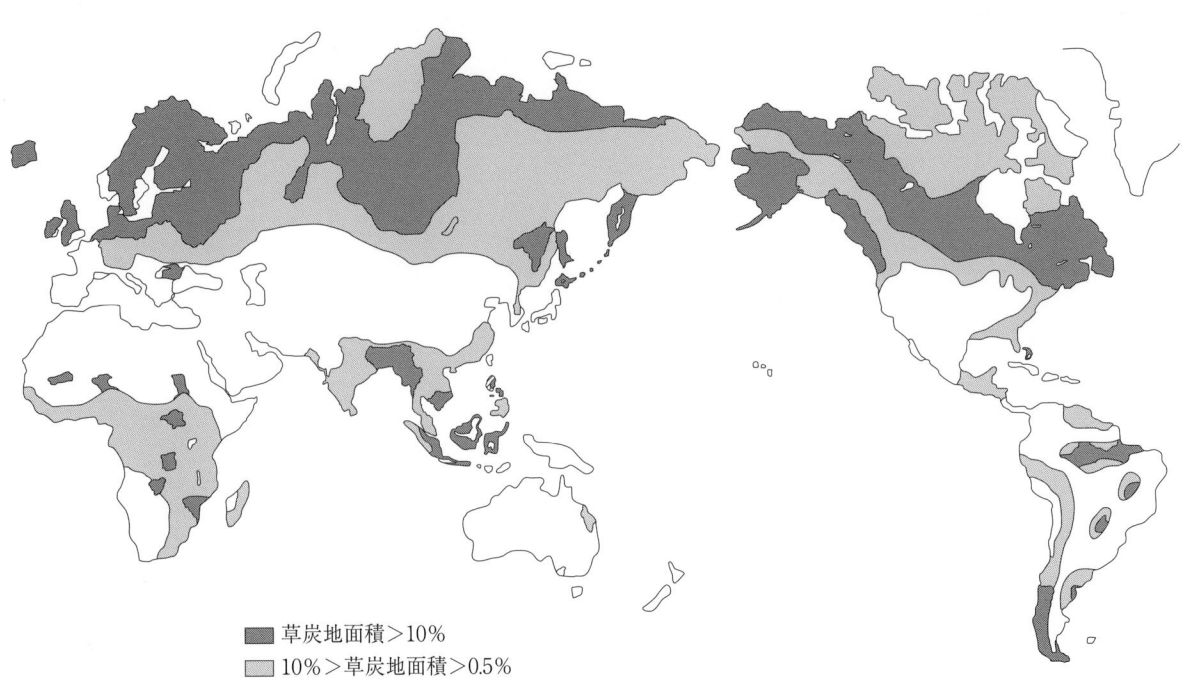

図3 世界のピートモス(草炭)分布図　　　　　　　　　　　　　　　　　　（草炭緑化協会編『草炭の科学』1998）

■ 草炭地面積＞10％
▨ 10％＞草炭地面積＞0.5％

表1　ピートモスの分類ごとの特徴　　　　　　　　　　（全農，1993）

種類	分解度	pH	灰分(％)	容水量
高位泥炭	低	3.5〜5.5	3以下	10〜24
中間泥炭	中	5.5〜7.5	5〜10	3.5〜6
低位泥炭	高	5.5〜7.5	8〜15	1〜3.5

注：容水量は，乾燥したときの重量の何倍の水を保持できるかの指標。

土壌改良資材としての基準と効果

地力増進法でピートモスは泥炭に定義されます（表2）。

ピートモスといえばカナダ産のスファグナムピート（高位泥炭）が主流です。カナダ産のものは腐植酸が低く，繊維質に富んでいるので土壌の膨軟化と保水性の改善に効果があり，園芸培土などの培土原料として適しています。

腐植酸の高いものは腐植酸と呼ばれることがあり，保肥力の改善に適しています。中国などで産出されるセツジピート（中間泥炭）は両者の中間的性質をもっており土壌改良に適していますが，培土原料には不向きです。

表2　地力増進法に基づく土壌改良資材の種類と用途

土壌改良資材の種類	基準	表示区分	用途（主たる効果）
泥炭	乾物100g当たりの有機物含有量が20g以上	有機物中の腐植酸の含有率が70％未満のもの	土壌の膨軟化 土壌の保水性の改善
		有機物中の腐植酸の含有率が70％以上のもの	土壌の保肥力の改善

ピートモスの使用方法

ピートモスの施用割合の増加にともなってpHは低下し，CECが増加し，有効水分量が増加しています（表3）。

土壌の物理性で問題のある重粘地土壌の透水性と膨軟化の改善や，砂質土壌で保水性の改善を図る場合には，300～500kg/10a程度以上の施用が必要となります。

ハウス土壌では500～1000kg/10a程度の施用が必要になります。

培土原料としても使用され，ポット用の園芸培土では0～20％程度，セル用培土では10～40％程度配合しているのが一般的です。

表3　ピートモス施用による淡色黒ボク土の物理化学性の変化
（加藤，1992）

ピートモスの施用割合（容量％）	pH	CEC (me/100 g)	有効水分（％）
0	6.58	20.4	10.3
5	6.37	21.9	11.8
10	6.32	22.4	12.8
20	6.25	23.4	14.8
30	6.23	24.1	16.6
50	5.76	31.0	19.4

注：有効水分は，pF1.5～2.7の水分。

ピートモスの使用にあたっての注意点

スファグナムピート（高位泥炭）は酸性が強いので，培土原料などに使用する場合は表4を参考に炭酸カルシウムなどで中和してください。

ピートモスは保水性がきわめて大きいですが，表面に脂質が多いため乾燥させると水をはじく性質（撥水性）が現れ始めます。撥水性が生じると単に水を加えても保水性は回復しにくいので，界面活性剤を添加したり，温水でほぐしたりしてください。

多量にピートモスを施用した場合には過湿になりやすいので，施用後の水管理については注意してください。

表4　炭酸カルシウムの添加量とピートモスのpHとの関係の例　　（全農調べ）

		炭酸カルシウム添加量（g/ℓ）					
		0	1	2.5	5	7.5	10
pH	ピートモスA	3.0	3.6	5.2	6.1	7.2	7.4
	ピートモスB	4.1	4.7	5.9	7.5	7.5	7.7

68 農用地土壌汚染防止法

　農用地土壌汚染とは，事業活動や人間の活動にともなって排出される有害物によって農用地の土壌が汚染され，その結果，健康を損なうおそれがある農畜産物が生産されることや，農作物などの生育が阻害されることをいいます。農用地土壌汚染防止法[1]はこれを防止しするとともに特定有害物質の除去などの対策を講ずることにより，良好な作物生産と人の健康および環境保全を図るために1970年5月に制定されました。

(1) 正式には「農用地の土壌の汚染防止等に関する法律」。似た名称の法律に「土壌汚染対策法」があるが，これは工場跡地の土壌汚染から住民の住・生活環境を守るためのもの。

土壌汚染物質

　科学の進歩により快適な生活ができるようになりましたが，それにともなう生産活動によって種々の廃棄物が生じ，それらが環境を汚染し，人々に悪影響を及ぼす状況が生まれてきました。

　土壌汚染は主に，水質汚濁，大気汚染などを通じて生じます。汚染物質は，銅，カドミウムなどの重金属，バナジウムなどの軽金属，ヒ素などの非金属や一部の農薬，PCBなどがあげられます。このうち重金属は，一度土壌を汚染すると長期間残留して作物生育を阻害したり，吸収されて人の健康に悪影響を与えたりするので，土壌汚染の問題は重金属を中心に考えられています。

　土壌汚染防止法で特定有害物質として指定しているのは，カドミウム，銅，ヒ素です。これらの汚染源としては，鉱山，製錬所，メッキ工場などの排水，排煙があげられます。土壌の重金属汚染は，汚染源に近いほど汚染度が高く，汚染重金属は作土に多くなっています。水質汚染の場合は，水口の濃度が高く，水尻が低いなどの特徴があります。

汚染土壌の改良対策

　汚染をなくすには汚染源の排水，排煙を規制するのが原則ですが，汚染が進行した場合には改善対策が必要になります。pH調整や水管理などにより土壌からの溶出を少なくする対策や，作物の吸収抑制対策もとられています。抜本的対策は次のとおりですが，圃場条件に応じて選択することになります。

（1）客土工法：汚染土壌の上に汚染されていない土壌を客土。
（2）排土客土工法：汚染土壌を排除し，汚染されていない土壌を客土。

土壌汚染防止法による農用地汚染対策地域の指定要件

　特定有害物質の濃度が下記の指定要件を満たす地域では，対策地域の指定を行ない，公害防除特別土地改良事業などの土地改良事業により，汚染防止，除去を行ない，汚染源に対しても汚染防止上の必要な対策を行なうようにします。

（1）玄米中のカドミウム濃度が0.4ppm以上であると認められる地域，および0.4ppm以上となるおそれのある地域。
（2）水田土壌中の銅濃度が125ppm以上であると認められる地域。
（3）水田土壌中のヒ素濃度が15ppm以上であると認められる地域。またはこの値では適当でないと認められる場合は，知事が環境大臣の承認を受けて10～20ppmの範囲内で定める別の値以上の地域。

土壌中亜鉛の管理基準

　近年，汚泥類を農地に施用することが多くなってきましたが，その場合は，肥料取締法に基づき，有害物質は規制されます。しかし，長期間連用すると重金属などが土壌中に蓄積されて作物の生育に影響するおそれがあるので，これを防止するため，環境省は暫定的に土壌中の重金属の管理指標および管理基準値を，亜鉛を指標として土壌1kg中120mgと定めています。汚泥類を施用する場合は土壌中の亜鉛含量に注意し，管理基準を超えないよう長期かつ多量の施用は避けたほうがよいでしょう。

69 地力増進法

　わが国は，温暖多雨で土壌の養分が溶脱しやすいことや，火山灰土が多いこと，さらに傾斜地も多いことなどから，地力が低下しやすい環境にあります。地力増進法は，このような国土をもつわが国において品質のよい作物を安定して生産するための基盤である土壌の地力を高めることを目的として，1984年5月に制定されました。その内容は，地力増進基本指針の策定，地力増進地域制度，土壌改良資材の品質表示制度から成っています。

地力増進法とは？

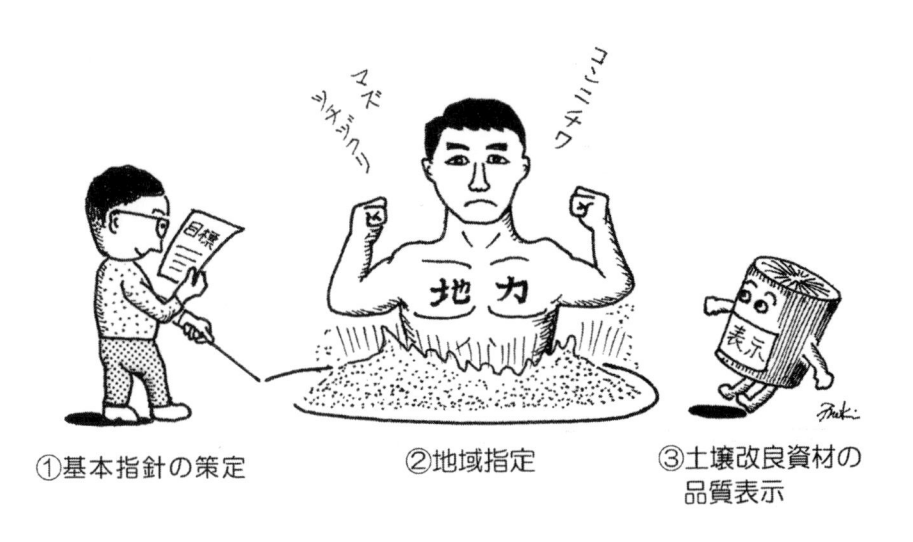

①基本指針の策定　　②地域指定　　③土壌改良資材の品質表示

地力増進基本指針

　地力を維持するには，国，地方公共団体，農業者がそれぞれの役割を果たす必要があります。指針では，国が基本的な土壌改善目標と，それを達成する方法を示しています。

基本的な土壌管理の方法
（1）堆厩肥などの施用
（2）的確な耕うんの実施
（3）肥料の適正施用の推進
（4）耕種部門と畜産部門との連携などによる，有機物資源の組織的な堆肥化と利用体制の整備
（5）機械の共同利用体制による，耕うんの効率化の推進

土壌の性質の基本的改善目標および基本的な改善方策
　水田，畑，樹園地について改善目標値およびその改善方策を示しています。土壌条件，収益性などを考慮し，適切に地力を増進することが大切です（表1）。

その他地力の増進に関する重要事項
（1）水田高度利用の場合，畑利用では耕深を深くしますが，水稲と輪作をするときはすき床層を破壊しないようにします。過湿を防ぐため排水溝，弾丸暗渠などの排水対策を強化する必要があります。一方，塩基の流亡，有機物の分解が速くなるので，この点への配慮が必要です。また，水稲作への復帰後は，畑地利用時の養分変化に対応した適切な施肥対策および漏水対策が必要です。

表1 水田，普通畑，樹園地の土壌改良目標 　　　　　　　　　　　　　　　　　　　　　　　　　（地力増進法解説，1985）

土壌の性質	水田 （灰色低地土）	普通畑 （黒ボク土）	樹園地 （黒ボク土）
1）作土の厚さ	15 cm 以上	25 cm 以上	−
2）すき床層のち密度	山中式硬度で 14〜24 mm	−	−
3）主要根群域の厚さ	−	−	60 cm 以上
4）主要根群域の最大ち密度	山中式硬度で 24 mm 以下	22 mm 以下	
5）湛水透水性	日減水深で 20〜30 mm	−	−
6）主要根群域の粗孔隙量	−	粗孔隙の容量で 10% 以上	
7）主要根群域の易有効水分保持能	−	20 mm / 40 cm 以上	30 mm / 60 cm 以上
8）pH	6.0〜6.5		
9）陽イオン交換容量（CEC）	乾土 100 g 当たり 12 meq（ミリグラム当量）以上 ただし，中粗粒質土壌では 8 meq 以上	15 meq 以上（褐色森林土，黄色土，褐色低地土，赤色土，灰色低地土では 12 meq 以上）	
塩基状態 10）塩基飽和度	石灰，苦土，カリが陽イオン交換容量の 70〜90% を飽和すること	石灰，苦土，カリが陽イオン交換容量の 60〜90% を飽和すること	
11）塩基組成	石灰，苦土，カリ含有量の当量比が 　（65〜75）：（20〜25）：（2〜10）であること		
12）可給態リン酸含有量	乾土 100 g 当たり P_2O_5 として 10 mg 以上		
13）可給態ケイ酸含有量	乾土 100 g 当たり SiO_2 として 15 mg 以上	−	−
14）可給態窒素含有量	乾土 100 g 当たり窒素として 8〜20 mg	5 mg 以上	
15）腐植含有量	乾土 100 g 当たり 2 g 以上	− （褐色森林土，褐色低地土，灰色低地土などでは 3 g 以上）	
16）電気伝導度（EC）	−	0.2 mS 以下	−

(2) 土壌侵食対策
(3) その他廃棄物利用にあたっては，それに関する法律を遵守し，土壌汚染防止などへの配慮も必要です。

地力増進地域の指定と運営

　地力の低い土壌が広く分布している地域から重点的に改善するのが効率的なので，地力保全調査に基づいて，一定以上の面積（概ね都県 50 ha 以上，北海道 100 ha 以上）があり，しかも地力の低い地域を，都道府県知事が地力増進地域として指定する方法がとられています。
　指定地では，対策調査を実施して土壌の実態を示し，それに対する改善目標と営農技術を含めた達成方策を提示します。それを実行するための指導，助言は普及センターが行ない，改善されたあとは地域指定が解除されます。

土壌改良資材の表示制度

　作物の養分になるものと，土壌に化学的変化を与えるものは肥料であり，肥料取締法により品質確保がなされていますが，土壌の性質（物理性・化学性・生物性）を改善するための資材については，肥料取締法の対象とはならず種々の資材が出回り，混乱が生じていました。土壌改良資材の品質表示制度は，公的にその効果が確認されたものを政令で指定するとともに，その表示の適正化を進めることにより全体として流通の適正化を図っていこうという制度です。現在 12 種類の資材が指定されています（表2）。

表2 政令で指定された土壌改良資材の一覧

土壌改良資材の種類	基　準	用途		原料の表示例
		表示区分	主たる効果	
1．泥炭（ピート）	有機物含有量 20 g/100 g 乾物以上	有機物中の腐植酸の含有率が 70％未満	土壌の膨軟化 土壌の保水性の改善	北海道産ミズゴケ（水洗―乾燥）
		同 70％以上	土壌の保肥力の改善	
2．バーク堆肥	特殊肥料に該当するもの		土壌の膨軟化	広葉樹の樹皮を主原料（80％）として牛糞および尿素を加えて堆積したもの
3．腐植酸質資材	有機物含有量 20 g/100 g 乾物以上		土壌の保肥力の改善	亜炭を硝酸で分解し，炭酸カルシウムで中和したもの
4．木炭			土壌の透水性の改善	広葉樹の樹皮を炭化したもの
5．珪藻土焼成粒	気乾状態の容積密度 700 g/ℓ 以下		土壌の透水性の改善	珪藻土を造粒（粒径 2 mm）して焼成したもの
6．ゼオライト	陽イオン交換容量 50 meq/100 g 乾物以上		土壌の保肥力の改善	大谷石（沸石を含む凝灰岩）
7．バーミキュライト			土壌の透水性の改善	中国産蛭石（粉砕―高温加熱処理）
8．パーライト			土壌の保水性の改善	真珠岩（粉砕―高温加熱処理）
9．ベントナイト	乾物 2 g を水中に 24 時間静置したあとの膨潤容積 5 mℓ 以上		水田の漏水防止	山形県産ベントナイト（膨潤性粘土鉱物）
10．VA菌根菌資材			土壌のリン酸供給能の改善	VA菌根菌をゼオライトに保持させたもの
11．ポリエチレンイミン系資材	3％（質量比）水溶液の 25℃における粘度 10 P 以上		土壌の団粒形成促進	アクリル酸・メタクリル酸ジメチルアミノエチル共重合物のマグネシウム塩とポリエチレンイミンとの複合体
12．ポリビニルアルコール系資材	平均重合度 1,700 以上		土壌の団粒形成促進	ポリビニルアルコール（ポリ酢酸ビニルの一部をけん化したもの）

70 水質汚濁による水稲倒伏の軽減対策

都市化の進展にともない水質汚濁（富栄養化）が進み，農業用水の水質規準（表1）を超える地域が多くなっています。富栄養化した用水をやむを得ず灌漑する場合，灌漑水にともなって流入する窒素は幼穂形成期以降に吸収されやすいので，生育後期の施肥にはとくに注意する必要があります。

表1 農業用水水質基準（水稲用）
（『植物栄養土壌肥料大事典』1976）

項　　目	基　準　値
pH	6.0〜7.5
COD	6 mg/ℓ 以下
SS	100 mg/ℓ 以下
溶存酸素量	5 mg/ℓ 以下
全窒素	1 mg/ℓ 以下
電気伝導度	0.3 mS/cm 以下
ヒ素	0.05 mg/ℓ 以下
亜鉛	0.5 mg/ℓ 以下
銅	0.02 mg/ℓ 以下

■ 水質汚濁とイネの生育

汚濁水を灌漑すると養分が富化され，とくに窒素過剰になると水稲は過繁茂，倒伏，登熟不良，病虫害の多発など種々な障害を生じます。

水質汚濁の影響は品種，土壌条件によって異なりますが，東京農試では，窒素濃度3ppmまでは施肥対策や栽培技術の改良などによって対応できるが，それ以上では対策が難しくなり，5ppm以上では減収が避けられないとしています。また千葉農試では，コシヒカリの場合3ppm以上では窒素施用量を減ずる必要があり，7ppm以上の灌漑水では倒伏するため使用できないとしています。

窒素の過剰障害は，砂質土より粘質土で，乾田より湿田で現れやすく，限界濃度は一義的には決められませんが，全窒素で7ppm程度です。

■ 水稲による灌漑水中の窒素の利用

灌漑水中の窒素吸収は水稲の生育時期によって異なり，次のようになります。

(1) 分げつ期までは，施肥窒素＞地力窒素＞灌漑水にともなって流入する窒素
(2) 最高分げつ期頃は，地力窒素＞施肥窒素＞灌漑水にともなって流入する窒素
(3) 幼穂形成期以降は，灌漑水にともなって流入する窒素＞地力窒素＞施肥窒素

富栄養化した用水をやむを得ず灌漑する場合，灌漑水にともなって流入する窒素は幼穂形成期以降に吸収されやすいので，生育後期の施肥にはとくに注意する必要があります（表2）。

表2 灌漑水の水質と水稲被害
（山根，1982）
（単位：mg/ℓ）

分　類	1	2	3	4
水稲被害	影響は認められない	水稲の生育はほぼ正常であり，耕作者の苦情はない	水稲は過繁茂となり，窒素施用量を減らさなければならない	窒素施用量を極端に少なくしても倒伏し，用水として使用に耐えない
全窒素	2以下	2〜3	3〜7	7以上
アンモニア態窒素	0.5以下	0.5〜2	2〜5	5以上
COD	8以下	8〜12	12〜17	17以上

注1：品種はコシヒカリ。
　2：全窒素3mg/ℓ以下の灌漑水を使っている地域では，農家からの苦情は聞かれない。

窒素肥料の施用法

このように灌漑水の窒素濃度は生育収量に大きく影響しますので，それに対応して窒素施用量を減ずる必要があり，その方法は次のようにします。

(1) 灌漑水にともなって流入する窒素量を求めます。

　　灌漑水にともなって流入する窒素量（kg/10a）
　　＝灌漑水中の全窒素濃度（mg/ℓ）×灌漑水量（m³/10a）÷1000　　　……（1）式

　（栽培中の灌漑水量が正確にわからない場合は，平均的な水量1000m³で概算します）

(2) 灌漑水にともなって流入する窒素量から減肥量を算出します。

水稲の窒素利用率は，その型態によって異なりますが，アンモニア態窒素で30～50％，硝酸態窒素で10～20％，全窒素では概ね30％です。減肥量の算出には施肥窒素の利用率を考えなければなりませんが，全生育期間を通して概ね50％として次のように計算します。

　　減肥量（kg/10a）
　　＝灌漑水にともなって流入する窒素量（kg/10a）×灌漑水にともなって流入する窒素の利用率（30％）
　　÷施肥窒素利用率（50％）　　　……（2）式

実際栽培での減肥計算例は次のとおりです。

　　標準施肥窒素量：7kg/10a，灌漑水中の窒素濃度：5mg/ℓ，灌漑水量（平年作程度）を1000m³
　　としますと，まず（1）式から

・灌漑水にともなって流入する窒素量（kg/10a）
　　＝5（mg/ℓ）×1000（m³/10a）÷1000＝5（kg/10a）　　　……（3）

この値を（2）式に代入して減肥量を求めると

・減肥量（kg/10a）＝5（kg/10a）×0.3÷0.5＝3（kg/10a）　　　……（4）

したがって，窒素濃度が5ppmの農業用水を利用した場合の施肥窒素量は，次のように4kgと求められます。

　　施肥窒素量（kg/10a）＝7（kg/10a）－3（kg/10a）＝4（kg/10a）

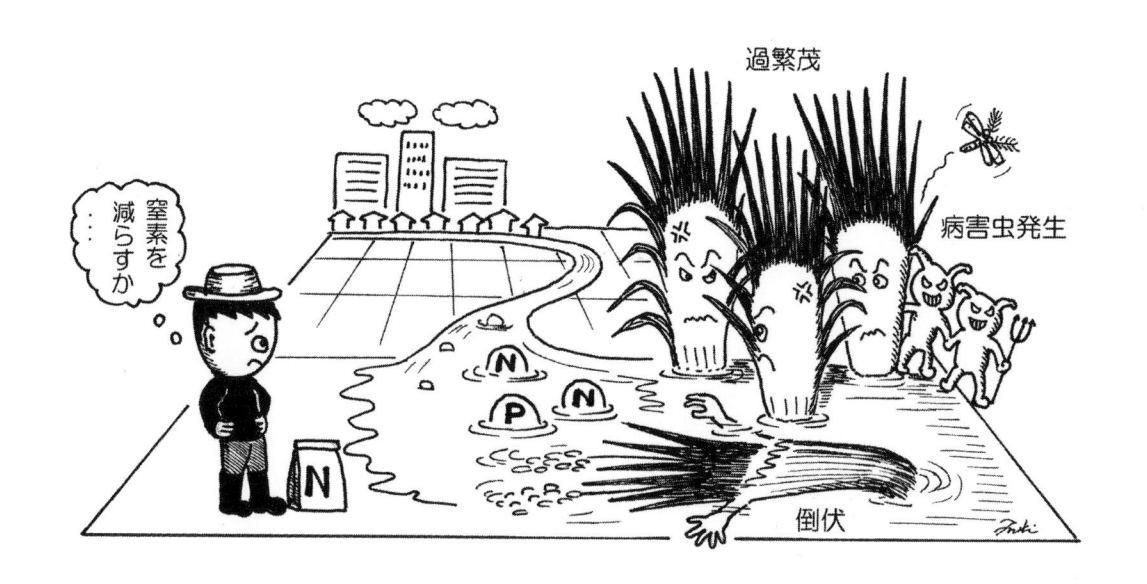

71 水田に塩水が流入したときの対策

　塩水の流入による水稲被害は，これまでは干拓地などでの海水の流入が主であり，内陸部では漬物排水の流入などによって生じるぐらいでした。しかし，2011年3月11日に起きた東日本大地震では大津波が発生して約2万haの水田が海水に浸り，これらの水田では塩害が生じる危険性があります。塩害の現れ方は水稲の生育時期により異なり，移植期がもっとも被害を受けやすく，生育が進むにしたがって被害は出にくくなります。

被害発生濃度（移植期）

　作土のEC（電気伝導度）が4.0mS/cm以上，または土壌中のCl^-（塩素イオン）濃度が0.1％以上になると被害発生の危険が高くなります。4.0mS程度では活着はするものの，しだいに塩害の症状が進み，ECが高くなるにしたがって葉巻き，葉先枯れなどが生じてきます。

対　策

　塩分を除くことが主な対策です。除塩作業は塩分の流入量によりそれぞれ異なりますが，次のような工程になります。なお，除塩のめやすは作土のECが4.0mS以下になるまでとし，田植え後灌水を十分に行ないます。

　水路整備（溝さらい）[1] → うね立て耕[2] → 湛水（100mm）→ 排水[3] → 石膏の施肥[4] → 灌水（50mm）→ 施肥[5] → 代かき → 田植え → 湛水（30mm）

　　注（1）水路に塩分が多く残っている場合。
　　　（2）土塊を乾燥させてその後の除塩を促進するため。
　　　（3）作土から水がなくなるようにする。
　　　（4）石膏を100〜200kg/10a施用。
　　　（5）必要に応じて行なう。

　水だけでは除塩に限界があり，土壌中に多くの交換性ナトリウムが残ります。除塩には石灰質資材が有効であることが知られていました。そこで，いくつかの資材についてカラム試験（実験室での除塩試験）で除塩効果を検証したところ，石膏（硫酸カルシウム）がもっとも有効でした（図1）。石膏を施用すると，水

だけの除塩に比べて透水速度が速まることも認められています（図2）。ただし水田では，石膏に約50％含まれる硫酸根が残ると強還元によって硫化水素が発生し，秋落ちの原因となることもあるので，施用する石膏は多くならないようにすることが必要です。

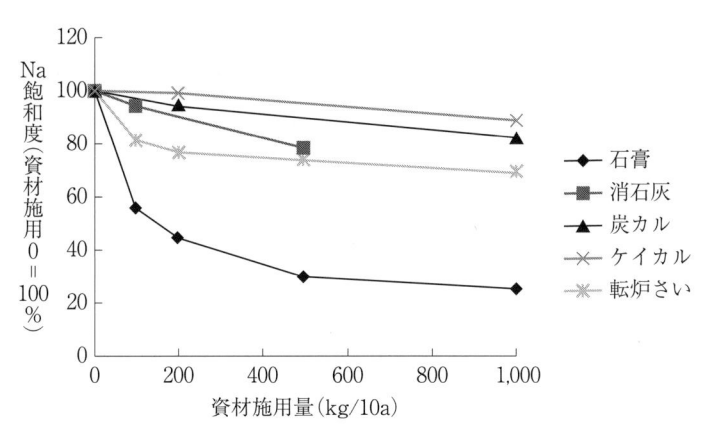

図1　カラム試験による除塩効果の検証（他の資材との比較）
（全農，2011）

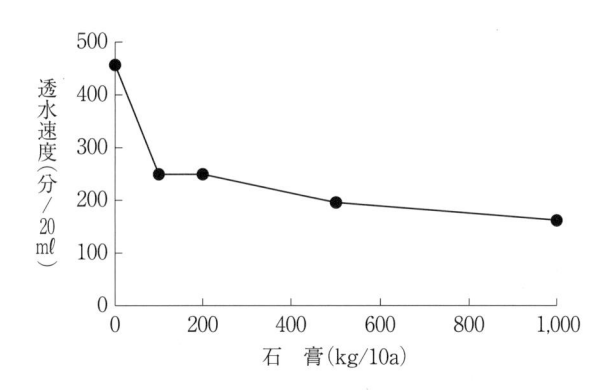

図2　カラム試験による除塩効果の検証（石膏における透水速度）
（全農，2011）

灌漑水の塩類濃度の適否

塩素イオン（Cl^-）が主な場合はEC1.0mS/cm以下，また硫酸イオン（SO_4^-）を主とする場合はEC2.0mS/cm以下のものが灌漑水として適しています。

72 水田に油類が流入したときの対策

車両事故や農業用ボイラーの破損などによって，軽油や重油などの油類が水田に流入することがあります。油類が水稲の葉に付着すると，呼吸や蒸散作用をさまたげ，植物体に浸透します。また，水面が被覆されて酸素供給がさまたげられるため，水稲に種々な障害を生じるので，すみやかに排除や拡散防止などの対策が必要です。

水稲障害の症状

水稲障害の症状は，まず葉先が巻き，褐色の斑点を生じます。この斑点は漸時増加し，さらに心葉が黄白化して下葉全体が褐変枯死します（表1，2）。

被害程度は生育時期によって異なり，初期ほど被害が大きく，とくに活着期に著しくなります。初期に被害を受けると水稲葉の水をはじく性質が失われ，いわゆる流れ葉状態になりやすくなります。流れ葉状態の

表1　軽油が水稲の生育・収量に及ぼす影響　　　　　　　　　　　　　　　　　　　　（伊藤ら，1970）

処理期	区 (ℓ/a)	生育状態（10月29日）			枯死株数	収量（g/ポット）		
		稈長 (cm)	穂長 (cm)	穂数 (本)		わら	玄米	同左比
	軽油 −0	77.8	17.4	13.8		60	29	100
植付け	〃 − 2	78.1	17.1	12.5		60	25	86
	〃 − 4	77.3	18.5	9.9	2	55	21	74
	〃 − 8	63.5	18.0	9.0	4	56	2	7
	〃 −16	−	−	−	6	−	−	−
分げつ	〃 − 2	76.1	18.5	12.3		60	29	100
	〃 − 4	74.8	17.7	12.0		57	26	90
	〃 − 8	72.5	18.5	12.0		60	22	76
	〃 −16	61.5	18.0	9.0	4	24	6	21
幼穂形成	〃 − 2	75.4	18.3	12.3		61	27	93
	〃 − 4	75.0	17.9	12.2		61	25	86
	〃 − 8	75.6	18.8	12.3		57	24	83
	〃 −16	73.3	19.2	14.8		61	24	83
出　穂	〃 − 2	76.8	17.8	12.3		62	27	93
	〃 − 4	76.8	18.2	11.8		54	23	79
	〃 − 8	73.4	17.8	12.8		57	23	79
	〃 −16	73.9	18.0	15.5		60	23	79
登　熟	〃 − 2	76.7	17.6	13.0		61	27	93
	〃 − 4	74.9	17.8	12.2		58	23	79
	〃 − 8	73.8	18.2	11.8		58	25	86
	〃 −16	73.3	17.9	15.5		61	21	74

表2　重油が水稲の生育・収量に及ぼす影響　　　　　　　　　　　　　　　　　　　　　　（伊藤ら，1970）

処理期	区 (ℓ/a)	生育状態（10月29日）			枯死株数	収量 (g/ポット)		
		稈長 (cm)	穂長 (cm)	穂数 (本)		わら	玄米	同左比
	重油 −0	80.4	18.4	15.8		66	37	100
植付け	〃 − 5	78.9	18.6	14.2		67	38	103
	〃 − 10	71.5	19.5	11.2	4	49	17	46
	〃 − 20	−	−	−	6	−	−	−
	〃 − 40	−	−	−	6	−	−	−
分げつ	〃 − 5	76.2	19.1	15.5		69	33	89
	〃 − 10	69.2	19.5	13.0		39	14	38
	〃 − 20	74.8	20.0	11.0	4	39	13	35
	〃 − 40	−	−	−	6	−	−	−
幼穂形成	〃 − 5	77.8	18.7	14.3		70	34	92
	〃 − 10	77.4	17.6	13.0		65	26	70
	〃 − 20	73.9	19.3	13.0		54	23	62
	〃 − 40	69.8	19.2	12.2		60	22	59
出穂	〃 − 5	74.8	17.7	13.5		64	26	70
	〃 − 10	74.8	18.1	13.3		61	23	62
	〃 − 20	73.0	18.0	14.2		64	24	65
	〃 − 40	75.3	18.6	15.2		62	22	59
登熟	〃 − 5	76.3	17.9	13.7		59	26	70
	〃 − 10	77.0	18.3	14.0		66	24	65
	〃 − 20	76.3	18.8	14.2		62	22	59
	〃 − 40	72.4	18.5	15.8		61	24	65

期間が長いと枯死します。ただ，初期は水稲の回復力がおう盛のため，枯死しない限り収量はそれほど低下しないこともあります。

　油類による被害は流入状況，土壌条件，生育状況などによって異なりますが，流入量が多いほど大きく，また軽油のほうが重油より被害が大きいようです。軽油についておよそのめやすは，田植え期での被害発現量は2ℓ/a，枯死量は2〜4ℓ/a，分げつ期での枯死量は4〜8ℓ/aとされています。しかし少量でも，水口近くでは被害が大きいなど一律ではありません。

　1a当たり軽油10ℓ，重油40ℓの流入で水稲が枯死した場合でも，一般に翌年には油類が分解，流亡されるため，稲作に被害は生じません（表3）。

表3　油類が次年度水稲の生育収量に及ぼす影響　　　　　　　　　　　　　　　　　　（伊藤ら，1970）

区 (ℓ/a)		生育状態（10月29日）			収量 (g/ポット)		
		稈長 (cm)	穂長 (cm)	穂数 (本)	わら	玄米	同左比
無添加		62.3	17.4	19.8	85	36	100
軽油	8	64.2	18.9	19.8	83	37	103
	16	66.3	18.3	17.5	77	35	97
重油	20	63.5	17.1	17.5	73	39	108
	40	63.0	18.8	17.8	76	38	106

流入した場合の対策

水稲作付け中の対策

（1）真水のかけ流しをします。真水を水口から水尻に向けてかけ流して油分を水尻に集め、オイルフェンスなどを設けて油分を回収するか、排除します。なお、排除した油分が下流の水田に流入すると被害が拡大するので注意します（図1）。

（2）油分を土壌表面に吸着させ、酸化分解を待ちます。被害拡大を防ぐには、最初に流入した水田で水口と水尻を止め、田面水の地下浸透により油分を土壌表面に吸着させて放置し、空気にさらして油分の酸化分解を待ちます。このとき、耕うんして油分を土壌と混ぜると分解が遅くなり逆効果となります。また、カルパーなどの過酸化物資材を施用して油分を積極的に分解することもあります。

水稲刈取り後の対策

（1）油分の酸化分解を促進させます。非耕作期間は、乾田化に努めて油分を積極的に分解させます。必要なら適時耕起します。土壌中の油分の分解速度は、土壌条件その他によって異なります。およそ1カ月で50％、3カ月で70〜80％とされています。

（2）ケイカルまたは消石灰を施用します。少量のケイカルまたは100 kg/10 a以下の消石灰を施用すると分解が促進されます。多量施用はアルカリ障害を生じるので注意します。

なお、ABSなどの分解しにくい界面活性剤で土壌を洗浄することは、それ自体に環境への害作用があるので避けます。

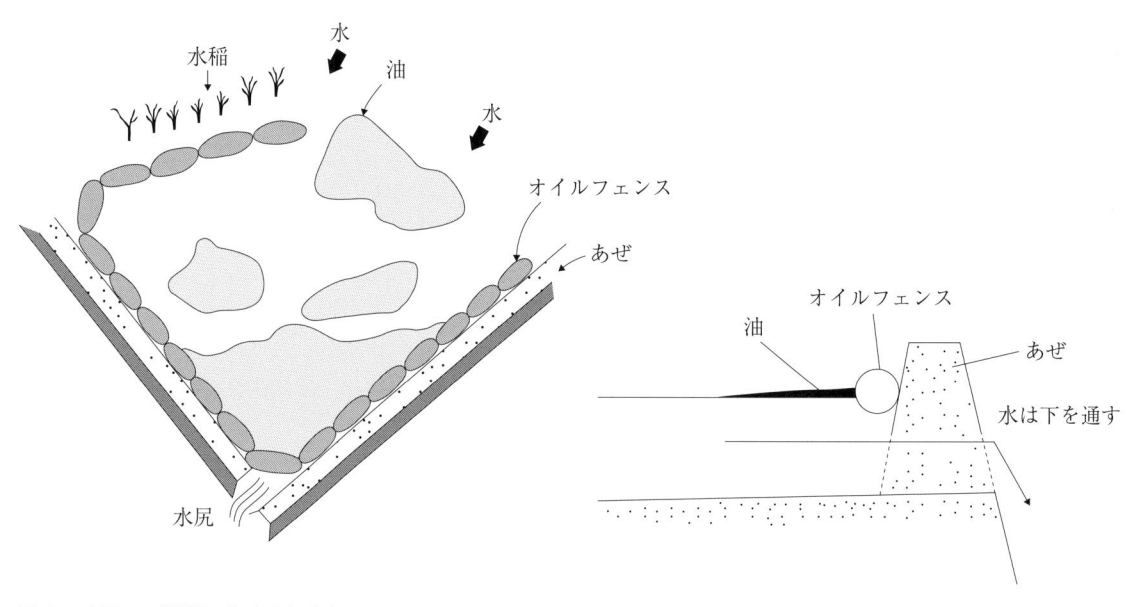

図1　本田での油類の集中のしかた

73 養液栽培に適した水質

養液栽培における水質の良否は生育に大きく影響するので，きわめて重要です。養液栽培では，生育に必要な養分をすべて水に溶かして与えているからです。また，必須元素が適正濃度になっていなければならないからです。用水中に特定の成分が多量に含有されていると，これを用いた養液では作物に過剰害が起きたり，pHが不適当となったりして，生育に支障をきたすようになります。

用水選択の基本

用水の水質でもっともよいのは純水ですが，実際には各種の水を用いるので，用水の含有成分が一定基準以下でないと問題が起こります。したがって，用水を分析し，各作物の適正濃度となるように不足している肥料成分を補います。

養液栽培に用いる水は大きく分けて，①天水，②水道水，③井戸水の3つがあります。もっとも多く用いられるのは井戸水で，6割以上を占めています。また，問題となるのも井戸水です。

用水の水質基準

現在使われている用水の基準には，全農の水質基準（表1），およびナールドワイク温室作物試験場の水質基準（表2）などがあります。

表1　養液栽培用水の水質基準　　　　　　　　　　　　（全農）

電気伝導度	0.3 mS/cm 以下であること
pH	5～8の範囲に入ること
窒素（硝酸態窒素・アンモニア態窒素）	含まないこと
カルシウム	40 ppm 以下であること
ナトリウム	20 ppm 以下であること
塩素	60 ppm 以下であること

表2　ナールドワイク（オランダ）温室作物試験場における養液栽培用水の水質基準　　　　（横森，1996）

項目	基準1	基準2
塩素	< 50 mg/ℓ	< 50～100 mg/ℓ
ナトリウム	< 30 mg/ℓ	< 30～60 mg/ℓ
重炭酸	< 4.0 me/ℓ	< 4.0 me/ℓ
鉄	< 1.0 mg/ℓ	< 1.0 mg/ℓ
マンガン	< 0.5 mg/ℓ	< 1.0 mg/ℓ
ホウ素	< 0.3 mg/ℓ	< 0.7 mg/ℓ
亜鉛	< 0.5 mg/ℓ	< 1.0 mg/ℓ
電気伝導度	< 1.5 mS/cm	

注1：基準1は栽培期間中にほとんど問題を生じない用水。
　2：基準2は栽培に適しているが，微量要素などがロックウールスラブ内に集積するため，数回洗浄が必要な用水。

水質分析

養液栽培に適した水は，pH6.0〜7.5，EC0.3mS以下で，各元素は基準内に入るものです。また，DO（溶存酸素量）なども大切な項目です。用水のうち地下水を多量に用いる場合には，多量元素，微量元素の全部について水質分析をしておく必要があります。

用水の水質のなかでとくに問題となるのは微量元素です。微量元素のなかでは塩素(Cl)，マンガン(Mn)，亜鉛(Zn)などが問題を起こしやすく，Cl 50mg，Mn 0.5mg，Zn 0.5mg/ℓを超えない用水が安全です。必須微量元素は，作物にとって必須であるが必要量がごく微量なため適正域が狭いので，事前に用水に含まれている量を測定しておくことが必要です。多量元素についても，カルシウムやマグネシウムの含有量が多い場合があるので，用水の含有量を把握し，調整することが大切です。

水道水の塩素の影響

水道水では，消毒用の塩素が渇水期などに予告なく高められることがあります。この塩素が培養液中のアンモニウムイオンと反応して結合塩素（クロラミン）が生成され，根に激しい障害を引き起こすことがあります。

pHの調整

原水によっては，pHを調整するのに大量の酸やアルカリを必要とするものや，pHの変動が大きいものがあります。これは，原水中の重炭酸イオン（HCO_3^-）濃度により影響を受けます。通常，前者の場合は硝酸（4％程度）もしくはリン酸（40％程度）を用いて，後者の場合は炭酸カリウムなどを用いて，重炭酸イオン濃度を30〜50ppm程度に調整することが大切です。

このように，分析値をみて栽培に適した培養液を作成することが重要です。

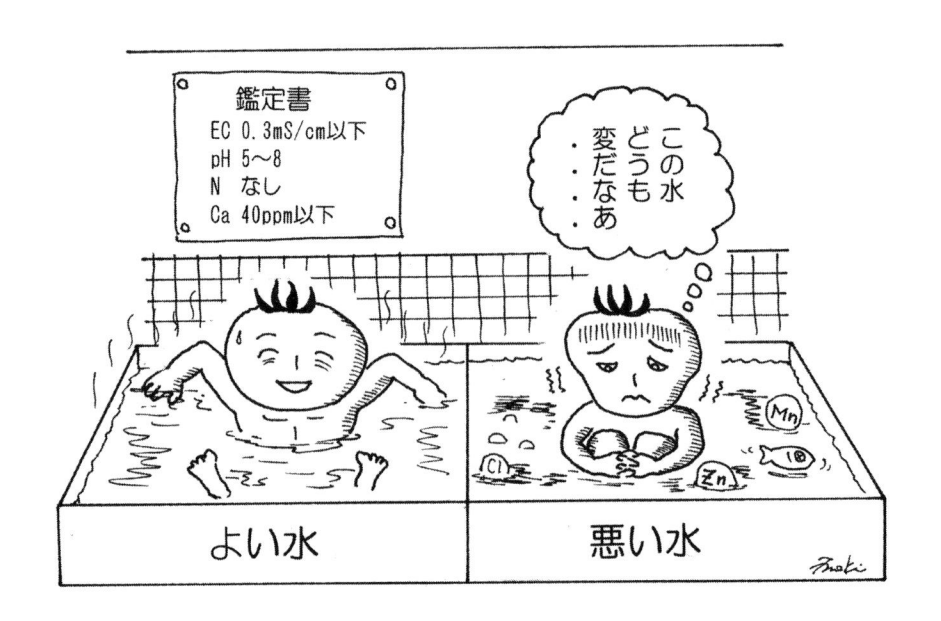

74 鉢物栽培に適した水質

鉢物栽培用の灌漑水の水質基準は現在のところ作成されておりません。いくつかの県で検討しているので、それらを紹介します。

観葉植物

三重県北勢地域では海水の影響で観葉植物の生育や品質が低下することが多いため、三重農試によって用水中の塩素（Cl）含量と生育関係が調べられました。その結果、Clが100ppmを超えると、ガラテヤでは葉先の褐変、葉の黄変、円形斑点、さらには落葉が多発し、グズマニヤでは葉先の褐変、葉の中央部褐変および落葉が発生し、両種ともCl濃度が高くなるほど症状が著しくなることが認められました。

愛知農試では、アンスリウムを用いて、灌漑水中に一般に含まれるカルシウム（Ca）、マグネシウム（Mg）、Clの影響について調べました。Mgでは、160ppmになると葉柄がやや短くなる傾向がみられる程度でした。Caでは、生育初期は高濃度ほど葉数が増す現象がみられましたが、生育後期では葉が枯死したり、落葉を始めたりするなどの症状が現れ、試験終了時には160ppm、320ppmの濃度でほとんど枯死状態となりました。

Clの場合は、40ppm、80ppmで、初期には葉数増加が多く、葉色濃く、生育良好でしたが、後半には葉数がやや少なくなりました（表1）。320ppmレベルでは、9月以降葉数はほとんど増加しませんでした。

これらの結果から愛知県では、種類によって限界濃度は異なるものの、Ca、Clについては80ppmを限界値としています。Clの限界値が三重県の結果より低くなっているのは、試験期間が長かったことと、植物の種類が異なったことのためです。このように、短期間では急激な障害を起こすことはなくても、長期間になると障害を生じることもあるので、栽培期間にも留意する必要があります。

表1 アンスリウムの生育に及ぼす用水中の単一塩類の影響　　　　（米村ら，1970）

成分濃度	(ppm)	増加葉数	最大葉長 (cm)	葉柄長 (cm)	生育不良株数
マグネシウム (Mg)	20	18.9	8.4	11.5	0
	40	16.8	8.9	12.3	0
	80	18.6	8.1	10.6	1
	160	22.6	8.0	9.4	1
カルシウム (Ca)	40	12.1	6.0	7.4	4
	80	4.2	6.1	7.8	5
	160	1.3	4.5	5.9	10
	320	0.5	4.5	5.0	10
塩素 (Cl)	40	14.9	7.9	7.9	0
	80	18.1	6.2	7.9	0
	160	17.6	8.3	10.7	0
	320	12.6	7.9	10.0	0
対照区		18.4	9.0	12.6	0
最小有意差	0.05	5.8	1.3	2.2	
	0.01	8.8	1.9	n.s.	

注：増加葉数は試験開始後増加した葉数。生育不良株数は増加葉数5枚以内の株数。

洋ラン

千葉県では，洋ランの葉先枯れについて地下水との関連を調べました。シンビジウムでは，葉先枯れがナトリウム（Na）濃度20ppm以上で発生し，濃度の上昇にともなって障害が増加し，80ppm以上では急増しました。これに対しオンシジウムでは，80ppm以上でようやく葉先枯れが目立つようになっており，シンビジウムほどNaに敏感に反応しない結果となっています。以上のことから，千葉県では葉先枯れを発生させないための水質は，Na20ppm未満，電気伝導度（EC）0.4mS/cm未満としています（図1, 2）。

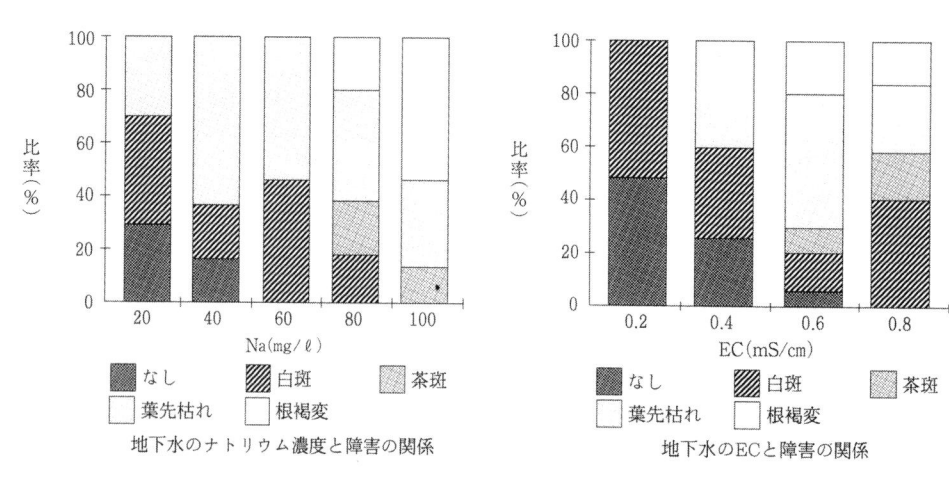

図1 洋ランに対する地下水の水質と障害の関係 （金子ら，1990）

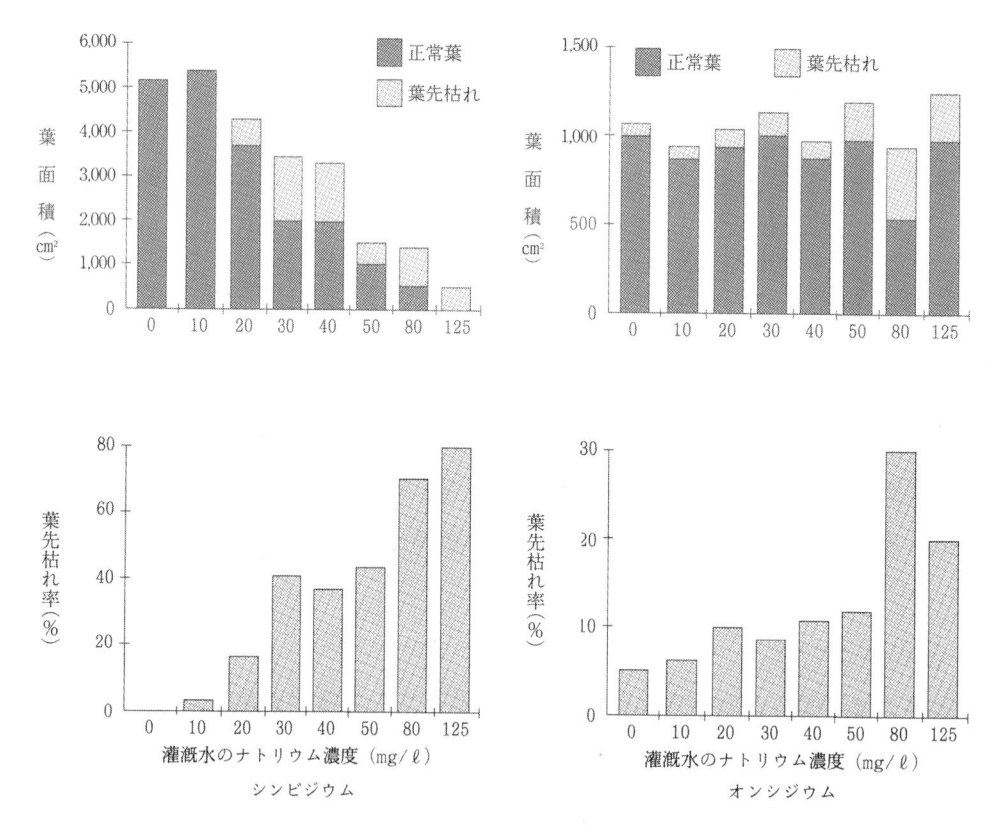

図2 洋ランに対する灌漑水のナトリウム濃度と葉先枯れの関係 （金子ら，1990）

なお，劣悪な灌漑水の改善対策は，比較的容易に入手できる雨水を適当な比率で混合し，希釈してNa濃度を安全レベルまで下げるのがよいとしています（表2）。

表2 雨水を用いた地下水の水質改善事例 （金子ら，1990）

		pH	EC (mS/cm)	硝酸態窒素 (ppm)	リン (ppm)	カリウム (ppm)	カルシウム (ppm)	マグネシウム (ppm)	ナトリウム (ppm)	塩素 (ppm)
事例1	地下水のみ	8.0	0.52	4.5	0.59	7.3	7.1	2.1	117	10
	地下水と雨水	6.9	0.12	1.2	0.38	2.2	3.9	0.7	22	5
事例2	地下水のみ	7.5	0.50	1.1	0.71	5.4	52.5	8.3	47	26
	地下水と雨水	7.7	0.05	0.2	0.19	0.8	6.5	0.6	4	4

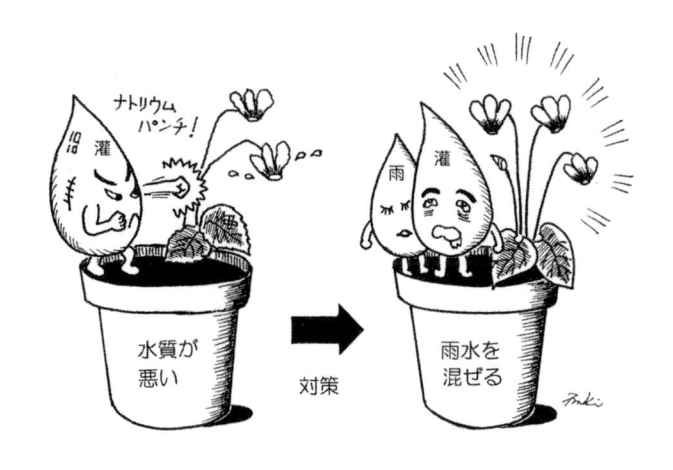

鉢物用灌漑水の水質

群馬県では，鉢物の施肥に資するため灌漑水の水質調査をし，表3のような結果を得ています。栽培している鉢物の種類は多様ですが，シクラメンの比率が高いとのことです。このような水質で生育に障害は生じていないので，表3の平均値程度の水質であればよいのではないかと思われます。

鉢物栽培の灌水には地下水が利用され，その水質は地域による差が大きいのが普通です。水質の影響は鉢物の種類によって異なりますが，水質が不良な場合，生育障害，病害などを生じやすくなるので，できるだけ良質な水を使用するようにします。劣悪な地下水の改善策は，雨水による希釈が安価で容易な方法です。

表3 鉢物用灌漑水の水質調査結果 （群馬農試，1989）

		平均	最大	最小
pH		7.28	8.96	6.10
電気伝導度	（μS）	317	929	39
カルシウム	（ppm）	33.0	105.1	3.2
マグネシウム	（ppm）	9.9	50.0	0.4
カリウム	（ppm）	2.4	11.9	0.2
ナトリウム	（ppm）	12.0	55.2	1.2
アンモニア	（ppm）	0.1	6.2	0.0
塩素	（ppm）	19.3	63.7	1.0
硝酸	（ppm）	38.2	199.6	0.0
硫酸	（ppm）	38.4	268.9	0.0
リン	（ppm）	0.2	3.3	0.0

75 土壌動物の役割

ミミズなどの土壌中に生息している土壌動物は，土壌の物理性や化学性を改善しています。農耕地土壌に果たしているその役割は，非常に大きいと考えられています。しかし，土壌管理のしかたによっては，土壌動物の多様性を低下させることにつながります。環境と調和のとれた農業の実現のためには，これらの動物たちの働きにも気を遣いながら土壌管理に努める必要があります。

■ 土壌動物とは

土壌動物とは，土壌に永続的または一時的に生活・活動している動物を指しています。

中村（愛媛大学）は，土中での機能（活動）をもとに，土壌動物を次の2群に分けています。

　食う食われる関係にある　→　生物調節群
　土の改変に関わる　　　　→　環境形成群

ミミズは環境形成群に属し，作物を生産する場の土壌の性質改変に関わる動物群です。また，造成土壌や各種の生態系の調査結果から，新しい土地に先駆的に侵入する動物とそれに引き続く動物，さらにある程度出来上がったあとに移住して飛躍的にその土地を改変する動物が存在することが判明しており，ミミズは後者に属しているようです。

■ 農耕地における土壌動物

農耕地の土壌管理の影響と土壌動物の関係を調査したものが表1です。

農薬や化学肥料の施用されない土壌ではフトミミズやヤスデの生息数が多いのに対し，慣行農法では土壌動物数が前者の1/5と大変少なく，コガネムシやコメツキムシなどの植物に害を及ぼす幼虫割合が高まっています。

表1　自然農法畑と慣行農法畑の大型土壌動物相　　　　　（藤田，1989）
（単位：50×50cm² 当たり）

		自然農法（4年目）個体数（%）	慣行農法個体数（%）	食　性
分解者	フトミミズ	25 (8.7)		落葉, 腐植, 糞
	ヤスデ	226 (78.2)	2 (3.8)	落葉, 腐植
	結合目幼虫		1 (1.9)	腐植, 菌, コケ, 死骸
	ハネカクシ		2 (3.8)	落葉, 腐植
	ハネカクシ幼虫	18 (6.2)	16 (30.8)	落葉, 腐植
捕食者	イシムカデ	1 (0.3)		捕食
	ゴミムシ	9 (3.1)	1 (1.9)	捕食
	アブ幼虫		1 (1.9)	捕食
植食者	コガネムシ幼虫	5 (1.7)	13 (25.0)	根, 糞, 死骸
	コメツキムシ幼虫		15 (28.8)	根, 材
	ゾウムシ	1 (0.3)	1 (1.9)	材, 落葉, 根
不明	カメムシ幼虫	4 (1.4)		
	合　計	289	52	

注：長野県高山村福井原，1989年6月25日調査，食性は青木（1973）を参考にした。

ミミズの働き

1 ha の土の中に生息しているミミズの総重量は，同じ面積のところで草をはんでいる動物の総量と一致するとさえいわれています。ミミズの活動で目につくのは，排出された糞の量です。年間 120 t/ha とも，表層 0～6 cm の土壌が 20 年間にすべてミミズの腸を通過するともいわれています。

かのダーウィンは「鋤は人間の発明中最も古く，最も，価値のあるものの一つである。しかし，人間の出現よりも遥か以前に，土地はミミズによって実際規則的に耕され，なお且つ耕され続くのである。世界史上に，斯かる文化の低い動物で，かくも重要な役割を演じたるものが他に沢山あるかどうかは疑わしい」（チャールズ・ダーウィン著『ミミズと土』）とし，またミミズによる土の運搬量は，1 ha 当たり，年間に 15～36 t であるとしています。

北海道開発局の調査によると，採草放牧地の 1 m² 当たりに生息するミミズの平均重量は 44 g でした。地表に運搬されるミミズの排糞は 1 ha 当たり年間 16 t になります。ここではミミズの活動期間を 8 カ月として計算しています。土層 10 cm を考えれば，11 年半でこの土地の土すべてがミミズの腸を通過したことになるといえます。

ミミズの活動と土壌

土壌に生息するミミズには，庭や堆肥場などにみられる鉛筆程度のいわゆるミミズ（大型類）と，糸状の数ミリにも満たないヒメミミズ（小型類）があります。土壌にはこれらのミミズが活動しています。ミミズは，落ち葉や作物残さの粉砕分解という「摂食消化」，排糞という「排泄」，そして動き回るという「運動」の 3 つの活動を通して，土壌の諸性質と関わり合いをもち，作物（植物）の生育に好影響をもたらしています。図 1 は，土壌動物の役割です。

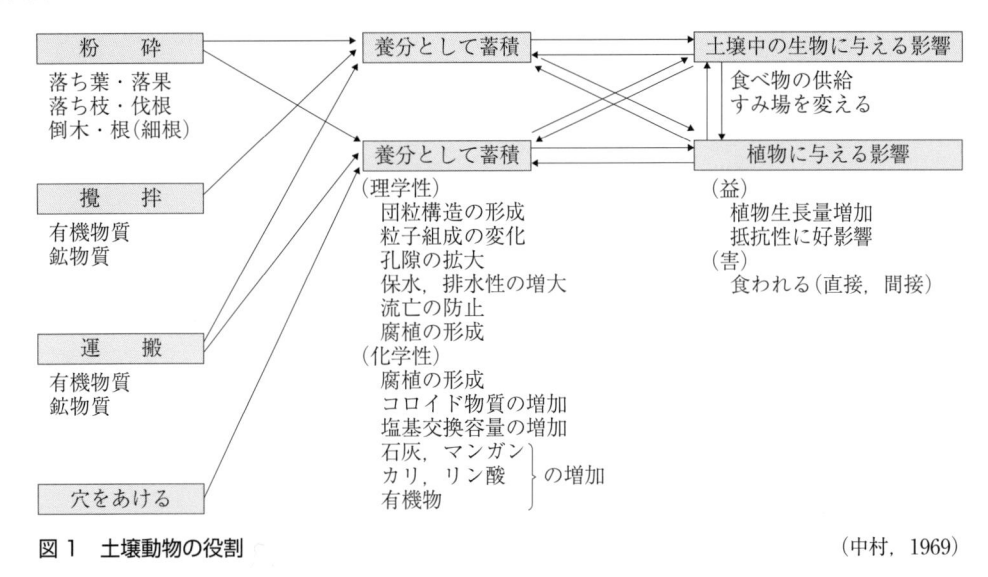

図 1 土壌動物の役割 (中村, 1969)

土壌動物と共存できる農業

作物の収量や品質に好影響を及ぼすミミズなどの土壌動物は，農耕地土壌から減少する傾向にあります。化学化，機械化の進んだ農業体系がそうさせたのかもしれません。一方，不耕起栽培や有機栽培の行なわれている土壌では，ミミズなどの土壌動物の生息密度は高く，種類も豊富であるといわれています。とくに，有機物マルチにより増加するようです。環境保全型農業が推進されている今日，ミミズなどの土壌動物と共存できる農業技術の確立に向けて各方面の進展が望まれます。

76 水稲のカドミウム対策

　食品衛生法に基づく水稲中のカドミウム濃度基準が、2011年に、1.0ppm未満から0.4ppm以下（玄米、精米）に改訂されました。わが国では過去の鉱山開発などのためにカドミウム濃度の高い水稲が生産される可能性が高い地域が存在するため、農林水産省や試験研究機関などは改訂された基準値に対応する対策技術開発を行なっています。土壌管理や施肥管理に基づく水稲のカドニウム対策として、①湛水管理による吸収抑制技術、②植物浄化技術、③カドミウムをほとんど含まない水稲品種、④客土対策、⑤その他の技術対策、などが発表されています。

湛水管理による吸収抑制技術

　出穂期の前後3週間にわたり水田を湛水状態に保ち還元状態とすることで、土壌中のカドミウムを水に溶解しにくい化学的状態に変化させ、水稲根からのカドミウム吸収を抑制する技術です。また、施肥により土壌のpHを中性に近づけるpH調整によって、土壌中のカドミウムを水に溶解しにくい化学的状態に変化させ、水稲が根からカドミウムを吸収することを抑制することもできます。

　ただし、pH調整単独では十分な効果は期待できないため、湛水管理と組み合わせて実施することが望ましく、施用する土壌改良資材としてはpH調整効果が長期間持続するケイ酸カルシウム（ケイカル）、熔成リン肥などが推奨されています。施用量は土壌の性質や施用する資材の種類によって必要量が異なるので、事前に室内試験を行ない、必要な施用量を定める必要があります。

植物浄化技術

　土壌中カドミウムの吸収量が大きい植物を栽培し、土壌中のカドミウムを吸収した浄化植物を収穫することで農地土壌を浄化する技術です。収穫した浄化植物は、含まれているカドミウムを大気などの環境中に拡散させずに回収可能な施設で焼却処理します。

　浄化植物としては、以下の植物が選定されています。

（1）重金属汚染土壌からカドミウムを効率よく吸収する植物としてキク科のマリーゴールドを選抜し、さらに7世代にわたる交配により品種改良を進め、カドミウムの吸収量を向上させた新品種（科学技術振興機構、2010）。

（2）イネのカドミウム集積を決める鍵となる遺伝子を発見し、カドミウム汚染土壌を効率的に浄化でき、従来のカドミウム高吸収品種の約4倍のカドミウム集積量をもつ新開発イネ（東京大学、2012）。

（3）既存のイネ品種の「長香穀」を用いた試験では、土壌の0.1mol/ℓ塩酸抽出カドミウムが35～41%低減する結果が得られた（農林水産省、2011）。

カドミウムをほとんど含まない水稲品種

　カドミウムをほとんど含まないコシヒカリ突然変異体が「コシヒカリ環1号」として品種登録されました。この米の中にはカドミウムがほとんど含まれないうえ、その他の形質と栽培方法は「コシヒカリ」とほとんど変わりません（農環研、2014）。

客土対策

　客土は，汚染された農地に非汚染土壌で盛り土などをすることによって，土壌から農産物へのカドミウムの移行を抑制する対策です。汚染土壌の扱いや非汚染土壌の盛り土の有無により，上乗せ工法，埋込み工法，排土客土工法，反転工法などさまざまな工法が存在します。

　通常，水稲の根の大部分は地表から20cm以内に存在するため，非汚染土壌で盛り土をする工法であれば，元来あった土壌が非常に高濃度に汚染されていても，20～40cm程度の盛り土で確実に水稲の作土層のカドミウム濃度を非汚染レベルにすることが可能です。

　客土対策は他の対策に比べて非常にコストが高いため，短期間に大面積を実施することが困難である欠点があり，また非汚染土壌を外部から搬入する場合，土壌採取地の環境に対する影響への配慮が必要です。

その他の技術（化学処理）

　塩化第二鉄を用いた土壌洗浄技術が開発され，図1に示した作業手順で作業を行ないます（農環研，2010）。まず，汚染水田に塩化第二鉄を溶かした用水を引き入れて，土壌と水をよく混合します。次にカドミウムが溶け出した水を排水し，溶存するカドミウムを現場に設置した処理装置によって回収します。洗浄した水田はさらに塩化鉄を含まない用水で2～3回同様の処理を繰り返し，水田に残っているカドミウムや塩素を除去します。

　洗浄水と土壌を混合する際には，作土層の攪拌効率を高め耕盤の破壊を最小限に食い止めるため，レベルセンサーなどでトラクターの作業深度を正確に管理し，水面から耕盤までの作土懸濁層の水深を40cm以上とすることで，土壌からのカドミウム除去効率が高まります。それにより，未処理の水田と比べ，作土中のカドミウム濃度は60～80%，生産される米のカドミウム濃度は70～90%低減することが可能となります。また，洗浄処理後に土壌pHを矯正し，ミネラルを補給したあとに水稲を栽培すると，玄米収量はほとんど減少せず，食味や栄養分も大きく変化しません。

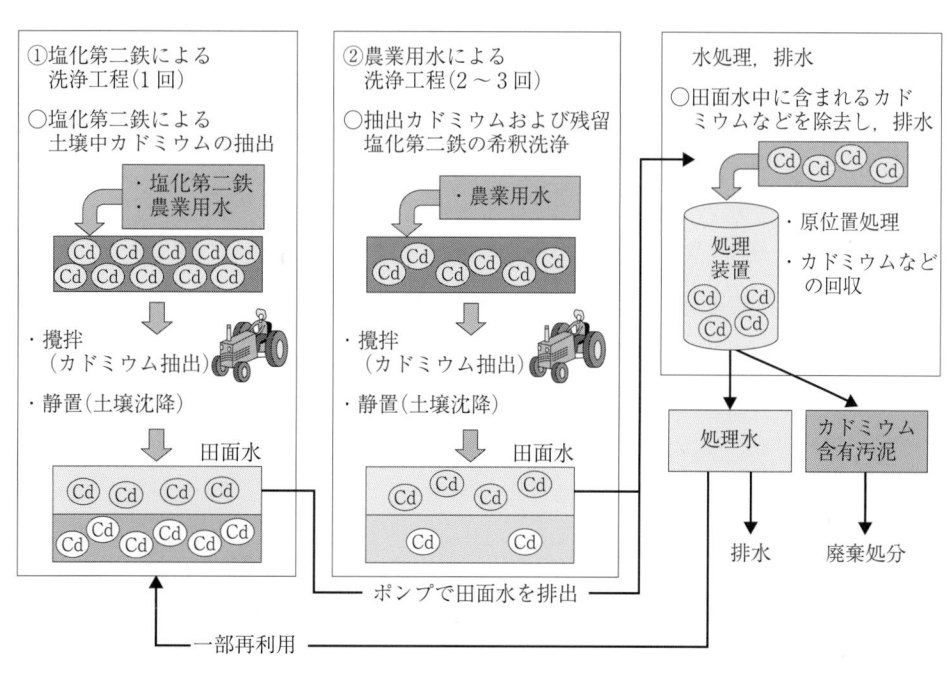

図1　土壌洗浄技術の概要　　　　　　　　　　　　　　　　（農林水産省，2011）

各処理の利点と問題点

以上に記した各処理の利点と問題点を表1に示しました。

湛水管理では，表1に示した問題点以外に，農業用水の不足や水田の減水深が大きいことなどの理由から出穂期の前後の期間に湛水状態が保たれない場合，米のカドミウム濃度が上昇します。このため，湛水管理の実施にあたっては必要な用水量を確保する必要があります。

植物浄化では，農林水産省（2011）は，過去に農林水産省が行なった試験結果などから，原則としてカドミウム吸収能がとくに高いイネ品種の「長香穀」「IR-8」は効果が高いとしています。用水が維持できなかったなどの理由から浄化植物のカドミウム吸収量が低下すると，土壌中のカドミウム濃度が十分に低下しない可能性があるので，浄化植物のカドミウム吸収量を維持するための栽培管理を徹底する必要があります。また，収穫後の浄化植物は，含まれているカドミウムを適切に回収することが可能な施設で焼却処理する必要があります。

水稲のカドミウム吸収低減に対する客土の効果は顕著です。しかし，問題点も多く，まずは経費のうえでは客土工事の単価は高額で，汚染者負担や国庫補助が十分でなければ工事はできにくいのが現状です。次に，客土材の確保が難しいという問題があります。粘土を適量に含んだ良質の客土用山土を多量に得ることは，最近では容易でありません。また，客土施工にともなう地力低下が問題で，客土に使う山土は有機物に乏しいやせ土なので，多量の堆肥などを長年連用し続けて地力を向上しなければなりません。

表1 主要なカドミウム低減対策の特徴 (農林水産省, 2011)

対策	低減効果	問題点	概算コスト（10 a 当たり）
植物浄化	土壌中のカドミウム濃度が1作当たり10%程度低下	・3～5年必要 ・収穫した浄化植物の処理	20～30万円／年程度（処分費用含む）
客土	土壌中のカドミウム濃度が非汚染レベルまで低下	・地域条件などによりコストが増減 ・客土材の確保が困難	500万円／回程度
湛水管理を中心とする吸収	通常栽培時に比べ米のカドミウム濃度60～90%低下	・用水の確保 ・土壌中の濃度は低減しない	管理に関わる人件費（地域によっては用水費などが必要）

土壌カドミウム濃度による水稲カドミウム濃度の評価

土壌カドミウム濃度による評価にあたっては，人の健康を損なう恐れがある農産物が生産されるかどうかの判断が必要になります。これまでの水稲カドミウム濃度は，玄米中のカドミウム濃度を用いて評価されてきました。土壌カドミウム濃度による評価は，土壌の汚染状況や土壌条件によらない因子の影響により可食部中カドミウム濃度に違いが出ることから，困難と考えられています（農林水産省，2011）。

77 野菜のカドミウム対策

　日本では野菜のカドミウム(以下，Cd)の規格基準は未だ定められていませんが，海外では国際基準値が策定されており，土壌改良資材などによる対策技術の開発と推進が求められています。野菜のCd吸収抑制対策の1つとして土壌pHの上昇が効果的ですが，その効果が小さい品目の場合，植物浄化により土壌Cd濃度を下げることが必要です。最近では，うね内部分施用機による苦土石灰と化成肥料の同時施用による野菜可食部のCd濃度低減技術が提案されています。なお，品目によっては栽培適正pHからみて土壌pHを上昇させることが難しい場合や，すでに土壌pHが高い場合があり，初めに土壌診断で土壌pHを調べてから対策を行なうことが必要です。

■ カドミウムの基準値

　厚生労働省は，2010年4月に食品衛生法に基づくCdの規格基準を「玄米および精米中に0.4mg/kg以下」と改正し，2011年2月に施行しました。食品安全委員会はこの改正の審議において米以外の規格基準の改定を見送りましたが，転作作物として水田で生産されるダイズ，ムギ，野菜などについては植物浄化の対策を推進することとしています。

　また，畑で生産されるダイズ，ムギ，野菜などについては，対策の必要な地域の絞り込みを行なうとともに，Cd低吸収性品種・品目への転換や，土壌改良資材(アルカリ資材など)の施用などの対策を推進し，併せて植物浄化技術の畑への適用や，新たな低吸収性品種の開発などの対策の実用化に向けた研究開発を進めることにしています(薬事・食品衛生審議会食品衛生分科会食品規格部会，2009)。

　海外では，コーデックス委員会が策定した食品中Cdの国際基準値(表1)がありますが，わが国では米以外の作物の基準値は定められていません。しかし，今後の規制の進展を考えるとCd低減対策技術の開発は緊急の課題であるため，ここでは野菜のCd低減技術の概要を紹介します。

表1　コーデックス委員会の決めた食品中のCd基準値(2006年)

食品群	基準値 (mg/kg)	備考
精米	0.4	
コムギ	0.2	
穀類(ソバを除く)	0.1	コムギ，米を除く フスマ，胚芽を除く
豆類	0.1	ダイズ(乾燥したもの)を除く
ジャガイモ	0.1	皮を剝いだもの
根菜，茎菜	0.1	セロリアック，ジャガイモを除く
葉菜	0.2	
その他の野菜 (鱗茎類，アブラナ科野菜，ウリ科果菜，その他果菜)	0.05	食用キノコ，トマトを除く
海産二枚貝(カキ，ホタテガイを除く)	2	
頭足類(内臓を除去したもの)	2	

4章　水質，環境

野菜のカドミウム吸収抑制にはpH対策が効果的

作物による土壌中のCdの吸収抑制には土壌pHが重要な要因となります。高pHで生育が良好となるホウレンソウでは，苦土石灰施用により土壌pHを6.5程度にすると吸収抑制効果がみられました（農林水産省，2005）。タマネギの試験では，土壌pHが4.9～5.3の範囲でpH上昇による効果が認められなかった例があり（大森，2011），好適pH（6.0～6.5）でのデータが待たれるところです。このように，土壌pHの上昇によるCd吸収抑制対策を進めるにあたっては，作物生育に好適な土壌pHを考慮することが大切です。

各種野菜（エダマメ，チンゲンサイ，レタス，ニンジン，キャベツ，ハクサイ，ブロッコリー）について，土壌pHおよび土壌中Cd濃度による可食部Cd濃度への影響を，ポット栽培試験により検討した事例があります。それによると，これらの品目の可食部Cd濃度に対する土壌中Cd濃度と土壌pHは，それぞれ正と負の関係がありました（戸上ら，2011）。

具体的には，土壌中Cd濃度の低下（1.9mg/kgから0.5mg/kg）により，可食部Cd濃度はニンジン，レタス，キャベツで7割，ブロッコリーで6割，エダマメ，チンゲンサイ，ハクサイで5割の低減となりました。一方，土壌pHの上昇（5.5から6.5）により，可食部Cd濃度はキャベツで8割，エダマメ，ブロッコリーで6割，ハクサイ，レタスで5割，チンゲンサイで4割，ニンジンで3割の低減がそれぞれ推定されました。

このことは，土壌中Cd濃度の低下による効果および土壌pHの上昇による効果が，品目によって異なることを示しています。ニンジン，レタス，キャベツの場合，土壌中Cd濃度の低下による可食部Cd濃度の低減効果は同程度に高いですが，土壌pH上昇による効果は，pH5.5，土壌中Cd濃度1.9mg/kgの値を100としてpHを6.5に上げたときの土壌中Cd濃度の値を比較すると，ニンジン＜レタス＜キャベツの順に高くなります（図1）。したがって，たとえばキャベツでは土壌pH上昇，ニンジンでは植物浄化による土壌中Cd濃度低下が望ましい対策と考えられます。また，土壌pHを上昇させる場合，初めに土壌診断により土壌pHを測り，その後に適切な対策を考えることが必要です。

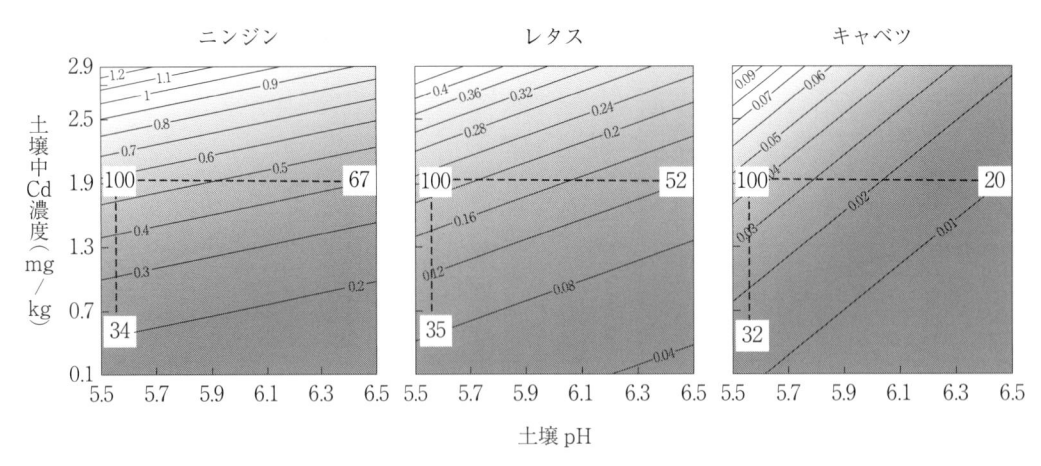

図1 ニンジン，レタス，キャベツの可食部カドミウム濃度推定値の等高線図　　（戸上ら，2011）

うね内部分施用機による苦土石灰と化成肥料の同時施用

以上のように，野菜のCd吸収抑制のためには土壌pH上昇による対策が有効です。土壌pHを上昇させるアルカリ資材のコスト削減のため，資材をうねの中央部分に帯状に土壌と混合して施用する「うね内部分施用技術」（図2）が，可食部Cd濃度の低減に活用できることが明らかにされています（三浦ら，2013）。この技術を用いると根群域のみの土壌pHを効率的に上げることができるため，Cd吸収抑制が可能となります。

苦土石灰と化成肥料を同時に全面施用またはうね内部分施用して，ハクサイとキャベツの結球部Cd濃度の比較試験を行なった結果を示しました（表2）。うね内部分施用では，Cd濃度を従来の全面施用と同程度に低減可能であり，全面施用に比べて資材施用量を4～6割削減できることがわかりました（三浦ら，2009）。この技術を用いれば，大規模な露地野菜生産における土壌pHの改善に要するコストを大幅に低減することができます。

図2　うね内部分施肥　　　　　　　　　　　　　　　　　　　　　　　　　　　　　（三浦ら，2013）

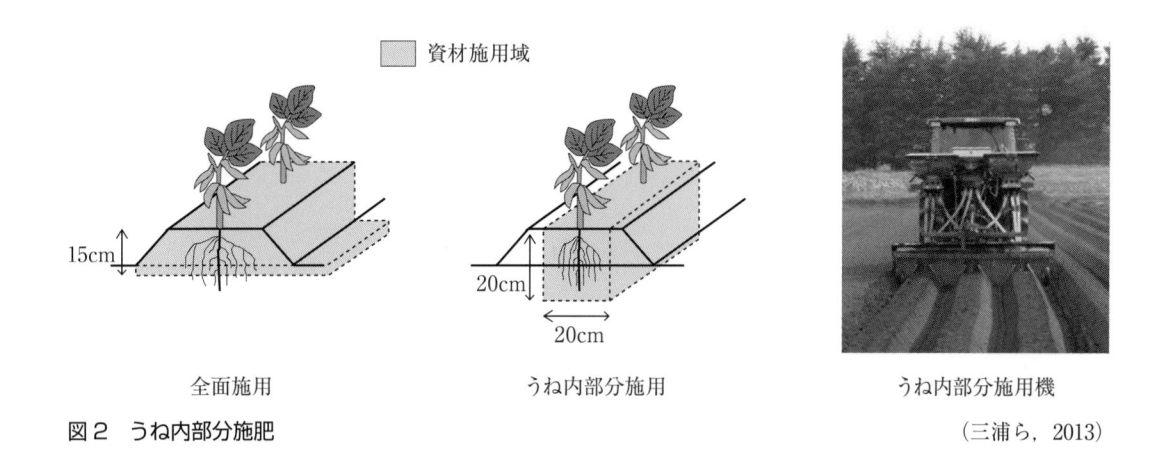

表2　施用法によるハクサイとキャベツの収量および結球部Cd濃度の比較　　　　　　　　　　　　（三浦ら，2009）

処理区（幅・深さcm）	土壌pH		施用量			ハクサイ結球部		キャベツ結球部	
	目標	収穫期 ハクサイ/キャベツ	苦土石灰 (kg/10a)	化成肥料 (kg/10a)	指数	新鮮重 (kg/10a)	Cd濃度 (mg/kgFW)	新鮮重 (kg/10a)	Cd濃度 (mg/kgFW)
部分施用（20・20）	6.2	5.9/5.9	214	54	38	7,966 b	0.159 a	6,427 b	0.074 a
全面施用（70・15）	6.2	5.3/5.7	563	143	100	8,741 b	0.153 a	6,296 b	0.084 ab
全面施用（70・15）	5.8	4.9/5.6	188	143	—	7,383 a	0.208 b	4,909 a	0.103 b

注1：化成肥料N-P_2O_5-K_2O=14-10-13%，全量基肥，株間はハクサイ45cm，キャベツ35cm。うね間は70cm。
2：1区28m^2・反復なし，セル成型苗，ハクサイ定植8月25日・収穫11月5日，キャベツ定植8月25日・収穫11月10日。
3：収穫期土壌pHは深さ0～20cm平均。栽培前土壌pH5.4。
4：施用量の指数は全面施用の施用量を100とする値。
5：収量調査は1区2反復（各5株）。結球部の新鮮重およびCd濃度の同一英文字間に5%水準で有意差なし（Tukey法）。

索　引

あ

- 青刈り作物 … 56, 126, 128
- 青枯れ … 60, 76, 80
- 秋落ち … 16, 159, 213
- 亜硝酸ガス … 57
- 圧密対策 … 29
- アヅミン … 25
- 亜硫酸ガス … 57
- アルカリ性土壌 … 140
- アルカリ性肥料 … 57
- アルカリ分 … 151, 154, 162, 163, 189, 193
- アルコール〔による〕消毒 … 83
- アレロパシー … 131
- 暗渠 … 12, 18, 41, 186
- アンモニアガス … 57, 152
- アンモニア態窒素 … 57, 74, 81, 138, 144, 173, 211

い

- EC … 54, 82, 119, 143, 145, 175, 212, 218, 220
- 硫黄華 … 111
- 育苗培土 … 65, 161, 163, 167, 169, 189
- 異常高温 … 5
- イタリアンライグラス … 126
- 萎凋病 … 74, 76, 80, 142
- 稲わら … 5, 23, 55, 135, 138, 171, 174, 177
- 忌地 … 47
- 陰イオン … 144, 145, 147

う

- うね内〔部分〕施肥 … 229

え

- 塩安（塩化アンモニウム） … 55
- 塩害 … 147, 212
- 塩加（塩化カリ，塩化カリウム） … 144
- 塩基バランス … 37, 108, 109, 118, 146
- 塩基飽和度 … 43, 110, 118, 142, 147
- 園芸培土 … 168, 203
- 塩類〔の〕集積 … 51, 54, 60, 63, 82, 165

お

- オイルフェンス … 216
- 黄白化 … 214
- ORPスラグ … 162
- おがくず … 171, 178
- オキシダント … 58
- 落ち葉 … 171, 223
- 汚泥 … 119, 171, 206
- 温室効果ガス … 5

か

- 貝化石 … 152
- 改植障害 … 47
- 開田病 … 34
- 夏季高温 … 76, 187
- 可給態窒素 … 9, 31, 37, 105
- 可給態リン酸 … 108, 119, 200
- 隔離床栽培 … 60
- 過酸化物資材 … 216
- 火山灰 … 28, 86, 99, 156
- 過剰症 … 75
- ガス障害 … 57
- 化成肥料 … 156, 161, 227, 229
- 家畜糞堆肥 … 41, 119, 173, 183
- 家畜糞尿 … 5, 41, 165, 171, 182
- 褐色根腐れ病 … 80
- 活着 … 212, 214
- カドミウム対策 … 224, 227
- カリ質肥料 … 161
- カルシウム欠乏 … 50
- カルパー … 216
- 干害 … 29, 35, 167
- 灌漑水 … 160, 161, 210, 213, 219, 221

あ

環境保全型農業 ……………………… 96, 130, 201, 223
緩効性肥料 ………………………………………… 63, 96
間作 ………………………………………………… 26, 28
含鉄資材 …………………………………………… 5, 148
干ばつ ………………………………………… 18, 103, 173

き

気相 ………………………… 29, 68, 73, 103, 130, 186, 192
キチン ……………………………………………… 196
ギニアグラス ……………………………………… 130
基盤整備 …………………………………………… 7, 68
客土 ………………………………… 56, 107, 146, 206, 225
吸水渠 ……………………………………………… 12
共栄植物 …………………………………………… 32
魚かす ……………………………………………… 24
局所施肥 …………………………………………… 114
切り土部 …………………………………………… 7
菌根菌 ………………………………………… 131, 199

く

苦土欠乏 …………………………………………… 142
苦土重焼リン ……………………………………… 25, 148
苦土炭カル ………………………………………… 152
苦土石灰 ………………………… 41, 48, 51, 152, 154, 227
グライ層 ………………………………… 14, 34, 87～89, 93
クリーニングクロップ …………………… 55, 128, 130, 146
クローバー ……………………………………… 126, 130, 148
クロタラリア ……………………………………… 55, 130
黒ボク土 ………………………… 86, 96, 99, 108, 119, 160
クロルピクリン …………………………………… 48, 60, 132
くん炭 ……………………………………………… 188

け

ケイカル ………………………………… 159～162, 216, 224
ケイ酸質資材 ……………………………………… 148, 161
ケイ酸質肥料 ……………………………………… 159, 161
下水汚泥 …………………………………………… 171, 176
減化学肥料 ………………………………………… 195
減肥 ………………… 9～11, 82, 100, 119, 128, 136, 145, 184, 211

こ

孔隙 ………………… 16, 62, 99, 126, 130, 166, 168, 180
鉱さい ……………………………………………… 148, 161
耕作放棄地 ………………………………………… 21, 136
耕盤 ………………………………… 5, 19, 29, 68, 225
高pH土壌 ………………………………………… 111
黒泥 ………………………………………………… 8, 88
固相 ………………………………… 69, 103, 180, 192
コルゲート管 ……………………………………… 12, 186
混作 ………………………………………………… 26, 28, 31
根粒菌 ……………………………………………… 28, 127

さ

最適pH ……………………………………………… 71
雑草抑制 …………………………………………… 36, 84, 131
酸性土壌 ……………………………… 41, 45, 140～142, 189
酸性肥料 …………………………………………… 108, 111, 144
三相分布 …………………………………………… 117
酸度 ………………………………………………… 50, 53

し

C/N比 ………………… 40, 55, 131, 171, 174, 177, 179, 186
CEC ………………………………… 96, 118, 131, 164, 168, 204
湿害 ………………………… 14, 18, 29, 35, 68, 186, 190
湿田 ………………………………………… 107, 136, 210
遮根シート ………………………………………… 35, 76
重金属 ……………………………………… 47, 107, 205, 224
集水渠 ……………………………………………… 12
樹皮 ………………………………… 40, 148, 172, 178, 179, 194
硝化（硝酸化成）…………………………………… 82, 96, 133
浄化植物 …………………………………………… 224, 226
蒸気消毒 …………………………………………… 60, 74
硝酸化成抑制 ……………………………………… 25
硝酸態窒素 …… 54, 63, 81, 102, 119, 134, 138, 144, 145, 211
消石灰 ……………………………………… 75, 151, 154, 216
除塩 ………………………… 53, 54, 63, 75, 126, 146, 212
食味 ………………………………………………… 5, 24, 225
除草 ………………………………………………… 136
深耕 ………………………… 29, 38, 48, 56, 68, 100, 108, 124

索引

深根性 … 8, 27, 36, 127, 130
心土耕 … 8, 29
心土破砕 … 14, 29, 88

す

水質 … 205, 210, 217, 219
スーダングラス … 126
すき床層 … 8, 34, 75, 207

せ

生石灰 … 151
生態系 … 27, 57, 76, 201, 222
生理障害 … 31, 37, 50, 100, 118
ゼオライト … 164, 196
石灰欠乏 … 142
石灰質資材 … 41, 50, 53, 118, 212
石灰質肥料 … 151
石灰窒素 … 23, 76, 178
石膏 … 212
セル成型苗 … 67
センチュウ（線虫） … 32, 55, 74, 76, 80, 83, 131, 132, 194, 195

そ

そうか病 … 142
増収 … 32, 103, 159, 187, 195
造成 … 40, 108
草生栽培 … 43
粗大有機物 … 36, 55, 114
ソルゴー … 53, 55, 130

た

堆肥 … 5, 27, 37, 40, 48, 53, 69, 99, 135, 156, 171, 174, 178, 182, 197
太陽熱〔による〕消毒 … 76
多収 … 9, 139
炭カル（炭酸カルシウム） … 41, 51, 152
弾丸暗渠 … 14, 19, 35
炭酸ガス … 58

炭素率 … 24, 126, 127, 171, 174, 177, 179, 182, 186
団粒 … 20, 43, 93, 126, 130, 152

ち

地温 … 23, 26, 48, 77, 80, 83, 102
地下水位 … 12, 14, 18, 26, 41, 107
窒素含有率 … 182
窒素肥沃度 … 105
ち密層 … 26, 35, 100
中性肥料 … 55
地力増進作物 … 126
地力増進法 … 122, 148, 192, 195, 207
地力窒素 … 26, 34, 105, 210

つ

追肥 … 7, 9, 63, 71, 108, 131, 139
土づくり肥料 … 5, 149, 155, 161

て

泥炭 … 8, 10, 88, 202
鉄欠乏 … 142
転換畑 … 9, 18, 34, 105
電気伝導度 … 54, 119, 143, 145, 212
テンシオメーター … 120
田畑輪換 … 18, 28, 34, 54
転炉さい … 162

と

登熟 … 159, 210
透水性 … 8, 16, 18, 29, 40, 93, 117, 128, 130, 166, 168, 192
糖度 … 44, 54, 61
糖度の向上 … 61
倒伏 … 7, 9, 124, 139, 159, 187, 210
特殊肥料 … 156
床締め … 5, 8, 16
土壌汚染防止法 … 205
土壌改良資材 … 29, 41, 48, 148, 208
土壌還元〔による〕消毒 … 78, 80, 84
土壌硬度計 … 29, 91, 122

土壌消毒	28, 48, 56, 60, 76, 80, 83, 132
土壌診断	14, 38, 81, 117
土壌水分	18, 35, 96, 102, 120, 126
土壌断面	13, 90
土壌調査	86, 114
土壌動物	222
土壌の分類	86
土壌微生物	28, 36, 48, 78, 126, 130, 132, 193, 195
土壌病害	61, 65, 76, 81, 83, 142, 193, 194, 195, 199
土壌肥沃度	35
土壌分析	27, 113, 143, 146, 157
土壌溶液	50, 53, 54, 102, 134, 145
土性	16, 93, 96
トレンチャー	15, 19, 38
ドレンベッド	60

な
ナタネ油かす	24, 196

に
乳白米	24

ね
根こぶ病	142
熱水消毒	74
根の活力	5, 9, 25
根の伸長	28, 29, 38, 122, 124, 128
根張り	27, 68, 91, 124, 193
粘土	13, 16, 41, 86, 88, 89, 96, 108, 130, 167

の
濃度障害	26, 31, 36, 53, 54, 71, 96, 111, 145, 193
野焼き	188

は
バーク堆肥	61, 148, 172, 179
バーミキュライト	168, 196
パーライト	166
配合肥料	156, 161
排水性	8, 14, 29, 41, 43, 68, 130, 177, 180
培土	65, 74, 203
鉢物用土	71
バックホー	39, 48, 56

ひ
pF	34, 120
pH	51, 53, 111, 118, 140, 147, 152, 218
pHが低い土壌	53, 119
pH調整剤	112
ピートモス	71, 167, 169, 200, 202
BB肥料（粒状配合肥料）	156
肥効調節型肥料	26, 54
微生物資材	195, 199
被覆資材	104
被覆肥料	63, 96
肥料取締法	156, 161, 206, 208
微量要素	48, 100, 111, 118, 140, 152

ふ
VA菌根菌	32, 45, 193, 195, 199
フォアス（FOEAS）	18
複合肥料	161
不耕起栽培	223
腐熟促進	23, 186
腐熟度判定法	174
腐植	45, 94, 99, 108, 117, 119, 126, 131
フスマ	78, 80, 84

へ
ヘアリーベッチ	130
ベントナイト	8, 16, 164

ほ
ホウ素欠乏	142
穂肥	11
保水性	71, 93, 96, 126, 166, 177, 192, 200, 202
保水力	96, 99, 165, 166

索引

保肥力 …………………………… 96, 164, 168, 202
ポリシリカ鉄 ……………………………………… 163
本暗渠 ………………………………………… 14, 35

ま

マリーゴールド ………………………… 32, 131, 224
マルチ …………………… 32, 35, 43, 76, 78, 102, 181, 223
マンガン欠乏 …………………………………… 142

み

ミミズ …………………………………………… 223

め

メタン …………………………………………… 5, 24

も

木酢液 …………………………………………… 192
木質混合家畜糞堆肥 ……………………………… 173
木炭 ……………………………………………… 192, 200
モミ殻 ……………… 12, 13, 15, 41, 55, 76, 171, 186, 188
盛り土部 ……………………………………………… 7

や

山中式硬度計 ……………………… 16, 26, 91, 122

ゆ

有機酸 ………………………………… 24, 81, 83, 182
有機質肥料 ………………………… 57, 66, 96, 156, 182
有機物の分解 ………… 57, 81, 87, 88, 126, 131, 148, 171, 177, 195
有効態ケイ酸 …………………………… 117, 148, 160
有効土層 ………………………………… 34, 68, 117
遊離酸化鉄含量 …………………………………… 5

よ

陽イオン ……………… 36, 54, 109, 118, 142, 145, 168

陽イオン交換容量 ………… 17, 96, 99, 109, 118, 126, 131, 164, 168
養液栽培 ……………………………… 186, 190, 217
養液土耕栽培 ………………………………………… 64
用水 ……………………… 137, 210, 217, 219, 225
要素障害 ………………………………………… 142
熔成ケイ酸リン肥 ………………………………… 161
養分過剰 ………………………………………… 128, 185
葉面散布 …………………………………………… 51, 194
熔リン ……………………… 25, 38, 41, 48, 100, 149

ら

落葉 ……………………………………………… 219

り

硫化水素 ………………………………… 24, 148, 213
硫酸塩 ……………………………………………… 8
硫酸カルシウム ………………………… 51, 118, 212
緑肥 ………………… 41, 68, 69, 76, 100, 130, 137, 148
輪作 …………………… 8, 18, 28, 31, 128, 131, 140, 207
リン酸緩衝液抽出法 ……………………………… 105
リン酸質肥料 ………………………………… 155, 161
リンスター ………………………………………… 25

れ

冷害 ………………………………………………… 5
レンゲ ……………………………… 32, 126, 130, 148
連作障害 ……… 27, 31, 34, 47, 60, 100, 126, 131, 132, 195

ろ

漏水田 …………………………………………… 5, 16
ロックウール …………………………………… 186

執筆者一覧

〈執筆・編集〉　矢作　学（JA 全農 肥料農薬部 東北肥料農薬事業所）

〈執筆〉　　　　阿部浩人（JA 全農 営農販売企画部 事業企画課）
　　　　　　　　安西徹郎（元 JA 全農 営農販売企画部 営農・技術センター）
　　　　　　　　今井俊治（元 JA 全農 肥料農薬部 中四国肥料農薬事業所）
　　　　　　　　上野正夫（元 JA 全農 肥料農薬部 東北肥料農薬事業所）
　　　　　　　　梶　智光（JA 全農 営農販売企画部営農・技術センター）
　　　　　　　　久保研一（JA 全農 肥料農薬部 九州肥料農薬事業所）
　　　　　　　　甲谷　潤（JA 全農 肥料農薬部 近畿・東海・北陸肥料農薬事業所）
　　　　　　　　小林　新（JA 全農 営農販売企画部 営農・技術センター）
　　　　　　　　佐藤保隆（JA 全農 肥料農薬部 技術対策課）
　　　　　　　　長野間　宏（元 JA 全農 肥料農薬部 関東肥料農薬事業所）
　　　　　　　　羽生友治（羽生技術士事務所）
　　　　　　　　日高秀俊（JA 全農 営農販売企画部 営農・技術センター）
　　　　　　　　藤澤英司（JA 全農 肥料農薬部 技術対策課）
　　　　　　　　山下耕生（JA 全農 営農販売企画部 営農・技術センター）
　　　　　　　　山田一郎（元 JA 全農 肥料農薬部 技術対策課）
　　　　　　　　山村　望（JA 全農 営農販売企画部 営農・技術センター）
　　　　　　　　吉村正門（JA 全農 営農販売企画部 営農・技術センター）

〈イラスト〉　　村上敏文（農研機構 東北農業研究センター）

〈旧版執筆〉　　荒川　昭（東京都 専門技術員）　　　　安藤光一（千葉県 専門技術員）
　　　　　　　　岩崎秀穂（栃木県 専門技術員）　　　　郷間光安（神奈川県 専門技術員）
　　　　　　　　酒井　亨（長野県 専門技術員）　　　　佐藤雄夫（JA 全農 技術主管）
　　　　　　　　猿田正暁（群馬県 専門技術員）　　　　塩崎尚郎（JA 全農 技術主管）
　　　　　　　　竹丘　守（山梨県 専門技術員）　　　　鶴野慶吉（栃木県 専門技術員）
　　　　　　　　豊川　秦（長野県 専門技術員）　　　　永嶋芳樹（静岡県 専門技術員）
　　　　　　　　中野富夫（新潟県 専門技術員）　　　　新妻成一（JA 全農）
　　　　　　　　平山　力（茨城県 専門技術員）　　　　藤沼善亮（JA 全農 技術参与）
　　　　　　　　細谷　毅（JA 全農 技術主管）　　　　　堀田　弘（茨城県 専門技術員）
　　　　　　　　松村　蔚（群馬県 専門技術員）　　　　森田　康（新潟県 専門技術員）
　　　　　　　　横森達郎（静岡県 専門技術員）

（※旧版執筆者の所属は執筆当時）

よくわかる　土と肥料のハンドブック　土壌改良編

2014年7月15日　第1刷発行
2022年9月25日　第3刷発行

編　者　　全国農業協同組合連合会（JA全農）
　　　　　　　　　　　　　　　肥料農薬部

発行所　一般社団法人　農山漁村文化協会
〒107-8668　東京都港区赤坂7丁目6-1
電話　03(3585)1142(営業)　　03(3585)1147(編集)
FAX 03(3585)3668　　振替 00120-3-144478
URL https://www.ruralnet.or.jp/

ISBN978-4-540-13201-8　　　　　　　　製作／森編集室
＜検印廃止＞　　　　　　　　　　　印刷／(株)光陽メディア
ⓒJA全農肥料農薬部 2014　　　　　製本／根本製本(株)
Printed in Japan　　　　　　　　　定価はカバーに表示
乱丁・落丁本はお取り替えいたします。